·小楼一夜听春语◎编著·

Axure RP8
实战手册

网站和 APP 原型制作案例精粹

人民邮电出版社

北 京

图书在版编目（CIP）数据

Axure RP8实战手册网站和APP原型制作案例精粹 / 小楼一夜听春语编著. -- 北京 : 人民邮电出版社, 2016.9（2021.7重印）
ISBN 978-7-115-43138-7

Ⅰ. ①A… Ⅱ. ①小… Ⅲ. ①网页制作工具 Ⅳ. ①TP393.092

中国版本图书馆CIP数据核字(2016)第186091号

内 容 提 要

本书是一本介绍使用 Axure RP 8.0 软件制作网站和 APP 原型的图书，通过对基础操作和实战案例的讲解，帮助读者深入了解如何进行网站与 APP 平台的产品原型制作及各种交互效果的实现。

本书共分为两篇。第 1 篇包含 56 个基础操作，读者通过对这一部分内容的学习，能够掌握软件的基本使用方法。在后续学习过程中如果遇到操作问题，也可以查阅本篇内容来解决。第 2 篇包含 110 个实战案例，读者可以通过学习这一部分的内容，掌握原型的制作技巧，以及获得各种实战案例的参考。

本书不但适合零基础的读者由浅至深地学习，而且适合具备一定基础的读者在实战项目中参考，也可以作为学校相关课程的配套教材，或互联网公司、高新科技企业等新人内训的教程。

- ◆ 编　著　小楼一夜听春语
  - 责任编辑　赵　迟
  - 执行编辑　孙　媛
  - 责任印制　陈　犇
- ◆ 人民邮电出版社出版发行　　北京市丰台区成寿寺路 11 号
  - 邮编　100164　电子邮件　315@ptpress.com.cn
  - 网址　https://www.ptpress.com.cn
  - 涿州市京南印刷厂印刷
- ◆ 开本：880×1092　1/16
  - 印张：17.75
  - 字数：581 千字　　2016 年 9 月第 1 版
  - 印数：35 501-36 300 册　　2021 年 7 月河北第 17 次印刷

定价：79.00 元

读者服务热线：**(010)81055410** 印装质量热线：**(010)81055316**
反盗版热线：**(010)81055315**

前言

2015年8月17日，Axure RP 8.0发布了第一个测试版本。

2015年9月，我就已经开始为本书构思，并着手搜集、准备与书中案例相关的资料。仅仅整理这些资料就耗费了将近一个月的时间。而且，不包括在本书撰写过程中进行的一些补充与替换。

在与出版社的编辑确认了本书的结构之后，就开始了将近5个月的内容写作。

这个过程很痛苦！

因为，软件还只是测试版，在版本迭代过程中，无论是界面还是功能都可能有一些变化。而我是不能用测试版的内容写出一本书交给读者的。所以，除了按照规划的内容去写作，还要随着版本的迭代去修正已经完成的内容。最痛苦的一次，就是2016年4月发布正式版之时，我把书稿中千余张图片完全替换编辑了一次。这次修正是我几十个小时的满负荷工作才得以完成。

但是，不管如何辛苦，从图书内容的角度来说，我必须认真负责，不能愧对我的每一位读者。

就在本书写作期间，2016年1月，我的第一本书《Axure RP 7.0从入门到精通》正式出版。取得当当网、京东网计算机类图书新书榜周榜、月榜第2名的成绩。

这样的成绩，不仅是动力，也是压力。

动力，来自于读者对我的认可。

压力，来自于读者更多的期盼。

我自认为我的第一本书做得并不够好。因为以前没有写作经验，所以难免有很多瑕疵，但是，支持我的读者们，对我非常包容，给了我很多的肯定与鼓励。这让我在欣喜的同时，感受到有了更多的责任落在肩头。

在此，借助这一本书的出版，郑重地向每一位支持小楼的朋友表示感谢！

谢谢你们！这一次，我会用更精彩的内容回报你们！

小楼一夜听春语
写于北京

本书简介

本书中的案例均来自互联网知名的网站或者APP中的一些典型交互内容，作者通过这些案例引导读者学习如何进行原型的构建、逻辑的整理、思路的分析以及交互的实现。

第1章至第6章，共介绍了56个基础操作，读者通过对这部分内容的学习，就能够基本掌握软件的使用方法。在后续学习过程如果遇到陌生的操作问题，可以查阅本篇内容来解决。

第7章讲解元件案例，并结合实际应用场景的相关案例，来展现默认元件库中各种元件的特点。

第8章讲解变量案例，是针对自定义变量的使用而设置的典型应用案例。

第9章讲解特别案例，是以实现一些比较独特的动画和交互效果为主要内容的案例。

第10章讲解函数案例，是通过结合系统变量、函数实现各种交互效果的案例，体现函数在提升原型的制作效率、保真度、扩展性方面的优势与特点。

第11章讲解Web综合案例，这部分包含Web网站中常见交互效果的25个精选案例，旨在帮助读者分析各种Web端交互效果实现的思路，提升原型开发能力。

第12章讲解APP综合案例，这部分包含APP客户端中常见交互效果的25个精选案例，满足读者在移动互联网方面原型开发的学习需求。

未接触过原型开发工作的读者，只需要按照从前至后的顺序进行学习，就能够迅速、全面地掌握原型开发技能。而具备一定原型开发基础的读者，也能够在本书的大量案例之中，获得各种实战的参考。

注意：本书内容除综合案例部分之外，都是由浅入深的内容结构。对于初学者来说，务必按前后顺序学习本书的内容，切勿跳跃学习，以免产生学习障碍。

本书特色

结合Axure软件和产品原型的特点，本书中的每个实战案例，均可通过扫描每个案例的"案例效果"部分的二维码来查看完成效果。学习过程中如有疑问，可在线请教小楼老师：www.iaxure.com。

资源下载

本书所有的学习资源文件均可以在线下载，扫描下方或封底的"资源下载"二维码，根据提示下载所需资料。如对本书有任何意见或建议，欢迎扫描封底勒口二维码反馈至本书编辑。

本书相关资源获取：http://www.iaxure.com/axurebook/download/

目录

基础操作篇

第6章 查看原型 26

实战案例篇

第7章 元件案例 32

第8章 变量案例 76

第9章 特别案例 88

第10章 函数案例 106

第11章 综合案例（Web）...........169

第12章 综合案例（APP）.......... 226

基础操作篇

本篇包含56种常见的基础操作，初学者应在掌握本篇内容后再进行实战案例篇的学习，以免产生学习障碍。同时，建议具备一定基础的读者学习本篇中相对生疏的内容，并加以掌握。

1 使用元件

2 页面设置

3 设置条件

4 使用变量/公式

5 功能设置

6 查看原型

1

使用元件

基础1　添加元件到画布

在左侧元件库中选择要使用的元件，按住鼠标左键不放，拖动到画布适合的位置上松开（见图1-1）。

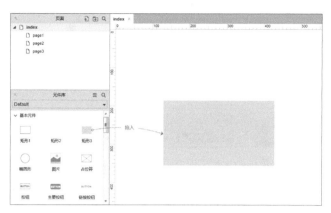

图1-1

基础2　添加元件名称

在检视面板的元件名称文本框中输入元件的自定义名称，建议采用英文命名。

建议格式：PasswordInput01或Password01。

名称含义：序号01的密码输入框。

格式说明："Password"表示主要用途；"Input"表示元件类型，一般情况下可省略，当有不同类型的同名元件需要区分或名称不能明确表达用途的时候使用；"01"表示出现多个同名元件时的编号；单词首字母大写的书写格式便于阅读（见图1-2）。

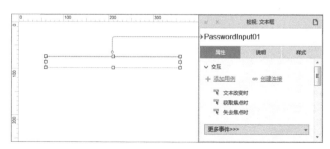

图1-2

基础3　设置元件位置/尺寸

元件的位置与尺寸可以通过鼠标拖曳调整，也可以在快捷功能或元件样式中进行输入调整（见图1-3）。

x：指元件在画布中的 x 轴坐标值。

y：指元件在画布中的 y 轴坐标值。

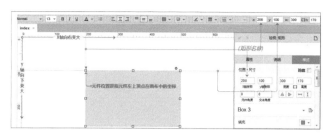

图1-3

w：指元件的宽度值。

h：指元件的高度值。

在输入数值调整元件尺寸时，可以在样式中设置，让元件【保持宽高比例】（见图1-4）。

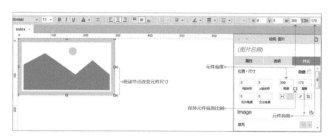

图1-4

基础4　设置元件默认角度

方式一：选择需要改变角度的元件，按住<Ctrl>键的同时，用鼠标拖动元件的节点到合适的角度（见图1-5）。

方式二：在元件样式中进行角度的设置，元件的角度与元件文字的角度可以分开设置（见图1-5）。

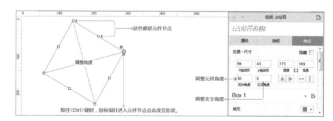

图1-5

基础5　设置元件颜色与透明

选择要改变颜色的元件，单击快捷功能区中的背景颜色设置按钮，选取相应的颜色，或者在元件样式中进行设置（见图1-6）。

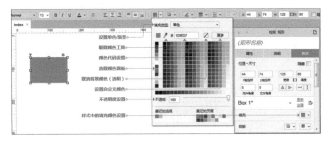

图1-6

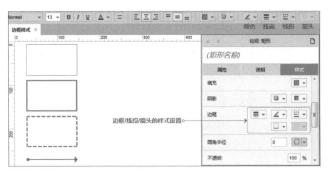

图1-9

基础6　设置形状或图片圆角

可以通过拖动元件左上方的圆点图标进行调整，也可以在元件样式中设置圆角半径来实现（见图1-7）。

图1-7

基础9　设置元件文字边距/行距

在元件样式中可以设置元件文字的【行间距】与【填充】（见图1-10）。

行间距：是指文字段落行与行之间的空隙。

填充：是指文字与形状边缘之间填充的空隙。

图1-10

基础7　设置矩形仅显示部分边框

在Axure RP 8.0的版本中，矩形的边框可以在样式中设置显示全部或部分（见图1-8）。

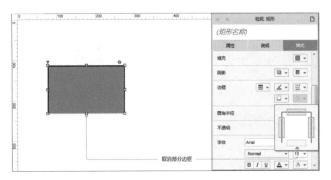

图1-8

基础10　设置元件默认隐藏

选择要隐藏的元件，在快捷功能或者元件样式中勾选【隐藏】选项（见图1-11）。

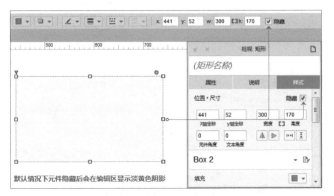

图1-11

基础8　设置线段/箭头/边框样式

线段、箭头和元件边框的样式可以在快捷功能或者元件样式中进行设置（见图1-9）。

基础11　设置文本框输入为密码

文本框属性中选择文本框的{类型}为【密码】（见图1-12）。

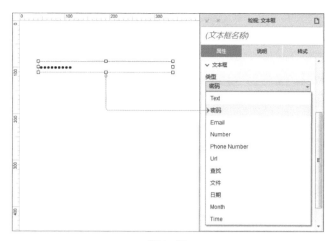

图 1-12

基础12　设置打开选择文件窗口

文本框属性中选择文本框的{类型}为【文件】，即可在浏览器中变成打开选择本地文件的按钮。该按钮样式各浏览器略有不同（见图1-13）。

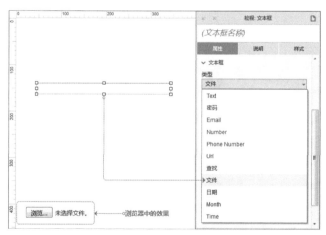

图 1-13

基础13　限制文本框输入字符位数

在文本框属性中输入文本框的{最大长度}为指定长度的数字（见图1-14）。

图 1-14

基础14　设置文本框提示文字

在文本框属性中输入文本框的{提示文字}。提示文字的字体、颜色、对齐方式等样式可以单击【提示样式】进行设置（见图1-15）。

提示文字设置包含{隐藏提示触发}选项，其中：

输入：指用户开始输入时提示文字才消失。

获取焦点：指光标进入文本框时提示文字即消失。

图 1-15

基础15　设置文本框回车触发事件

文本框回车触发事件是指在文本框输入状态下按<回车>键，可以触发某个元件的【鼠标单击时】事件。只需在文本框属性中{提交按钮}的列表中选择相应的元件即可（见图1-16）。

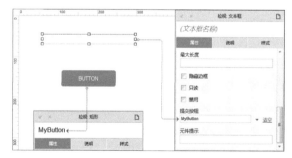

图 1-16

基础16　设置鼠标移入元件时的提示

在文本框属性中{元件提示}中输入提示内容即可（图1-17）。

图 1-17

注意：在浏览器中查看此效果时，鼠标指针需要在元件上悬停一秒以上。

基础17 设置矩形为其他形状

在画布中单击矩形右上方圆点图标即可打开形状列表，设置为其他形状（见图1-18）。

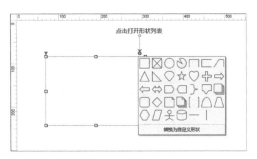

图1-18

基础18 设置自定义形状

在形状上单击＜鼠标右键＞，在菜单中选择【转换为自定义形状】，即可对形状进行编辑。也可以通过单击形状右上角的圆点图标，在打开的形状选择列表中选择【转换为自定义形状】（见图1-18）。具体的编辑操作见图1-19中的标注。

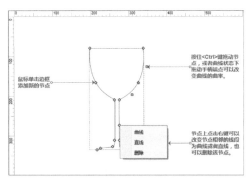

图1-19

基础19 设置形状水平/垂直翻转

在形状的属性中可以对形状进行【水平翻转】和【垂直翻转】的操作（见图1-20）。

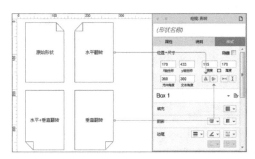

图1-20

基础20 设置列表框的内容

下拉列表框与列表框都可以设置内容-列表项。可以通过【属性】-【列表项】的选项来设置，也可以通过鼠标双击元件进行设置（见图1-21）。

图1-21

基础21 设置元件默认选中/禁用

元件的属性中可以对一些元件的默认状态进行设置，可以设置的状态包括【选中】和【禁用】，默认状态的设置，可以触发属性中设置的交互样式。例如，设置某个元件在浏览器中默认为禁用的灰色，就需要勾选【禁用】（复选框），并设置【禁用】的交互样式（见图1-22）。

除了禁用与选中，个别元件还具有【只读】的设置。例如：文本框与多行文本框。

图1-22

基础22 设置单选按钮唯一选中

全选所有的单选按钮，在元件属性中{设置单选按钮组名称}，即可实现唯一选中的效果（见图1-23）。

图1-23

基础23　设置元件不同状态的交互样式

单击元件属性中各个交互样式的名称，即可设置元件在不同状态时呈现的样式。这些样式在交互被触发时，就会显示出来（见图1-24）。例如，设置元件默认状态为禁用，在浏览原型时，页面打开后就会显示该元件被禁用的样式（见图1-22）。

图1-24

基础24　设置图片文本

设置图片文本需要在图片上单击＜鼠标右键＞，选择【编辑文本】，方可进行图片上的文字编辑（见图1-25）。

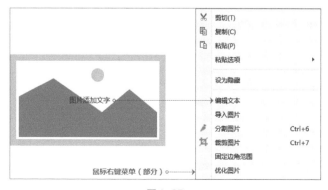

图1-25

基础25　切割/裁剪图片

在图片的元件属性中，设有切割和裁剪功能的图标，单击即可使用相应功能。元件上单击＜鼠标右键＞，菜单中也有相应的选项（见图1-26）。

切割：可将图片进行水平与垂直的切割，将图片分割开。

裁剪：可将图片中的某一部分取出。裁剪分为几种，分别是裁剪、剪切和复制。其中：裁剪只保留被选择的区域；剪切是将选取的部分从原图中剪切到系统剪贴板中；复制是将选取的部分复制到系统剪贴板中，复制的方式对原图没有影响。

图1-26

基础26　嵌入多媒体文件/页面

基本元件中的内联框架可以插入多媒体文件与网页。双击元件或者在属性中单击【框架目标页面】，在弹出的界面中选择【链接到url或文件】，填写｛超链接｝，内容为多媒体文件的地址（网络地址或文件路径）或网页地址。在这个界面中也可以选择嵌入原型中的某个页面（见图1-27）。

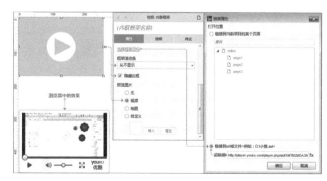

图1-27

图中嵌入的优酷视频地址：http://player.youku.com/player.php/sid/XMTM2MDA3NDA0OA==/v.swf。

基础27　调整元件的层级

元件的层级可以通过单击快捷功能中的图标或者右键菜单的【顺序】选项进行调整，也可以在页面内容概要中通过拖动进行调整。概要中层级顺序为由上至下，最底部的元件为最顶层（见图1-28）。

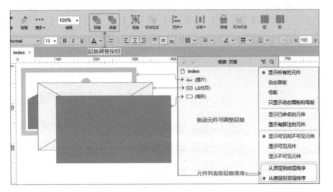

图1-28

基础28　组合/取消组合元件

通过快捷功能图标或右键菜单可以将多个元件组合到一起，达到共同移动/选取/添加交互等操作。组合/取消组合的快捷键为 < Ctrl+G>/<Ctrl+Shift+G>（见图1-29）。

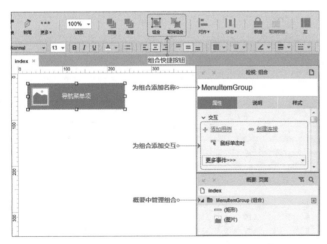

图1-29

基础29　转换元件为图片

形状/文本标签/线段等元件可以通过单击<鼠标右键>，选择将元件【转换为图片】。例如，使用少量特殊字体或者图标字体时，即可将元件转换为图片，避免在未安装字体的设备上浏览原型时不能正常显示（见图1-30）。

图1-30

基础30　载入元件库

除了使用软件自带的默认元件库与流程图元件库，用户还可以加载自定义元件库。加载自定义元件库只需单击功能图标，在列表中选择【载入元件库】（见图1-31）。

图1-31

基础31　切换元件库

在元件库功能面板中，可以通过单击元件库列表，选择不同的元件库进行使用（见图1-32）。

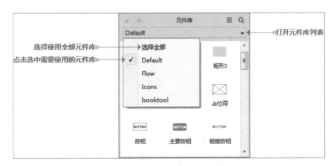

图1-32

2 页面设置

基础32　设置页面居中

在页面【样式】设置中选择页面居中的按钮。页面居中是指在浏览器中查看原型时页面内容居中显示（见图2-1）。

图2-1

基础33　设置页面背景（图片/颜色）

在页面【样式】中可以编辑页面的背景颜色以及背景图片（见图2-2）。

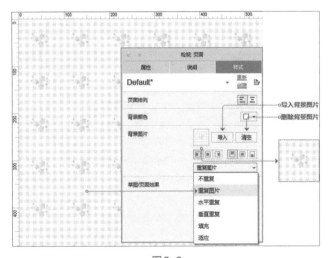

图2-2

基础34　设置页面颜色（草图/黑白）

在页面的【样式】中，可以将当前的页面显示为草图效果，同时可以将页面颜色在彩色与黑白之间转换（见图2-3）。

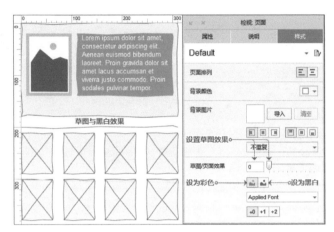

图2-3

3 设置条件

基础 35　添加条件判断

在 case 编辑界面中单击添加【条件按钮】进行添加条件（见图 3-1）。

图 3-1

例如，判断当前元件上的文字包含"@"（见图 3-2）。

图 3-2

基础 36　设置条件逻辑关系

设置执行一个动作必须同时满足多个条件，或者仅需满足多个条件中的任何一个，需要在添加条件的界面中进行设置（见图 3-3）。

图 3-3

基础 37　case 条件转换

为多个 case 改变条件判断关系时，只需要在相应的 case 名称上单击<鼠标右键>，选择【切换为<If>或<Else If>】（见图 3-4）。

图 3-4

4 使用变量/公式

基础38 全局变量设置

全局变量是一个数据容器，就像一个U盘，可以把需要的资料存入，随身携带，在需要的时候读取出来使用。全局变量的设置在【项目】-【全局变量】中（见图4-1）。

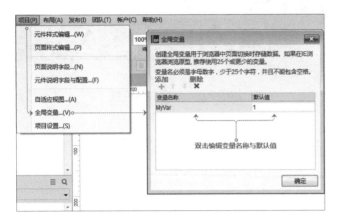

图4-1

基础39 局部变量设置

局部变量在编辑值/文本的界面中进行创建，通过在【插入变量或函数…】列表中选取使用。

局部变量能够在创建时获取多种类型的数据（见图4-2）。

图4-2

基础40 公式的格式及类型

公式在编辑值/文本的界面中进行编辑，格式为"[[公式内容]]"。公式内的内容可以进行运算，例如："[[3*15]]"获取的结果为"45"；公式运算结果自动与公式外的内容连接到一起，形成一个字符串，例如："[[3*15]]个"获取的"45个"。变量与函数需要在写入在公式的"[[]]"中才能够正确获取变量值或者函数运算结果（见图4-3）。

图4-3

功能设置

基础41　设置形状并排显示细边框

在【菜单】-【项目】的选项列表中，选择【项目设置】；在弹出的面板中进行{边界对齐}的设置。选择【边框重合】时，两个形状中间的边框为细边框；选择【边框并排】时，两个形状中间的边框为粗边框（见图5-1）。

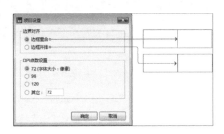

图5-1

基础42　设置画布中的遮罩阴影

在【菜单】-【视图】-【遮罩】的选项列表中，取消相应的勾选。例如，画布中隐藏的元件不显示淡黄色的阴影，则取消【隐藏对象】的勾选（见图5-2）。

图5-2

基础43　显示/隐藏交互与说明编号

在【菜单】-【视图】的选项列表中，取消【显示脚注】的勾选（见图5-3）。

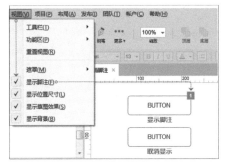

图5-3

基础44　显示/隐藏两侧的功能面板

单击快捷功能中的图标即可关闭开启相应的功能面板（见图5-4）。

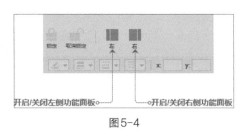

图5-4

基础45　展开/收起/弹出/停靠/关闭功能面板

如果某个功能面板需要更大的操作空间，可以将其弹出或者收起其他面板。当完成操作后再进行还原。面板弹出后可将其关闭（见图5-5）。

图5-5

基础46　关闭/恢复功能面板

面板可以在弹出状态下单击【×】将其关闭（见图5-5）。也可以在【视图】-【功能区】菜单中进行关闭或开启。如果需要将功能区所有面板恢复默认。可以在【视图】中通过【重置视图】来完成（见图5-6）。

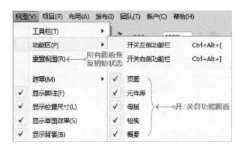

图5-6

基础47　文件备份与恢复

开启软件的自动备份功能，可以有效地帮助我们降低因误操作、软件崩溃、断电等异常时，未保存或者损坏文件的风险。文件的备份与恢复在【文件】菜单中进行相关操作（见图5-7）。

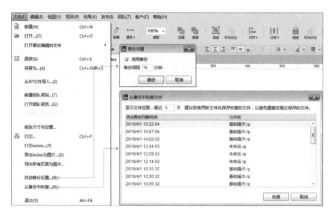

图5-7

基础48　设置自适应视图

自适应视图是指编辑多种分辨率的原型，设备中查看时，系统会根据自身分辨率，自动与分辨率相适合的原型进行匹配，并显示出来。自适应视图在【项目】-【自适应视图】中进行设置（见图5-8）。

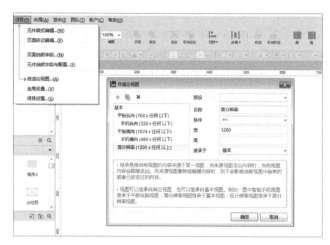

图5-8

6

查看原型

基础49　快速预览查看原型

预览原型的快捷键为<F5>。或者，单击快捷功能中的预览图标进行预览。导航菜单【发布】-【预览选项】中进行预览的设置（见图6-1）。

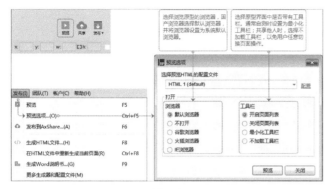

图6-1

基础50　生成HTML查看原型

生成原型的快捷键为<F8>。或者，单击快捷功能中的生成图标，选择【生成HTML文件】进行生成。还可以通过导航菜单【发布】-【生成HTML文件】中进行生成（见图6-2）。

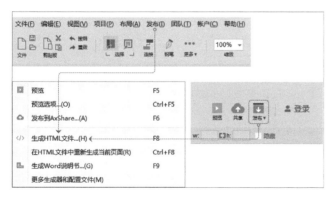

图6-2

生成时，需要选择保存HTML文件的文件夹。查看设置与预览设置相同（见图6-3）。

图6-3

基础51　生成部分原型页面

发布原型时，如果不需要将所有页面生成或发布，可以在生成HTML的设置中打开【页面】的设置，取消【生成所有页面】的勾选，则可以设置生成指定的页面。注意，子级页面无法单独发布，勾选子级页面时会自动勾选父级页面。如果需要单独发布子级页面，需要在页面管理面板中将子级页面的级别调整到一级页面（见图6-4）。

图6-4

基础52　为原型添加标志

在生成HTML的设置中有【标志】的设置，可以为原型添加图片标识或文字标题。原型发布后会显示在工具栏的页面面板中（见图6-5）。

图6-5

基础53 发布原型到AxShare

发布原型到AxShare是指将做好的原型发布到Axure官方提供的空间中，通过自动生成的网址进行访问。发布到AxShare的快捷键为<F6>。发布到AxShare需要预先注册AxureShare账号，注册地址：https://share.axure.com/（见图6-6）。

图6-6

发布完成后，将会自动生成一个网址。可以通过在PC或手机浏览器中打开该网址查看原型（见图6-7）。

图6-7

基础54 重新生成当前页面

修改某个页面无需将整个原型HTML文件都重新生成一遍，只需要在【发布】的选项列表中，选择【在HTML文件中重新生成当前页面】即可（见图6-8）。

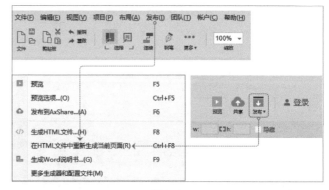

图6-8

基础55 移动设备设置

制作移动设备原型需要遵循规范将原型制作成标准尺寸。移动设备原型尺寸计算工具：http://www.iaxure.com/share/yxcc/。（个别移动设备可能会有出入，仅供参考！）

除了制作成标准原型尺寸，还需要在生成HTML文件配置中，进行【移动设备】的设置，让生成的HTML文件【包含视口标签】，这样才能够正常显示（见图6-9）。

图6-9

基础56　Web字体设置

当原型使用一些特殊字体时，在没有安装该字体的设备上将无法正常显示。Web字体可以较好地解决这个问题。Web字体的使用包含两种方式。

方式一：链接 ".CSS" 文件（见图6-10）。

图6-10

优点：设置简单。

缺点：需要网络以及在线CSS文件支持。

以FontAwesome字体为例。在Web字体设置中，单击【+】添加新的配置，勾选【链接到 ".CSS" 文件】选项，将该字体官方网站提供的 ".CSS" 文件地址填入超链接中即可。这样只要浏览原型时有网络支持，即可正常显示字体。

图中为Fontawesome 4.4.0字体的配置方法。该字体CSS文件的官方链接地址为：https：//maxcdn.bootstrap-cdn.com/font-awesome/4.4.0/css/font-awesome.min.css。

方式二：@font-face（见图6-11）。

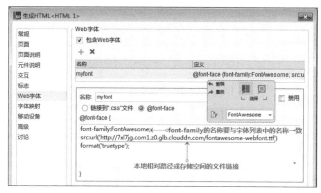

图6-11

优点：支持本地字体与在线字体。

缺点：设置略有复杂。

仍以FontAwesome字体为例。新建Web字体配置后，选择【@font-face选项】并填写代码。

在线字体代码如下：

font-family：FontAwesome。

src：url('http://7xl7jg.com1.z0.glb.clouddn.com/fontawesome-webfont.ttf') format('truetype')。

本地字体代码如下：

font-family：FontAwesome。

src：url('fontawesome-webfont.ttf') format('truetype')。

注意：使用本地字体需要将字体文件（.ttf）复制到生成的HTML文件夹中。

通过以上方式处理后，未安装该字体的设备中查看原型时即可正常显示字体。

注意：在Axure RP 8.0的元件库中，提供了FontAwesome图标元件库，该元件库可以直接使用，无需进行上述设置。但是，官方提供的FontAwesome图标元件库与上述元件库有很大区别，官方元件库中的图标并不是文字，而是形状。在之后的案例中，我们需要将一些图标字体放入文本编辑界面进行编辑，这是官方的元件无法做到的。

Axure RP8实战手册网站和APP原型制作案例精粹

实战案例篇

本篇包含110个实战案例，案例内容均来自互联网知名网站或应用。案例中所包含的基础操作不做详细介绍，如有疑问请参考基础操作篇。

本篇内容由浅至深。前4章围绕基础知识点结合案例进行讲解；最后两章，挑选了Web端与APP端相对典型的案例，对知识点进行综合的应用，并着重加强实现思路的分析。

本篇内容建议初学者按顺序学习，理解实现的过程、思路与技巧，并以能够独立完成案例为学习目标。

7 元件案例

8 变量案例

9 特别案例

10 函数案例

11 综合案例（Web）

12 综合案例（APP）

7 元件案例

本章主要讲解主要元件的使用方法及应用场景。

在本章的案例中，大家能够看到，常见的一些网页都能够通过各种基本形状的组合模拟出来。

案例1　文本框：带图标文字提示

案例来源

淘宝首页 - 搜索框

案例效果

- 输入文字前：见图7-1。

图7-1

- 输入文字后：见图7-2。

图7-2

元件准备

- 页面中：见图7-3。

图7-3

案例描述

在搜索框里面，文本框中的文字提示包含 🔍 图标。

思路分析

文本框可以添加文字提示，而图标字体中的图标也是文字。那么案例中的搜索图标，我们就可以使用图标字体来实现。

操作步骤

01 双击安装FontAwesome字体文件，载入FontAwesome 4.4.0图标字体元件库。

02 切换到FontAwesome 4.4.0图标字体元件库。

03 从元件库中找到 🔍 图标，拖放到画布。

04 双击 🔍 图标，复制里面的图标文字。

05 将复制的内容粘贴到文本框属性的{提示文字}中，并输入其他文字（见图7-4）。

06 单击【提示样式】，在样式设置界面中设置提示文字字体为"FontAwesome"，字体颜色为灰色（见图7-5）。

图7-4　　　　　　　　　　图7-5

07 参考基础56，在Web字体设置中添加FontAwesome字体的设置方案。

补充说明

- 本案例需要结合特殊字体元件：FontAwesome 4.4.0图标字体元件库。该元件库在本书的配套资料中。

- 使用FontAwesome 4.4.0图标字体元件库，除了要参考基础30载入元件库，还要安装相应的字体文件。安装字体文件时，请先关闭Axure，安装完字体文件后，打开Axure方可正常使用。

案例展示

扫一扫二维码，查看案例展示。

案例2　文本框：边框变色

案例来源

百度－登录界面

案例效果

- 光标进入文本框时：见图7-6。

图7-6

案例描述

在登录界面中，包含用户名与密码的输入框。当焦点进入输入框时，输入框边框与内部图标变为蓝色；失去焦点时，恢复灰色。

元件准备

- 页面中：见图7-7。

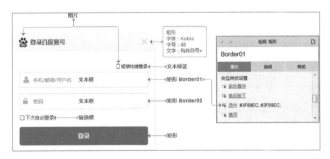

图7-7

包含命名

- 矩形（用于账号输入边框）：Border01
- 矩形（用于密码输入边框）：Border02

思路分析

①输入框的样式在两种不同状态下切换，可以通过交互样式来实现（见操作步骤01）。

②文本框获取焦点时，呈现选中的样式。见操作步骤02 ～ 03。

③文本框失去焦点时，呈现未选中的样式。见操作步骤04 ～ 05。

操作步骤

01 设置元件"Border01"与"Border02"的选中时交互样式为淡蓝色边框与文字。（参考基础23）。

02 设置账号输入文本框【获取焦点时】，【选中】元件"Border01"。

- 事件交互设置：见图7-8：

图7-8

- case动作设置：见图7-9。

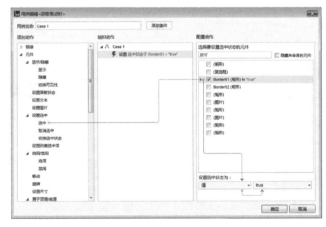

图7-9

03 参考上一步，设置密码输入文本框【获取焦点时】，【选中】元件"Border02"。

04 设置账号输入文本框【失去焦点时】，【取消选中】元件"Border01"。

- 事件交互设置：见图7-10。
- case动作设置：见图7-11。

05 参考上一步，设置密码输入文本框【失去焦点时】，【取消选中】元件"Border02"。

图 7-10

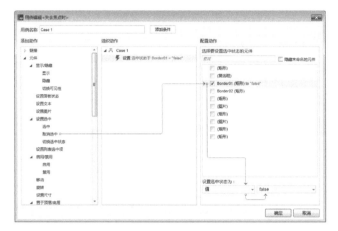

图 7-11

补充说明

● 本案例中的"输入框"是指矩形边框与文本框共同组成的一组内容，而非文本框元件。

● 本案例中使用了"FontAwesome 4.4.0"图标字体元件库，需要安装字体文件支持，并进行Web字体设置（参考案例1的补充说明）。

案例展示

扫一扫二维码，查看案例展示。

案例3　图片：变换样式的按钮（1）

案例来源

花瓣网–登录界面

案例效果

● 初始状态：见图7-12。

图 7-12

● 鼠标进入图标时：见图7-13。

图 7-13

案例描述

使用第三方账号登录时，鼠标移入图标和在图标上按下时，显示不同状态的图片。

元件准备

● 页面中：见图7-14。

图 7-14

思路分析

元件的属性中包含【鼠标悬停】与【鼠标按下】的交互样式，在用户进行这两个动作时，能够触发显示预先设置好的交互样式。

操作步骤

01 设置每个图标【鼠标悬停】的交互样式，可参考基础23（见图7-15）。

02 设置每个图标【鼠标按下】的交互样式，可参考基础23（见图7-15）。

图7-15

补充说明

● 本书电子资料中附带的本案例图片素材，需要进行切割/裁剪（参考基础25）。

● 预览原型，在浏览器中将各个裁剪后的图标另存到本地，然后导入原型中使用。

● 本案例中的关闭按钮为矩形元件，元件文字为输入法中的特殊符号"×"。

案例展示

扫一扫二维码，查看案例展示。

案例4　图片：自定义复选框（1）

案例来源

唯品会－注册界面

案例效果

● 未选中时：见图7-16。

● 鼠标进入时：见图7-17。

图7-16 　　　　　　　　　图7-17

● 被选中时：见图7-18。

图7-18

案例描述

案例中的复选框在未选中时、鼠标进入时以及选中时，呈现不同的样式。

元件准备

● 页面中：见图7-19。

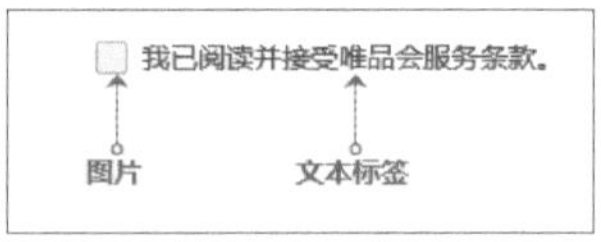

图片　　　　　　文本标签

图7-19

思路分析

①使用图片作为复选框，与"案例3"相似，在元件的鼠标移入和选中时指定不同的图片（见操作步骤01）。

②鼠标单击复选框时，要切换元件的选中状态（见操作步骤02）。

操作步骤

01 设置元件属性中【鼠标悬停】和【选中】的交互样式为不同的图片，参考基础23（见图7-20）。

图7-20

02 为图片的【鼠标单击时】事件添加"case1"，动作为【切换选中状态】"当前元件"。

● 事件交互设置：见图7-21。

图7-21

- case动作设置：见图7-22。

图7-22

补充说明

单选按钮的制作也可以参考本案例。不同的是，需要给单选按钮在元件属性中{设置选项组名称}。

案例展示

扫一扫二维码，查看案例展示。

案例5 **形状：变换样式的按钮（2）**

案例来源

花瓣网－登录界面

案例效果

- 初始状态：见图7-23。

图7-23

- 鼠标进入按钮时：见图7-24。

图7-24

案例描述

登录面板中的登录按钮在鼠标移入时和鼠标按下时，显示不同的颜色。

元件准备

- 页面中：见图7-25。

图7-25

思路分析

元件的属性中包含【鼠标悬停】与【鼠标按下】的交互样式，在用户进行这两个动作时，能够触发显示预先设置好的交互样式。

操作步骤

---

01 设置矩形的【鼠标悬停】的交互样式，改变填充颜色，颜色代码#EB5055（参考基础23）。

02 设置矩形的【鼠标按下】的交互样式，改变填充颜色，颜色代码 #DA3539（参考基础23）。

图7-26

补充说明

设置颜色时可以直接在界面中输入颜色代码选取颜色（见图7-27）。

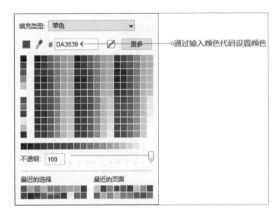

图7-27

案例展示

扫一扫二维码，查看案例展示。

案例6 形状：自定义复选框（2）

案例来源

多米音乐-用户注册

案例效果

- 选中前：见图7-28。
- 选中后：见图7-29。

图7-28

图7-29

案例描述

案例中的复选框在未选中时和选中时，呈现不同的样式。

元件准备

- 页面中：见图7-30。

图7-30

包含命名

- 矩形（用于制作复选框）：CheckBox

思路分析

①复选框中的"√"可以使用特殊符号输入到矩形的元件文字中。

②当矩形中没有文字时，设置元件文字为"√"（见操作步骤01～03）。

③否则，设置矩形的元件文字为空白的（见操作步骤04～05）。

操作步骤

01 为元件"CheckBox"的【鼠标单击时】添加"case1"。

02 为"case1"添加条件判断，判断元件"CheckBox"的【元件文字】【==】""（空值）。

- 条件设置截图：见图7-31。

图7-31

03 为"case1"添加满足条件时的动作，【设置文本】到元件"CheckBox"为【值】"√"。

- case动作设置：见图7-32。

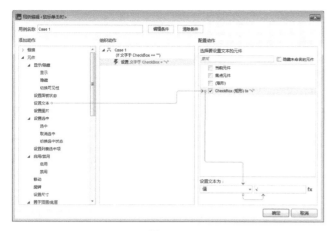

图 7-32

04 继续为元件"CheckBox"的【鼠标单击时】添加"case2"。

05 设置不满足"case1"的条件时执行的动作，【设置文本】到元件"CheckBox"为【值】""。

- case动作设置：见图7-33。

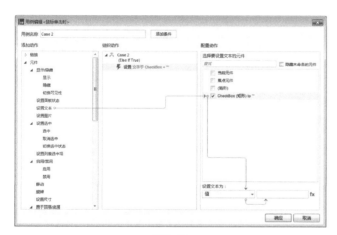

图 7-33

06 完成以上操作，即实现了整体效果。

- 事件交互设置：见图7-34。

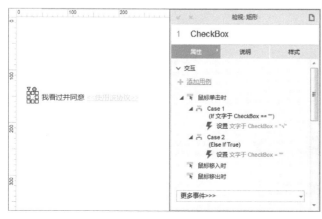

图 7-34

补充说明

本案例中矩形元件"CheckBox"的字体为隶书，与实际网站效果略有差别。

案例展示

扫一扫二维码，查看案例展示。

案例7　形状：唯一选中项

案例来源

京东APP-手机充值

案例效果

- 整体界面效果：见图7-35。
- 原型实现效果：见图7-36。

图 7-35

图 7-36

案例描述

单击每一个金额按钮时，当前按钮变为红色背景与白色字体，其他按钮恢复白色背景与黑色字体。

元件准备

- 页面中：见图7-37。

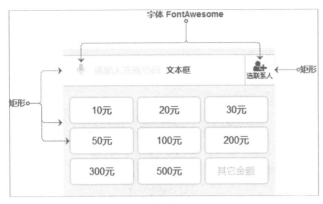

图7-37

思路分析

①按钮有两种状态与样式，可以通过元件的交互样式来实现（见操作步骤01）。

②单击按钮时，通过设置当前的元件为被选中的状态使其变色（见操作步骤03）。

③只允许有一个按钮呈现被选中的样式，可以通过给所有按钮元件设置选项组名称来实现效果（见操作步骤02）。

操作步骤

01 在页面上添加一个矩形元件，在元件属性中为其设置【选中】的样式，可参考基础23（见图7-38）。

02 在元件属性中，{设置选项组名称}为"Price"（见图7-38）。

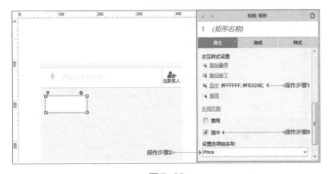

图7-38

03 为元件的【鼠标单击时】添加"case1"，设置动作【选中】"当前元件"（见图7-39）。

04 最后将此元件复制多个，排列整齐，更改金额文字（见图7-40）。

05 将第一个元件的【选中】勾选，让其在页面加载时即为已选中的状态（见图7-38）。

图7-39

图7-40

补充说明

● 本案例中的按钮默认样式设置内容如下。

● 圆角半径：5。

● 阴影：偏移（0,0）；模糊（5）。

● 本案例中使用了"FontAwesome 4.4.0"图标字体元件库，需要安装字体文件支持，并进行Web字体设置（参考案例1的补充说明）。

案例展示

扫一扫二维码，查看案例展示。

案例8 **形状：制作环形进度条**

案例来源

中国移动APP-流量管家

案例效果

- 整体界面效果：见图7-41。

图7-41

- 原型实现效果：见图7-42。

图7-42

案例描述

环状带缺口的背景条与进度条。

元件准备

- 页面中：见图7-43。

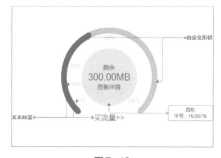

图7-43

思路分析

通过自定义形状功能可以实现环形进度条的制作。

操作步骤

01 拖入一个矩形到画布，转换为带缺口的圆形（见图7-44）。

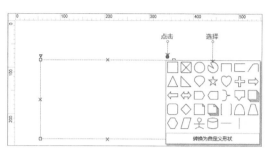

图7-44

02 调整圆形尺寸为宽260×高260，缺口为1/4大小（见图7-45）。

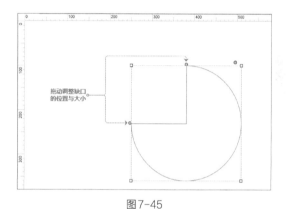

图7-45

03 拖入一个椭圆形到画布，尺寸设置为宽230×高230，将其与带缺口的圆形中心对齐（见图7-46）。

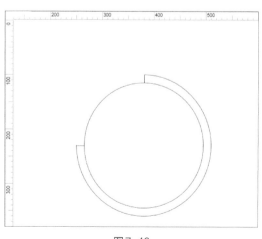

图7-46

04 先单击选中带缺口的圆形，再单击选中内部的圆形；然后，在属性中单击【去除】的图标将两个形状改变成一个新的环形形状；最后，为圆环设置灰色的边框与背景色（见图7-47）。

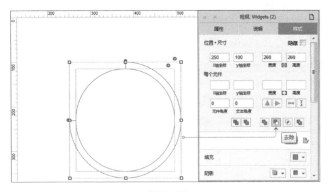

图7-47

05 再次拖入两个矩形，转换成半圆形，尺寸为宽15×高10；然后，将两个半圆形旋转为合适的角度，摆放到环形形状缺口的两端；单击选中圆环，再分别选择两个半圆形，单击属性中的【合并】图标，完成背景形状的制作（见图7-48）。

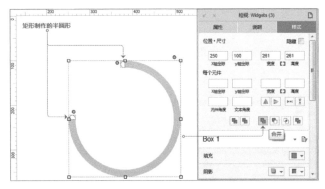

图7-48

06 在样式中设置元件的角度{R°}为225度，变成缺口朝下的效果（见图7-49）。

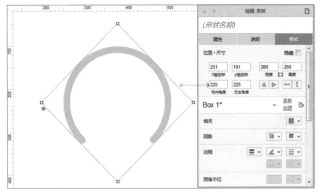

图7-49

07 参照步骤01～04完成进度条的制作，并将其放到与背景条重合的位置上（见图7-50）。

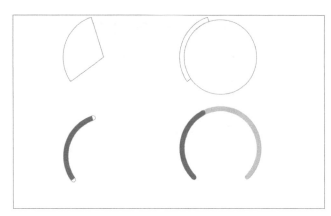

图7-50

08 最后添加其他元件，完成整个案例的制作（见图7-51）。

图7-51

补充说明

注意在做形状的合并与去除时，元件的层级顺序不能颠倒。底层主体元件，上层为被合并或者去除的部分。

案例展示

扫一扫二维码，查看案例展示。

案例9 **文本标签：添加文本链接**

案例来源

百度－注册百度账号

案例效果

- 单击《百度用户协议》前：见图7-52。

图7-52

- 单击《百度用户协议》后：见图7-53。

图7-53

案例描述

在注册页面单击蓝色文字《百度用户协议》，在浏览器的新标签页中打开注册协议页面。

元件准备

- 注册页面：见图7-54。

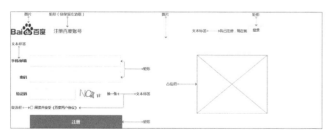

图7-54

- 协议界面：见图7-55。

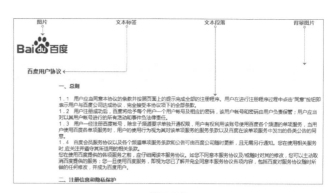

图7-55

思路分析

为文本中的部分文字添加链接，链接到新打开的页面。

操作步骤

01 双击文本标签，按住<鼠标左键>，划选需要添加链接的文字，在属性中单击【插入文本链接】，见图7-56。

图7-56

02 设置{打开位置}为【新窗口/标签页】；勾选【链接到当前项目的某个页面】；点选列表中的页面名称，指定打开的页面，见图7-57。

图7-57

03 完成以上设置后，就实现了单击文本中的部分文字打开新页面的效果（见图7-58）。

图7-58

补充说明

为元件文字设置文本链接之后，这部分文字会自动变为蓝色，无需单独设置。如果需要改变为其他颜色，可以用鼠标划选这部分文字在快捷功能或样式中重新设置颜色。

案例效果

扫一扫二维码，查看案例展示。

案例10　内联框架：嵌入百度地图

案例来源

百度糯米–商品详情

案例效果

● 页面打开时：见图7-59。

图7-59

案例描述

在页面中嵌入百度地图页面，地图可以使用<鼠标左键>按住拖动，也可以通过<鼠标滚轮>进行缩放。

元件准备

● 页面中：见图7-60。

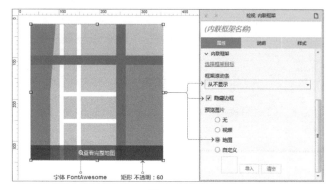

图7-60

操作步骤

01 鼠标双击框架打开链接属性设置界面；界面中选择【链接到url或文件】，{超链接}中填写"mymap.html"（见图7-61）。

图7-61

02 打开百度地图开放平台，网址：http://lbsyun.baidu.com/。在【开发】菜单中选择【地图生成器】（见图7-62）。

03 接下来"mymap.html"文件的制作。

● 设置地图中心点，此处以"国贸"为例（见图7-63）。

图7-62

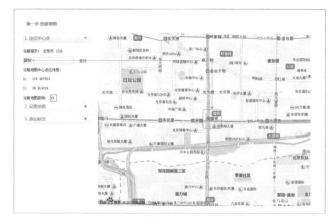

图7-63

• 设置地图尺寸、显示的内容以及其他功能（见图7-64）。

图7-64

• 设置地图的标注（略）。

• 单击【获取代码】按钮，获取地图代码。代码中需要写入地图API的密钥，单击【申请密钥】进行获取；如果不知道如何获取，可以查看页面上的"了解如何申请密钥"（见图7-65）。

图7-65

• 在本地新建一个文本文档；将地图代码复制，粘贴到新建的文档中；将申请的密钥添加到文档中指定位置（见图7-66）。

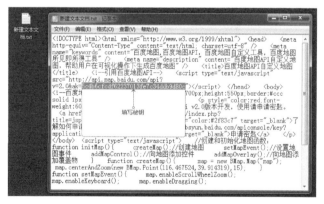

图7-66

• 将文档保存，然后将文档名称修改为"mymap.html"（见图7-67）。

图7-67

04 将制作好的原型生成HTML文件，将"mymap.html"文件添加到生成的HTML文件夹中（见图7-68）。

图7-68

05 再次通过生成原型查看HTML文件，地图就能够正常显示了（见图7-69）。

图7-69

补充说明

- 操作步骤02中的HTML文件命名，此处以命名为"mymap"为例。
- 操作步骤04中，修改文档名称为"mymap.html"时，注意要将文件的扩展名一起修改。如何修改文件的扩展名，请自行查阅相关资料，例如通过"百度"进行搜索。
- 测试密钥：5c4b6cfcdf62237013fe7c34ddb9d80c。此密钥由作者本人申请，无使用限制，但不保证长期有效。建议读者自行注册百度开发者账号，申请密钥。

案例展示

扫一扫二维码，查看案例展示。

案例11　动态面板：登录面板切换

案例来源

淘宝 - 用户登录

案例效果

- 快速登录：见图1-70。
- 账户密码登录：见图1-71。

图7-70　　　　　　　　图7-71

案例描述

单击"快速登录"与"账户密码登录"按钮时，在两个登录面板间切换。

元件准备

- 页面中：见图7-72。

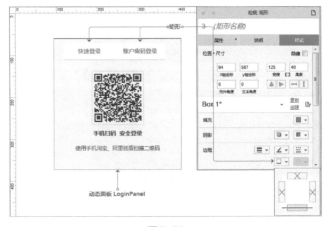

图7-72

- 动态面板"LoginPanel"各个状态中：见图7-73。

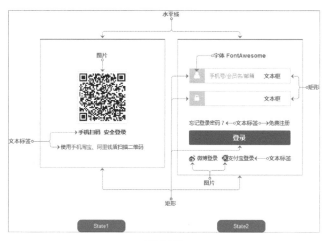

图7-73

包含命名

- 动态面板（用于制作登录面板）：LoginPanel
- 动态面板状态（用于包含快速登录内容）：State1
- 动态面板状态（用于包含账户密码登录内容）：State2

思路分析

①动态面板可以添加多个状态（见操作步骤01）。

②每个状态中可以添加不同的内容（见操作步骤02～04）。

③设置两个登录按钮的样式切换（见操作步骤06）。

④单击不同的登录按钮切换不同的状态（见操作步骤07～09）。

操作步骤

01 拖放一个动态面板元件到页面中，双击动态面板，打开面板状态管理；将动态面板命名为"LoginPanel"，然后，单击【+】添加一个状态；然后，双击状态名称"State1"进入这个状态的编辑界面（见图7-74）。

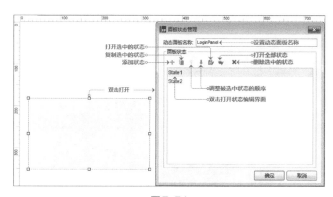

图7-74

02 为"State1"添加元件，组成相应的内容；完成后，关闭"State1"的标签回到页面中（见图7-75）。

图7-75

03 参照"操作步骤01"双击动态面板，打开面板状态管理界面，双击状态名称"State2"，进入进入状态"State2"的编辑界面。

04 为状态"State2"添加元件，组成相应的内容；完成后，关闭"State2"的标签回到页面中（见图7-76）。

图7-76

05 此时页面中动态面板只显示了一部分"State1"中的内容，点中动态面板，在属性中勾选【自动调整为内容尺寸】；或者，在动态面板上单击<鼠标右键>，在菜单中选择【自动调整为内容尺寸】（见图7-77）。

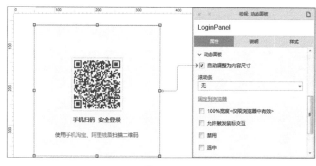

图7-77

06 拖入两个矩形到画布，作为登录按钮，摆放在动态面板的上层；设置默认样式（灰色字体与灰色边框）以及【选中】的交互样式（黑色字体与橙色边框）；勾选"快速登录"属性中的【选中】，让其在页面打开时即为选中后的状态；在元件样式中设置这两个矩形的只保留底部边框（参考基础7）；最后，为这两个矩形{设置选项组名称}为"LoginButton"（见图7-78）。

图7-78

07 为"快速登录"按钮的【鼠标单击时】事件添加"case1"，设置动作为【选中】"当前元件"。

- case动作设置：见图7-79。

图7-79

08 继续上一步，添加动作【设置面板状态】"LoginPanel"为"State1"。

- case动作设置：见图7-80。

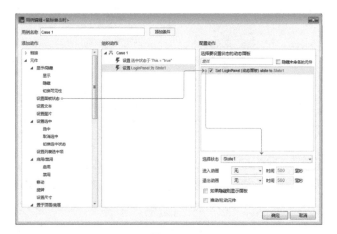

图7-80

09 参照操作步骤08与操作步骤09，为"账户密码登录"按钮设置【鼠标单击时】事件添加"case1"，设置第1个动作为【选中】"当前元件"；第2个动作为【设置面板状态】"LoginPanel"为"State2"。

- 事件交互设置：见图7-81。

图7-81

补充说明

- 本案例中使用了"FontAwesome 4.4.0"图标字体元件库，需要安装字体文件支持，并进行Web字体设置。（参考案例1的补充说明）

案例展示

扫一扫二维码，查看案例展示。

案例12 动态面板：自动图片切换

案例来源

淘宝-首页

案例效果

- 页面打开时：见图7-82。

图7-82

案例描述

固定区域循环播放一组图片（幻灯片效果），圆形分页标签随着播放不同的图片，而对应改变样式。

元件准备

• 页面中：见图7-83。

图7-83

元件命名

• 动态面板（多状态添加图片）：SlidePanel
• 矩形（圆点分页标签）：Tag1 ～ Tag5

思路分析

①利用动态面板可添加多个状态的特性，创建5个状态（见操作步骤01）。

②将5张需要展示的图片放到各个状态里面（见操作步骤02 ～ 03）。

③将圆点分页标签做成只能唯一被选中的效果，并设置第一个圆点默认被选中（见操作步骤04）。

④页面打开后，开启图片循环播放的效果（见操作步骤05）。

⑤每次切换到新的图片时，根据状态名称选中圆点分页标签，呈现橙色效果（见操作步骤06 ～ 10）。

操作步骤

01 拖入动态面板到画布，命名为"SlidePanel"，双击动态面板（或者在概要面板中鼠标双击动态面板名称），单击【+】图标，为动态面板添加5个状态（见图7-84）。

02 双击进入状态"State1"，添加一张图片到画布左上顶点的位置（见图7-85）。

03 参考上一步，将剩余四张图片分别放入到状态"State1" ～ "State5"中（见图7-86）。

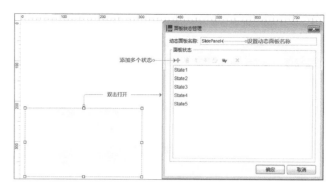

图7-84

图7-85

图7-86

04 拖入一个矩形，设置为圆形，在元件属性中为其设置【选中】的样式，{设置选项组名称}为"Tag"，并调整为合适的大小；点中此元件，按组合键<Ctrl+D>复制成5个后，摆放在合适的位置上；因为这几个元件变小后不易操作，可以在概要面板中，为这几个命名为"Tag1" ～ "Tag5"（见图7-87）。

图7-87

05 点中动态面板"SlidePanel",为其【载入时】事件添加 case,设置动作为【设置面板状态】"SlidePanel"为【Next】;同时,勾选【向后循环】与【循环间隔】的选项,并设置自动循环间隔的时长为"2000"毫秒;一般来说,页面打开时,不会直接切换到第二个状态,所以这里还要勾选【首个状态延时***毫秒后切换】;最后,设置下个状态进入与当前状态退出的动画均为【向左滑动】"500"毫秒。

- case动作设置:见图7-88。

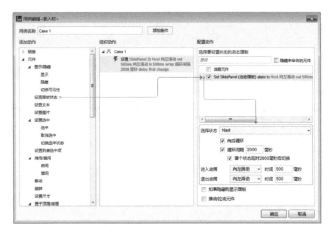

图7-88

06 为动态面板"SlidePanel"的【状态改变时】事件添加 case1;为case添加条件判断,判断【面板状态】"SlidePanel"【==】【面板状态】"State1"。

- 条件判断设置:见图7-89。

图7-89

07 继续上一步,添加符合该条件的动作,【选中】元件"Tag1"。

- case动作设置:见图7-90。

08 再次双击事件的名称或双击单击【+】,参照case1添加 case2的条件和动作;判断【面板状态】"SlidePanel"【==】【面板状态】"State2";动作为【选中】元件"Tag2"。

- 事件交互设置:见图7-91。

图7-90

图7-91

09 参照case2,依次添加case3～case4。

10 因为,除去case1～case4的判断内容,就只剩下最后一种情形;所以,case5无需进行条件内容的设置,直接设置动作为【选中】元件"Tag5"。

- 事件交互设置:见图7-92。

图7-92

案例展示

扫一扫二维码,查看案例展示。

操作步骤

01 将导航栏的图片放入画布，然后在导航栏图片上单击＜鼠标右键＞，选择转换为动态面板；这样操作等同于拖入动态面板，将图片放入动态面板默认的状态"State1"中（见图7-95）。

案例13　动态面板：保持固定位置

案例来源

知乎－话题精华

案例效果

- 拉动窗口滚动条时：见图7-93。

图7-93

案例描述

拉动滚动条，页面内容滚动时，导航栏始终保持固定在顶部位置。

元件准备

- 页面中：见图7-94。

图7-94

思路分析

如果想将某些内容不随着页面滚动而改变位置，可以将这些内容添加到动态面板的状态中，并在动态面板的属性中进行固定到浏览器的设置。

图7-95

02 在动态面板属性中（或者右键菜单中）单击【固定到浏览器】，打开设置页面，将动态面板固定到水平居中/垂直顶部的位置上（见图7-96）。

图7-96

补充说明

因为，本案例主要讲解如何将某些内容固定在页面的指定位置上，不随着页面滚动而改变位置；所以，页面中的两部分内容均使用图片代替。

案例展示

扫一扫二维码，查看案例展示。

案例14　动态面板：拖动滑块解锁（1）

案例来源

淘宝－注册界面

案例效果

● 拖动前：见图7-97。

图7-97

● 拖动中：见图7-98。

图7-98

● 拖动到终点后：见图7-99。

图7-99

案例描述

拖动滑块进行解锁验证。包含以下情形。

● 拖动滑块时，滑块仅允许水平拖动，且不可超出灰色边框两端。

● 拖动滑块时，有绿色的背景随滑块移动。

● 拖动滑块时，如果滑块到达最右端，显示白色文字"加载中"，等待半秒钟后显示白色文字"验证通过"，并且滑块上的图标变为绿色对勾；同时，启用"获取短信验证码"的按钮。

● 拖动结束时，如果滑块未到达最右端，滑块回到拖动前的位置。

元件准备

● 页面中：见图7-100。

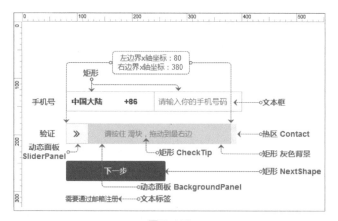

图7-100

● 动态面板"SliderPanel"中：见图7-101。

图7-101

● 动态面板"BackgroundPanel"中：见图7-102。

图7-102

包含命名

● 动态面板（用于拖动）：SliderPanel

- 动态面板（用于显示绿色背景条）：BackgroundPanel
- 矩形（用于滑块形状）：SliderShape
- 矩形（用于绿色背景）：GreenShape
- 矩形（显示验证提示）：CheckTip
- 矩形（用于下一步按钮）：NextButton
- 热区（用于验证触点）：Contact

思路分析

①本案例比较复杂的就是在同一区域的元件叠放，由最底层开始分别如下。

- 灰色矩形，作为模块的背景。
- 动态面板"BackgroundPanel"，绿色矩形"GreenShape"在这个面板的状态中；这两个元件用于呈现绿背景，所以仅在灰色背景之上。
- 透明矩形"CheckTip"，用于显示验证提示。
- 动态面板"SliderPanel"，矩形滑块"SliderShape"；因为元件中只有动态面板才可拖动，所以要将矩形滑块置于其中。
- 热区"Contact"，在整个模块右侧边缘，用于滑块触碰到此元件时，触发验证相关动作。

②在滑块被拖动时，如果没有触碰到触点元件"Contact"，需要设置滑块为水平拖动，并添加边界限制（见操作步骤01～02）。

③否则（触碰到触点元件"Contact"），需要设置动作。

- 设置元件"CheckTip"的元件文字为"加载中"（见操作步骤03）。
- 等待500毫秒（见操作步骤4）。
- 设置元件"CheckTip"的元件文字为"验证通过"（见操作步骤05）。
- 设置元件"SliderShape"的元件文字为""（见操作步骤06）。
- 启用元件"NextButton"（见操作步骤07）。

④滑块拖动结束时，如果没有触碰到触点元件"Contact"，需要设置滑块回到初始位置（见操作步骤08）。

⑤滑块移动时，设置绿色的背景跟随移动（操作步骤09）。

操作步骤

01 点中动态面板"SliderPanel"，为其【拖动时】事件添加"case1"，case中添加条件，判断【元件范围】"SliderPanel"【未接触】【元件范围】"Contact"。

- 条件判断设置：见图7-103。

图7-103

02 设置满足条件的动作为【移动】"SliderPanel"为【水平拖动】；单击{界限}后方的【添加边界】，设置元件在x轴"80"～"381"的坐标区域内移动；"381"为模块右边界加1的位置，此位置才能够接触到触点元件"Contact"。

- case动作设置：见图7-104。

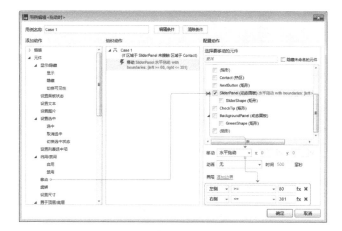

图7-104

03 添加不满足操作步骤1的条件时，执行的动作为【设置文本】"CheckTip"的元件文字为【富文本】，然后单击【编辑文本】，为元件上显示的文字"加载中"添加样式。

- case动作设置：见图7-105。

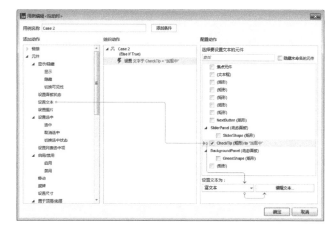

图7-105

- 编辑文本设置：见图7-106。

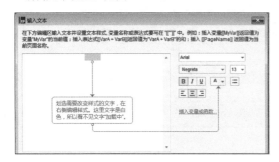

图7-106

04 添加动作【等待】，{等待时间}"500"毫秒；然后，后执行下一动作。

- case动作设置：见图7-107。

图7-107

05 添加动作【设置文本】"CheckTip"的元件文字为【富文本】，然后单击【编辑文本】，为元件上显示的文字"通过验证"添加样式（见图7-106）。

- case动作设置：见图7-108。

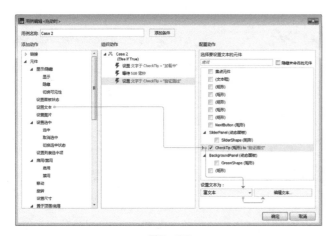

图7-108

06 添加动作【设置文本】"SliderShape"的元件文字为【富文本】，然后单击【编辑文本】，为元件添加图标字体"✅"；图标字体可通过双击图标字体元件，在编辑状态下复制获得。

- case动作设置：见图7-109。

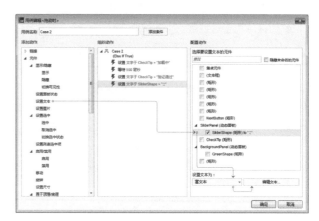

图7-109

- 编辑文本设置：见图7-110。

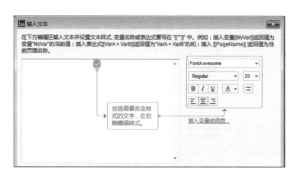

图7-110

07 在元件"NextButton"属性中为元件添加【禁用】状态的交互样式，并勾选默认的【禁用】选项；然后，继续上一步，添加动作【启用】元件"NextButton"。

- case动作设置：见图7-111。

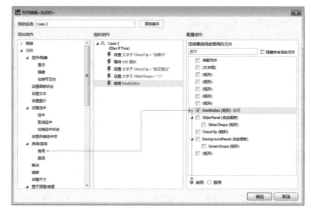

图7-111

08 为动态面板"SliderPanel"的【拖动结束时】事件添加"case1"，case中添加条件，判断【元件范围】"SliderPanel"【未接触】【元件范围】"Contact"（参考操作步骤01）；设置满足条件时的动作为【移动】动态面板"SliderPanel"【到达】{x}"80"{y}"180"的位置。

- case动作设置：见图7-112。

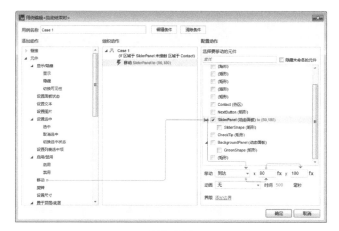

图7-112

09 为动态面板"SliderPanel"的【移动时】事件添加"case1"；设置动作为【移动】元件"GreenShape"【跟随】当前动态面板移动。

- case动作设置：见图7-113。

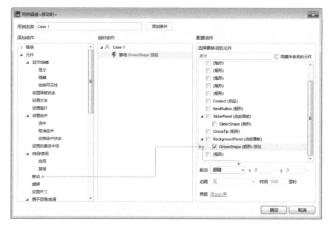

图7-113

10 通过以上步骤，就完成了拖动解锁的全部交互。

- 事件交互设置：见图7-114。

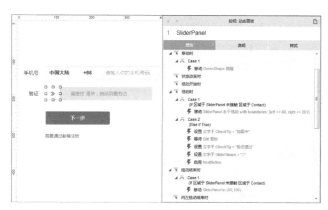

图7-114

补充说明

- 本案例主要讲解动态面板拖动的相关内容，不对其他交互进行描述。
- 本案例中滑块回到原点未添加滑动效果，该效果将在函数案例部分优化。
- 本案例中使用了"FontAwesome 4.4.0"图标字体元件库，需要安装字体文件支持，并进行Web字体设置（参考案例1的补充说明）。

案例展示

扫一扫二维码，查看案例展示。

案例15　　**动态面板：元件样式联动**

案例来源

京东-商品列表页

案例效果

- 初始及鼠标离开时：见图7-115。

图7-115

- 鼠标移入时：见图7-116。

图7-116

案例描述

鼠标进入"对比"/"关注"/"加入购物车"的按钮区域时，图标、文字与背景都呈现另一种样式。其中"关注"按钮中的图标在鼠标进入时，红色心形图标为向上滑动显示，鼠标离开时，向下滑动消失。

元件准备

• 页面中：见图7-117。

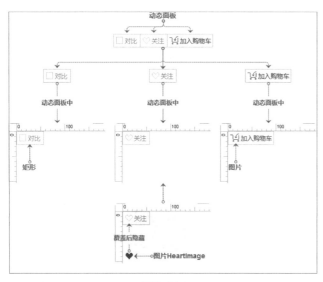

图7-117

包含命名

• 图片（用于心形图标）：HeartImage

思路分析

①鼠标进入每个按钮区域，改变边框和文字颜色；"对比"按钮的图标也有改变颜色的效果（见操作步骤01）。

②按钮上的文字靠右并距离边框有一定距离（见操作步骤02）。

③鼠标移入图标或者矩形时都能呈现鼠标悬停的效果（见操作步骤03）。

④鼠标进入"关注"按钮时，红心图标呈现向上滑入效果（见操作步骤05）。

⑤鼠标离开"关注"按钮时，红心图标呈现向下滑出效果（见操作步骤06）。

操作步骤

01 每个按钮矩形的元件属性中设置【鼠标悬停】的交互样式；"对比"按钮中的图标单独设置【鼠标悬停】的交互样式（见图7-118）。

图7-118

02 设置每个按钮矩形的元件样式为文字【右侧对齐】，填充{R}为"4"（见图7-119）。

图7-119

03 矩形与图标同时显示鼠标悬停的效果，可以在动态面板的元件属性中勾选【允许触发鼠标交互】（见图7-120）。

图 7-120

04 以上设置完毕后，鼠标移入按钮变换样式时，会发生边框互相遮挡的情况；解决办法是为每个动态面板【鼠标移入时】事件的 case 都添加一个动作，这个动作为【置于顶层】，选择元件为"当前元件"。

- case 动作设置：见图 7-121。

图 7-121

05 为"关注"按钮的动态面板的【鼠标移入时】事件添加"case1"，设置动作为【显示】图片元件"HeartImage"，{动画}为【向上滑动】，动画的持续{时间}为"200"毫秒。

- case 动作设置：见图 7-122。

图 7-122

06 为"关注"按钮的动态面板的【鼠标移出时】事件添加"case1"，设置动作为【隐藏】图片元件"HeartImage"，{动画}为【向下滑动】，动画的持续{时间}为"200"毫秒。

- case 动作设置：见图 7-123。

图 7-123

- 事件交互设置：见图 7-124。

图 7-124

案例展示

扫一扫二维码，查看案例展示。

案例16 **中继器：制作商品列表**

案例来源

百度外卖–菜单

案例效果

- 商品列表：见图7-125。

图7-125

案例描述

包含商品图片、名称、推荐人数、销售数量、价格以及添加按钮的商品模块列表。

元件准备

- 页面中：见图7-126。

图7-126

- 中继器"GoodsList"中：见图7-127。

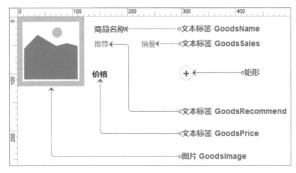

图7-127

包含命名

- 中继器（用于商品列表）：GoodsList
- 文本标签（显示商品名称）：GoodsName
- 文本标签（显示推荐人数）：GoodsRecommend
- 文本标签（显示商品销量）：GoodsSales
- 文本标签（显示商品价格）：GoodsPrice
- 图片（显示商品图片）：GoodsImage

思路分析

中继器可用来实现重复的项目列表。可以将自身数据集中的数据通过项目交互与编辑好的元件模板进行绑定；并且，可以调整列表的布局、间距等。

中继器的操作分为以下几步。

①在中继器的编辑区中，拖入元件创建单个项目的模板（见操作步骤01）。

②添加列表的数据、图片到数据集中（见操作步骤02～03）。

③添加交互将数据集中的数据关联到相应的元件（见操作步骤04～08）。

④设置中继器的排列布局与间隔（见操作步骤09）。

操作步骤

01 参考元件准备中的图7-127拖入元件创建模板，并进行命名。

02 打开本案例素材中的Excel数据表格，复制里面的数据；接下来，回到Axure中，双击中继器"GoodsList"，在检视面板中打开数据集，点中数据集的首行首列，按下快捷键<Ctrl+V>，粘贴数据到数据集中；然后，对应模板中的元件名称为中继器数据集的每一列设置名称(见图7-128)。

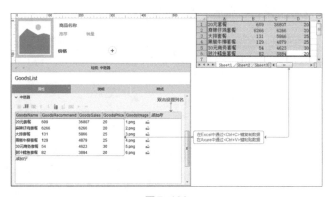

图7-128

03 在"GoodsImage"列中，单击<鼠标右键>,在菜单中选择【导入图片】，对应每行数据将图片导入到数据集中（见图

7-129）。

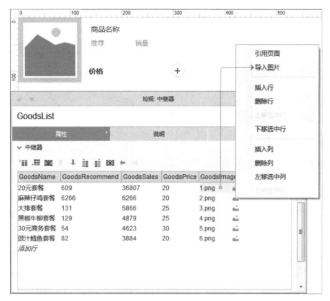

图 7-129

04 在检视面板中，打开交互界面，在【每项加载时】事件中添加 "case1"，设置动作为【设置文本】"GoodsName" 为【值】"[[Item.GoodsName]]"。

- case动作设置：见图7-130。

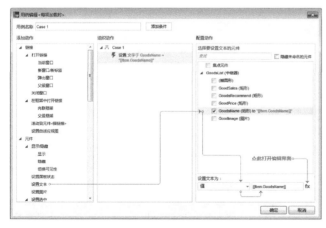

图 7-130

"[[Item.GoodsName]]" 可以直接输入，也可以通过单击【fx】图标，在弹出的编辑界面中，单击【插入变量或函数】，然后，在打开的列表中选取，插入到值的输入框中。

- 编辑文本设置：见图7-131。

05 继续上一步，【设置文本】"GoodsPrice" 为【值】"¥[[Item.GoodsPrice]]"（见操作步骤04）。

06 继续上一步，【设置文本】"GoodsRecommend" 为【值】"[[Item. GoodsRecommend]]人推荐"（见操作步骤04）。

图 7-131

07 继续上一步，【设置文本】"GoodsSales" 为【值】"已售[[Item. GoodsSales]]份"（见操作步骤04）。

- case动作设置：见图7-132。

图 7-132

08 继续上一步，【设置图片】"GoodsImage" 为【值】"[[Item.GoodsImage]]"。

- case动作设置：见图7-133。

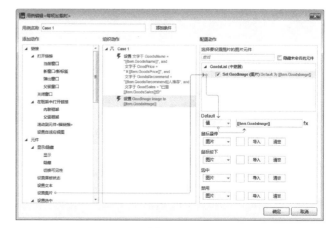

图 7-133

09 在检视面板中，打开样式界面，设置{布局}为【水平】布局，并勾选【网格排布】，设置{每行项目数}为"2"；然后，设置{间距}为{行}"15"{列}"30"（见图7-134）。

图7-134

补充说明

从Excel中复制数据到数据集，最后一行会多出一个空行，删除即可。

案例展示

扫一扫二维码，查看案例展示。

案例17 | **中继器：商品列表排序**

案例来源

美丽说－宝贝搜索

案例效果

- 默认：见图7-135。

图7-135

- 价格从低到高：见图7-136。

图7-136

- 价格从高到低：见图7-137。

图7-137

案例描述

鼠标移入"价格排序"按钮，显示选项列表。选项在鼠标进入时显示粉色文字，单击选项，商品列表进行相应的排序。

元件准备

- 页面中：见图7-138。

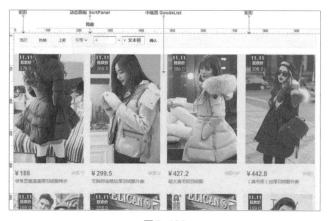

图7-138

- 动态面板"SortPanel"中：见图7-139。

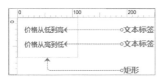

图 7-139

- 中继器"GoodsList"中：见图 7-140。

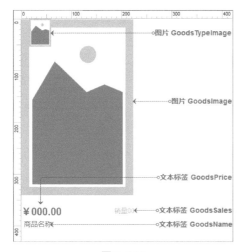

图 7-140

- 中继器"GoodsList"的数据集中：见图 7-141。

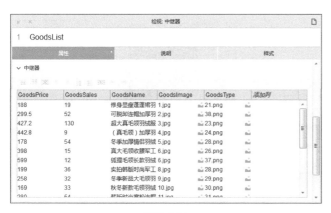

图 7-141

包含命名

- 中继器（用于商品列表）：GoodsList
- 动态面板（用于排序选项）：SortPanel
- 图片（显示商品图片）：GoodsImage
- 图片（显示商品类型）：GoodsTypeImage
- 文本标签（显示商品名称）：GoodsName
- 文本标签（显示商品销量）：GoodsSales
- 文本标签（显示商品价格）：GoodsPrice

思路分析

①完成中继器数据集与元件的关联（见操作步骤 01）。

②并设定好模块的排布与间隔（见操作步骤 02）。

③鼠标移入"价格排序"按钮，需要显示排序的选项，并能够在鼠标移出选项时自动隐藏选项（见操作步骤 03）。

④为每个排序选项添加鼠标移入时的样式（见操作步骤 04）。

⑤单击每个排序选项时，需要中继器进行相应的排序，并隐藏排序的选项列表（见见操作步骤 05 ～ 06）。

操作步骤

01 为中继器的【每项加载时】事件添加"case1"，设置商品的名称、价格、销量、图片和类型图标与模板中的元件关联（参考图 7-132）。

- 事件交互设置：见图 7-142。

图 7-142

02 在中继器的样式中设置{布局}为【水平】布局，【网格排布】中设置【每排项目数】为"4"（见图 7-134）。

03 为"价格排序"按钮的【鼠标移入时】事件添加"case1"，设置动作为【显示】动态面板"SortPanel"，在设置的{更多选项}中选择【弹出效果】；设置为"弹出效果"后，显示出来的动态面板就会在鼠标移出时自动隐藏，而无需再添加交互。

- case 动作设置：见图 7-143。

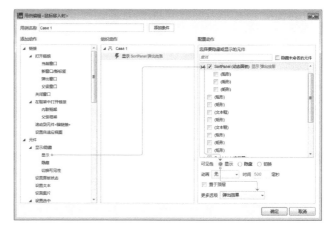

图 7-143

04 在元件属性中为排序选项元件设置【鼠标悬停】的交互样式，文字颜色为粉红色。

05 双击动态面板"SortPanel"打开动态面板状态管理界面；再双击状态名称"State1"打开状态内容编辑区；在编辑区中为排序选项"价格从低到高"的【鼠标单击时】事件添加"case1"，设置动作为【添加排序】到中继器"GoodsList"，排序{名称}为"SortPrice"，排序的{属性}为商品价格"GoodsPrice"，{排序类型}为数字类型"Number"，排序{顺序}选择【升序】排列。

- case动作设置：见图7-144。

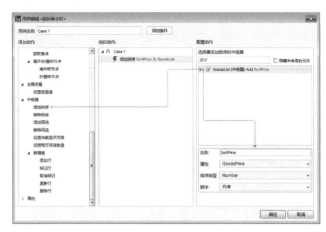

图7-144

06 继续上一步添加动作【隐藏】动态面板"SortPanel"。

- case动作设置：见图7-145。

图7-145

07 参考操作步骤05～06，为排序选项"价格从高到低"的设置交互，不同之处只是排序交互中{顺序}为【降序】排列。

- 事件交互设置：见图7-146。

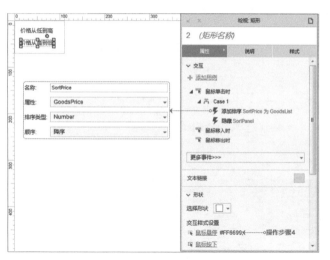

图7-146

补充说明

- 本案例中使用了"FontAwesome 4.4.0"图标字体元件库，需要安装字体文件支持，并进行Web字体设置。（参考案例1的补充说明）

案例展示

扫一扫二维码，查看案例展示。

案例18 形状：自定义复选框（3）

案例来源

美丽说 - 宝贝搜索

案例效果

- 鼠标移入方框或文本时：见图7-147。

图7-147

- 鼠标单击方框或文本时：见图7-148。

图7-148

- 鼠标再次单击方框或文本时：见图7-149。

图7-149

案例描述

鼠标进入复选框或者选项文本时，复选框呈现另一种颜色，离开时恢复原色；鼠标单击复选框或者选项文本时，复选框在切换选中样式。

元件准备

- 复选框的制作：见图7-150。

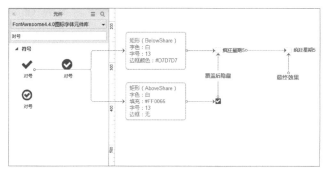

图7-150

包含命名

- 矩形（用于复选框）：BelowShape
- 矩形（用于鼠标移入效果）：AboveShape

思路分析

①使用图标字体"✔"做成未选中状态的复选框"BelowShape"；然后，设置元件选中时的交互样式；这样在元件"BelowShape"选中状态切换时即可显示不同的样式（见操作步骤01）。

②在鼠标移入选项文本和元件"BelowShape"时，都要显示元件"AboveShape"（见操作步骤02～03）。

③实际上，可以单击的元件只有"AboveShape"和选项文本，所以，在这两个元件被鼠标单击时，切换元件"Be-

lowShape"的选中状态（见操作步骤04～05）。

④将做好的元件内容复制多个，变成不同的选项（见操作步骤06）。

⑤效果图片中的"11.11新款狂欢节"不是文本，而是图片；将上面做好的元件复制一份，然后将文本换成图片（见操作步骤07）。

操作步骤

01 在元件"BelowShape"的属性中添加【选中】的交互样式，可参考元件准备（见图7-150）中元件"AboveShape"的默认样式（见图7-151）。

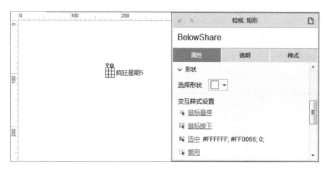

图7-151

02 为元件"BelowShape"的【鼠标移入时】事件添加"case1"，设置动作为【显示】"AboveShape"，{更多选项}选择【弹出效果】；"弹出效果"可以让鼠标离开显示的元件时，该元件自动恢复隐藏。

- case动作设置：见图7-152。

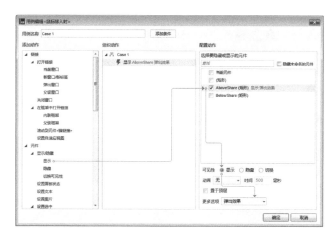

图7-152

03 参考上一步为选项文本添加同样的交互。

04 为元件"AboveShape"的【鼠标单击时】事件添加"case1"，设置动作为【切换选中动态】"BelowShape"。

- case动作设置：见图7-153。

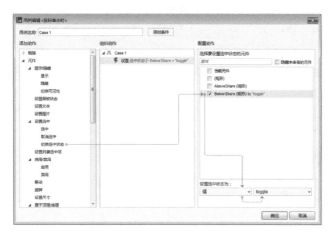

图7-153

05 参考上一步为选项文本添加同样的交互。

06 完成上述交互后，将做好的内容复制多份，并修改选项文字（见图7-154）。

图7-154

07 在第一个选项的文字部分（文本标签）上单击<鼠标右键>，在菜单中选择【转换为图片】，然后双击转换后的图片导入素材中的图片，将图片设置为宽136×高22，并调整好位置（见图7-155）。

图7-155

补充说明

- 本案例中使用了"FontAwesome 4.4.0"图标字体元件库，需要安装字体文件支持，并进行Web字体设置（参考案例1的补充说明）。

- 本案例操作步骤06中，因为复制会导致多个元件重名，如有需要可以为元件重新命名；例如，"BelowShape01"～"BelowShape06"和"AboveShape01"～"AboveShape06"。

案例展示

扫一扫二维码，查看案例展示。

案例19　中继器：商品类型筛选

案例来源

美丽说–宝贝搜索

案例效果

- 筛选前：见图7-156。

图7-156

- 筛选后：见图7-157。

图7-157

案例描述

选中一个筛选条件后，将满足该条件的商品筛选出来。并且，多个筛选类型可以叠加。

元件准备

- 页面中：见图7-158。

图 7-158

包含命名

- 见案例 17。

思路分析

①如果需要实现按类型的筛选，就需要在中继器的数据集中存储不同类型的数据；根据案例效果，每一种类型都应该在数据集中有对应的一列类型数据，记录每个商品是否此种类型；在这里我们仅以前两种类型（"11.11 新款狂欢节"与"秋冬新款"）为例，省略其他类似操作（见操作步骤 01）。

②在每一种类型的复选框被选中时，都要添加该种类型的筛选（见操作步骤 02）。

③同理，在每一种类型的复选框取消选中时，也要相应的取消筛选（见操作步骤 03）。

④做好一个复选框的交互后，其他复选框也要相应的进行设置（见操作步骤 04）。

操作步骤

01 先在数据集中添加 2 列数据，列名分别是"Promotion"与"NewStyle"，表示促销与新款的数据列；具有属性的商品列值为"True"，不具有属性的商品列值为"False"（见图 7-159）。

02 根据案例 17，我们知道底层的复选框会被进行选中状态的切换；那么，我们在"11.11 新款狂欢节"底层复选框的【选中时】事件中添加"case1"，设置动作【添加筛选】到中继器"GoodsList"；配置中不勾选【移除其他筛选】的选项，确保能够多条件筛选；筛选{名称}为"FilterPromotion"；筛选{条件}为"[[Item. Promotion=='True']]"。

- case 动作设置：见图 7-160。

图 7-159

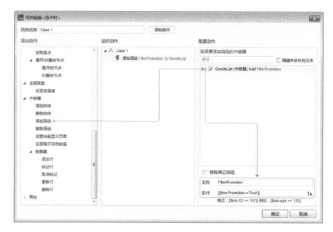

图 7-160

03 继续上一步，在该元件底层复选框的【取消选中时】事件中添加"case1"，设置动作为【移除筛选】中继器"GoodsList"，{被移除的筛选名称}中填写上一步的筛选名称"FilterPromotion"。

- case 动作设置：见图 7-161。

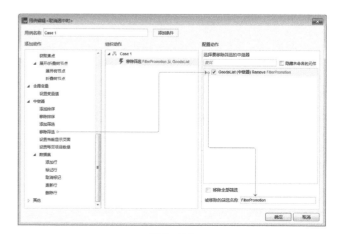

图 7-161

04 参考操作步骤02～03，为"秋冬新款"的底层复选框添加交互，不同的是筛选名称为"FilterNewStyle"，筛选条件为"[[Item. NewStyle=="True"]]"。

- 事件交互设置：见图7-162。

图7-162

补充说明

- 这个案例中，商品"双十一活动"的优先级最高，当同时具备"双十一活动"与"秋冬新款"属性时，优先显示"双十一活动"的图标，所以筛选后的效果图中不完全是"秋冬新款"的图标。
- 注意本案例条件表达式中"True"要用英文半角的单引号括起来（数字无需这样处理）。
- 本案例中与网站实际内容略有不同；网站中第5列商品为推广商品，与商品列表并非统一列表；本案例中，为了排列美观，将商品列表调整为5列。

案例展示

扫一扫二维码，查看案例展示。

案例20 中继器：选择对比商品（1）

案例来源

京东－商品列表页

案例效果

- 添加商品前：见图7-163。

图7-163

- 添加商品后：见图7-164。

图7-164

案例描述

单击某个商品的"对比"按钮时，页面下方向上滑出对比栏，选中的商品将在对比栏中出现。单击对比栏"隐藏"按钮时，关闭对比栏。

元件准备

- 页面中：见图7-165。

图7-165

- 动态面板 "ContrastPanel" 中：见图7-166。

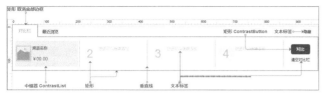

图7-166

- 中继器 "ContrastList" 中：见图7-167。

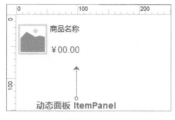

图7-167

- 中继器 "ContrastList" 中的数据集：见图7-168。

图7-168

- 动态面板 "ItemPanel" 中：见图7-169。

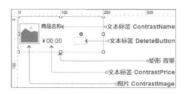

图7-169

- 中继器 "GoodsList" 中：见图7-170。

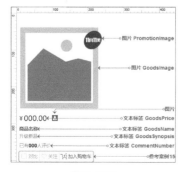

图7-170

- 中继器 "GoodsList" 的数据集：见图7-171。

图7-171

包含命名

- 中继器（用于商品列表）：GoodsList
- 中继器（用于对比列表）：ContrastList
- 图片（用于商品列表的商品图片）：GoodsImage
- 图片（用于商品列表的促销图标）：PromotionImage
- 文本标签（用于商品列表的商品价格）：GoodsPrice
- 文本标签（用于商品列表的商品名称）：GoodsName
- 文本标签（用于商品列表的商品简介）：GoodsSynopsis
- 文本标签（用于商品列表的评论数量）：CommentNumber
- 图片（"对比"按钮的复选框图标）：CheckImage
- 动态面板（用于对比栏的位置固定以及显示/隐藏）：ContrastPanel
- 动态面板（用于对比列表悬停显示"删除"按钮效果）：ItemPanel
- 文本标签（用于显示对比商品名称）：ContrastName
- 文本标签（用于显示对比商品价格）：ContrastPrice
- 文本标签（用于对比列表删除按钮）：DeleteButton
- 图片（用于对比商品图片）：ContrastImage
- 矩形（用于对比栏中的对比按钮）：ContrastButton

思路分析

中继器可以动态地添加数据。本案例中对比列表的信息可以动态添加，就可以通过中继器来实现。

①本案例中的中继器 "GoodsList"，并非所有的商品都显示促销图标 "PromotionImage"；我们可以在中继器数据集中添加 "IsPromotion" 列，并预先设置好列值；中继器载入每一行数据时，根据 "IsPromotion" 列的值是 "True" 还是 "False"，决定其是否显示（见操作步骤02～03）。

②单击 "对比" 按钮时，要让复选框切换样式（见操作步骤04）。

③单击"对比"按钮时，要让对比列表从底部向上滑出（见操作步骤05）。

④"对比"按钮的复选框选中时，要向对比列表添加一条商品信息（见操作步骤06）。

⑤单击对比栏中的"隐藏"按钮时，关闭对比栏（见操作步骤07）。

操作步骤

01 参考案例16以及本案例元件准备，完成中继器"GoodsList"与"ContrastList"的设置以及【每项加载时】事件的交互。

- 事件交互设置：见图7-172。

图7-172

02 设置图片"PromotionImage"默认为显示的状态；然后，在元件属性中，设置该元件的【禁用】时的交互样式为{不透明(%)}"0"，这样禁用该元件时，该元件则完全透明不可见（见图7-173）。

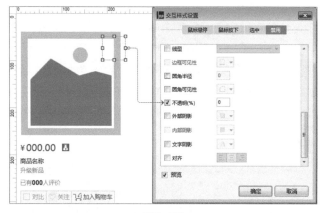

图7-173

03 在中继器【每项加载时】事件中，添加"case2"；设置判断条件，判断【值】"[[Item. IsPromotion]]"【==】【值】"False"时，执行动作【禁用】图片"PromotionImage"；最后，在该case上单击<鼠标右键>，选择【切换为<If>或<Else If>】，将case的判断转换为"If"格式。

- 条件判断设置：见图7-174。

图7-174

- case动作设置：见图7-175。

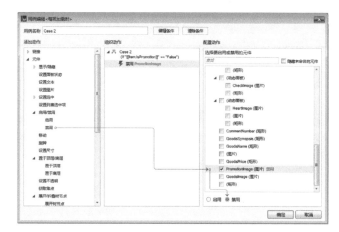

图7-175

- 事件交互设置：见图7-176。

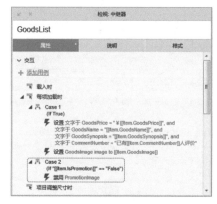

图7-176

04 在元件属性中为图片"CheckImage"添加【选中】的交互样式，导入被选中样式的图片；然后，为该元件所在的动态面板【鼠标单击时】事件添加"case1"，设置动作为【切换选中状态】"CheckImage"。

- 交互样式设置：见图7-177。

图 7-177

- case动作设置：见图7-178。

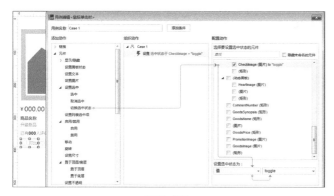

图 7-178

05 继续上一步，添加第2个动作为【显示】动态面板"ContrastPanel"，{动画}为【向上滑动】，持续{时间}"500"毫秒。

- case动作设置：见图7-179。

图 7-179

06 为图片"CheckImage"的【选中时】事件添加"case1"，设置动作为【添加行】到中继器"ContrastList"；配置中单击【添加行】的按钮，在打开的界面中添加一行数据，对应列名分

别 填 入 "[[Item.GoodsName]]""[[Item.GoodsPrice]]" 和 "[[Item.GoodsImage]]"；这样就将当前被选中的商品的信息读取出来，添加到了中继器"ContrastList"的数据集中，并通过【每项加载时】的交互动态的显示到对比栏中。

- case动作设置：见图7-180。

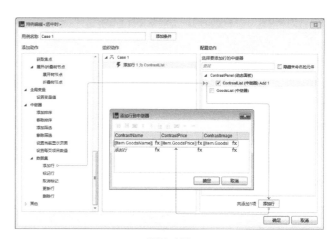

图 7-180

07 为对比栏的"隐藏"按钮的【鼠标单击时】事件添加"case1"，设置动作为【隐藏】动态面板"ContrastPanel"。

- case动作设置：见图7-181。

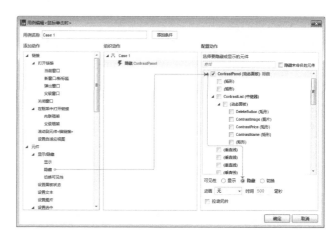

图 7-181

补充说明

- 本案例不对重复添加以及添加数量进行限制，此类功能将在之后的案例中进行讲解。
- 本案例未包含效果图片中左侧的推荐内容。

案例展示

扫一扫二维码，查看案例展示。

案例21　中继器：选择对比商品（2）

案例来源

京东－商品列表页

案例效果

见案例20。

案例描述

在上个案例的基础上（见案例20），添加对重复添加对比商品的限制。

元件准备

● 在案例20的基础上新增内容：见图7-182。

图7-182

包含命名

● 见案例20。

思路分析

中继器在每项数据加载时，可以通过对列值进行判断对元件进行控制；所以，如果想限制"对比"按钮被单击时，不会重复添加数据，我们可以单独在中继器数据集中添加一列，用于记录选中的状态（见元件准备）；然后，通过对这个状态值的判断，进行不同的交互。

①如果状态值为"True"，说明商品已添加，该项数据加载时，要对复选框图片进行选中的操作（见操作步骤01）。

②如果状态值为"False"，说明商品未添加，可以进行添加对比商品信息的操作（见操作步骤03）。

③每个商品的选中状态值，初始时为"False"，成功添加对比商品信息时，要将状态值更新为"True"（见操作步骤04）。

操作步骤

01 在中继器"GoodsList"的【每项加载时】事件中，添加"case3"；为case添加条件判断【值】"[[Item.IsSelected]]"【==】【值】"True"；设置符合条件时的动作为【选中】图片"CheckImage"；最后，在该case上单击＜鼠标右键＞，选择【切换为＜If＞或＜Else If＞】，将case的判断转换为"If"格式。

● 条件判断设置：见图7-183。

图7-183

● case动作设置：见图7-184。

图7-184

● 事件交互设置：见图7-185。

02 因为，在上一步中，添加了中继器【每项加载时】对图片"CheckImage"的选中交互；"案例20"中"操作步骤04"所设置的动作就不再需要，将其删除。

● 事件交互设置：见图7-186。

图 7-185

图 7-186

03 为"对比"按钮所在动态面板（见图 7-186）的【鼠标单击时】事件添加"case2"，设置条件判断【值】"Item.IsSelected"【==】【值】"False"；完成条件判断设置后确定保存，退出 case 编辑界面；将"案例 20"中"操作步骤 06"所设置的动作，从图片"CheckImage"的交互中复制到"case2"中，并删除图片"CheckImage"的交互；最后，在该 case 上单击<鼠标右键>，选择【切换为<If>或<Else If>】，将 case 的判断转换为"If"格式。

- 条件判断设置：见图 7-187。

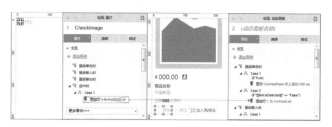

图 7-187

- 事件交互设置：见图 7-188。

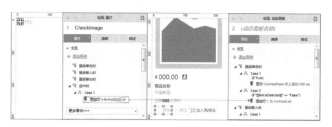

图 7-188

04 继续上一步，在"case2"中添加第 2 个动作，【更新行】到中继器"GoodsList"；配置中选择【This】，表示更新当前行；然后，在【选择列】列表中选择"IsSelected"，为其设置新值"True"。

- case 动作设置：见图 7-189。

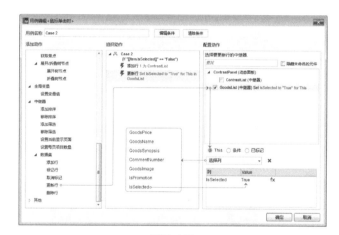

图 7-189

- 事件交互设置：见图 7-190。

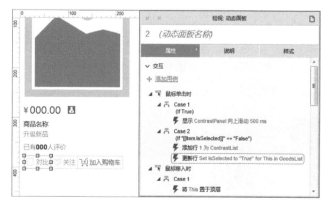

图 7-190

补充说明

本案例交互流程为：单击"对比"按钮时，会对状态值进行判断；如果状态值为"False"，表示按钮未被选中，这时，将商品信息添加到对比栏，并更新当前商品的"IsSelect-ed"列值为"True"；中继器数据集的数据被更新时会让中继器重新加载数据，从而触发【每项加载时】事件，那么，我们写在事件里的"case3"就会发生作用，通过判断改变图片"CheckImage"的样式。

案例展示

扫一扫二维码，查看案例展示。

案例22 中继器：选择对比商品（3）

案例来源

京东 - 商品列表页

案例效果

• 取消/删除时：见图7-191。

图7-191

• 清空对比时：见图7-192。

图7-192

案例描述

取消选中或单击对比栏中的"删除"按钮都可以删除对比栏中的商品信息；单击"清空对比栏"按钮，可以删除对比栏中所有的商品信息。

元件准备

见案例20与案例21。

包含命名

见案例20。

思路分析

①在案例21中，我们设置了中继器"GoodsList"【每项加载时】事件的"case3"，如果状态值是"True"就选中图片"CheckImage"；在当前的案例中，我们需要做删除对比信息的效果；而删除对比信息时，要对应取消选中图片"CheckImage"（见操作步骤01）。

②单击"清空对比栏"需要删除全部商品信息；同时，需要取消商品列表中"对比"按钮复选框的选中状态（见操作步骤02～03）。

③单击"删除"按钮，可以删除当前的商品信息；同时，需要取消商品列表中对应的"对比"按钮复选框的选中状态（见操作步骤05～06）。

④单击"对比"按钮时，如果复选框是选中的状态，则取消复选框的选中状态；同时，删除对比栏中对应当前的商品信息（见操作步骤07～08）。

操作步骤

在案例21的基础上继续进行操作。

01 为中继器"GoodsList"【每项加载时】事件添加"case4"，软件会自动设置条件为"Else If"，与"case3"形成关联；在"case4"中直接添加，不符合"case3"条件时的动作为【取消选中】图片"CheckImage"。

• 事件交互设置：见图7-193。

02 为"清空对比栏"按钮的【鼠标单击时】事件添加"case1"，设置动作为【删除行】中继器"ContrastList"，删除目标选择【条件】，{条件}中填写"True"；"True"表示该中继器数据集中每一个数据行都符合删除条件。

• case动作设置：见图7-194。

图 7-193

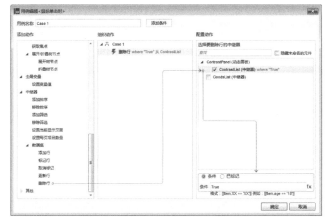

图 7-194

03 继续上一步，为"case1"添加第 2 个动作，【更新行】到中继器"GoodsList"；更新目标选择"条件"；{条件}中填写"[[Item.IsSelected=="True"]]"；单击【选择列】，选择"IsSelected"，为其设置新值"False"。

- case 动作设置：见图 7-195。

图 7-195

- 事件交互设置：见图 7-196。

图 7-196

04 "对比"商品信息中的删除按钮"DeleteButton"默认为白色，在元件属性中设置【鼠标悬停】的交互样式，设置字体颜色为蓝色；在动态面板"ItemPanel"的元件属性中勾选【允许触发鼠标交互】，这样鼠标只要进入动态面板范围内，就会触发"DeleteButton"的【鼠标悬停】交互样式，呈现蓝色可见状态（见图 7-197）。

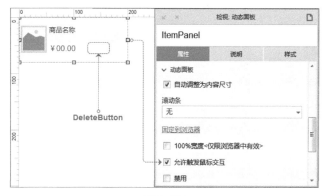

图 7-197

05 为对比商品信息中删除按钮"DeleteButton"（见图 7-197）的【鼠标单击时】事件添加"case1"，设置动作为【更新行】到中继器"GoodsList"；更新目标选择"条件"；{条件}中填写"[[TargetItem.GoodsName==Item.Contrast-Name]]"；单击【选择列】，选择"IsSelected"，为其设置新值"False"；"TargetItem"表示目标中继器的数据行，该条件表示要更新目标中继器中"GoodsName"列值与当前数据行"ContrastName"列值相同的数据行。

- case 动作设置：见图 7-198。

06 继续上一步，为"case1"添加第 2 个动作，【删除行】中继器"ContrastList"，删除目标选择【This】，表示删除当前项所对应的数据行。

- case 动作设置：见图 7-199。

图 7-198

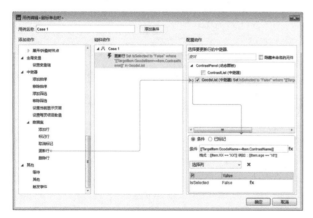

图 7-201

08 继续上一步，设置动作为【删除行】中继器"Contrast-List"，删除目标选择【条件】，{条件}填写"[[TargetItem.ContrastName==Item.GoodsName]]"；这个条件表示删除目标中继器中"ContrastName"列值与当前数据行"Goods-Name"列值相同的数据行。

- case动作设置：见图7-202。

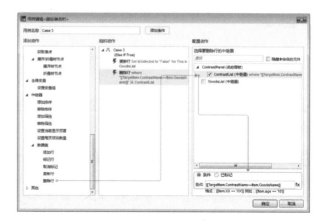

图 7-202

- 事件交互设置：见图7-203。

图 7-199

- 事件交互设置：见图7-200。

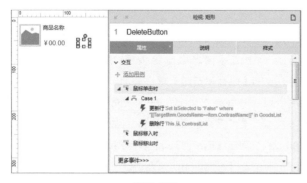

图 7-200

07 为"对比"按钮的动态面板，添加"case3"；这时，软件会自动关联"case2"，设置条件为"Else If"，即不满足"case2"的条件的情形；添加动作【更新行】到中继器"GoodsList"；更新目标选择【This】；单击【选择列】，选择"IsSelected"，为其设置新值"False"。

- case动作设置：见图7-201。

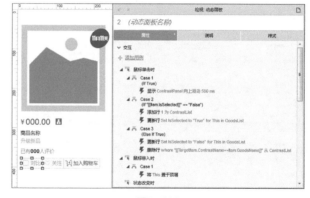

图 7-203

补充说明

本案例中未对商品列表其他交互进行设置，例如，鼠标进入商品信息区域显示带阴影的背景矩形；该效果大家可以参考本案例中元件"DeleteButton"鼠标悬停效果的实现思路。

案例展示

扫一扫二维码，查看案例展示。

8

变量案例

本章主要讲解变量的使用方法以及应用场景。

变量是在制作原型过程中不可缺少的内容之一，很多原型效果都是需要结合变量才能够实现。例如，跨页面的交互以及一些需要获取元件文字、状态、属性参与的交互。

案例23　全局变量：账号注册验证（1）

案例来源

站酷－注册界面

案例效果

- 初始状态时：见图8-1。

图8-1

- 焦点进入时：见图8-2。

图8-2

- 输入为空时：见图8-3。

图8-3

- 已被注册时：见图8-4。

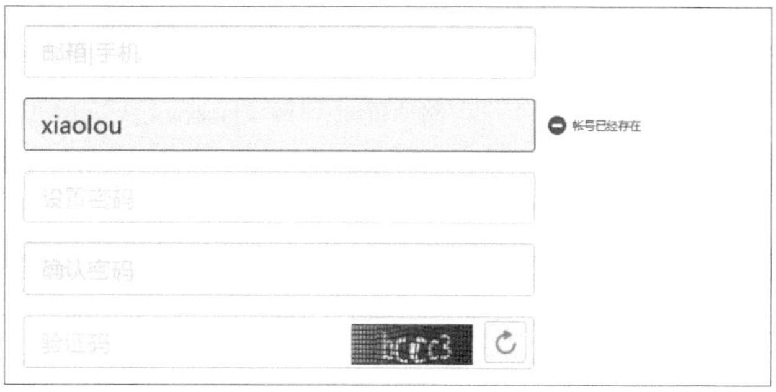

图8-4

- 验证通过时：见图8-5。

图8-5

案例描述

注册面板中的用户名输入框，在光标进入输入框以及离开输入框时，输入框的边框都会有相应的变色，并有相应的提示图标和文字提示。

元件准备

- 页面中：见图8-6。

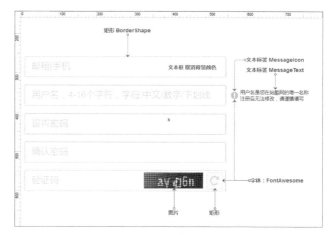

图8-6

包含命名

- 文本标签（用于显示提示图标）：MessageIcon
- 文本标签（用于显示提示文字）：MessageText
- 全局变量（用于存储预置账号）：UserName

思路分析

①根据案例效果，输入框需设置三种状态下显示的颜色（见操作步骤01）。

②根据案例效果，需要有预置的用户名，与输入的用户名进行比较（见操作步骤02）。

③光标进入文本框时，边框呈现黄色（见操作步骤03）。

④光标离开文本框时，如果是用户名未输入，边框要呈现红色，并有淡红色的填充；同时，显示错误的红色提示图标"●"和文字"请输入用户名"（见操作步骤04～06）。

⑤光标离开文本框时，如果是用户名已注册，边框要呈现红色，并有淡红色的填充；同时，显示错误的红色提示图标"●"和文字"账号已经存在"（见操作步骤07～09）。

⑥如果不是以上两种情况，则显示灰色的边框，显示正确的绿色图标和灰色文字"通过验证"（见操作步骤10～12）。

操作步骤

01 元件边框默认设置为黄色；然后，在元件属性中，设置矩形边框的【禁用】与【选中】的交互样式；禁用状态矩形边框为灰色；选中状态矩形的边框为红色，填充为淡红色；最后，勾选【禁用】选项，让边框初始状态显示灰色（见图8-7）。

图8-7

02 创建全局变量"UserName"，并将已注册账号设置为默认值；为了避免混乱和误判断，我们需要将每个用户名用特殊符号隔开；这一步可参考基础38（见图8-8）。

图8-8

03 为文本框【获取焦点时】事件添加"case1"，设置动作【启用】矩形"BorderShape"，让矩形显示为黄色边框。

- case动作设置：见图8-9。

图8-9

04 为文本框【失去焦点时】事件添加"case1"，为case添加判断，判断条件为【元件文字】于"当前元件"（This）【==】【值】""（空白）；然后，设置符合判断条件时的动作为【选中】矩形"BorderShape"，让其呈鲜红色边框和淡红色填充。

- 条件判断设置：见图8-10。

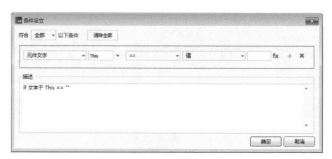

图8-10

- case动作设置：见图8-11。

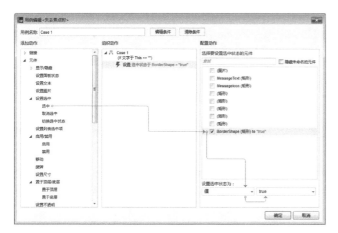

图8-11

05 继续上一步，添加动作【设置文本】文本标签"Message-Icon"为【富文本】；单击【编辑文本】按钮，在打开的界面中粘贴图标字体"●"，并设置为红色。

- case动作设置：见图8-12。

图8-12

- 文本编辑设置：见图8-13。

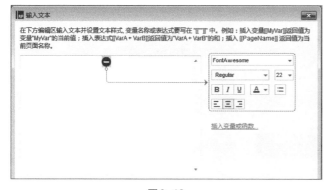

图8-13

06 继续上一步，添加动作【设置文本】文本标签"Message-

Text"为【富文本】；单击【编辑文本】按钮，在打开的界面中输入文字"请输入用户名"，并设置为红色。

- case动作设置：见图8-14。

图8-14

- 文本编辑设置：见图8-15。

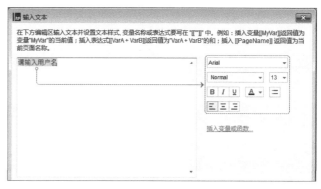

图8-15

07 继续为文本框【失去焦点时】事件添加"case2"，设置条件判断【变量值】于"UserName"【包含】【元件文字】"当前元件"（This）；然后，设置符合判断条件时的动作为【选中】矩形"BorderShape"，让其呈鲜红色边框和淡红色填充（case动作设置见操作步骤04）。

- 条件判断设置：见图8-16。

图8-16

08 继续上一步，添加动作【设置文本】文本标签"Message-Icon"为【富文本】；单击【编辑文本】按钮，在打开的界面中粘贴图标字体"●"，并设置为红色（见操作步骤05）。

09 继续上一步，添加动作【设置文本】文本标签"Message-Text"为【富文本】；单击【编辑文本】按钮，在打开的界面中输入文字"账号已经存在"，并设置为红色（见操作步骤06）。

- 事件交互设置：见图8-17。

图8-17

10 继续为文本框【失去焦点时】事件添加"case3"，软件自动给出条件"Else If"；设置不满足"case1"与"case2"条件时，执行的动作为【禁用】矩形"BorderShape"，让边框呈现灰色（见操作步骤01）。

11 继续上一步，添加动作【设置文本】文本标签"Message-Icon"为【富文本】；单击【编辑文本】按钮，在打开的界面中粘贴图标字体"●"，并设置为绿色（见操作步骤05）。

12 继续上一步，添加动作【设置文本】文本标签"Message-Text"为【富文本】；单击【编辑文本】按钮，在打开的界面中输入文字"验证通过"，并设置为灰色（见操作步骤06）。

- 事件交互设置：见图8-18。

图8-18

13 因为操作步骤04与操作步骤07中，有选中矩形"Border-Shape"的操作，所以当验证未通过后，光标进入文本框，还会显示选中时的样式；所以，需要在文本框的【获取焦点时】事件的"case1"中再添加一个动作，【取消选中】矩形"Border-Shape"。

- 事件交互设置：见图8-19。

图8-19

补充说明

- 全局变量是一个看不见的能够存储数据的容器，可以在整个原型中的任何地方对其进行读取和写入的操作；本案例中就是通过全局变量预先存储已注册的用户名，然后与新输入的用户名进行比较，根据比较结果设置相应的交互内容。

- 本案例中使用了"FontAwesome 4.4.0"图标字体元件库，需要安装字体文件支持，并进行Web字体设置。（参考案例1的补充说明）

- 受知识点限制，本案例还存在验证错误的情况，例如，输入"xiao"，也会通过验证；这个问题将在后面有关局部变量的案例中进行解决。

案例展示

扫一扫二维码，查看案例展示。

案例24 | **全局变量：打开微博详情（1）**

案例来源

微博－我的主页

案例效果

- 列表页：见图8-20。

图8-20

- 详情页：见图8-21。

图8-21

案例描述

在列表页单击某一条微博消息的时间，能够在新页面打开该条微博的详情。

元件准备

- 微博列表页面中：见图8-22。
- 微博列表中继器中：见图8-23。
- 微博列表数据集中：见图8-24。
- 微博详情页面中：见图8-25。

图8-22

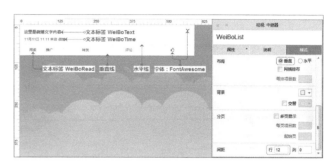

图8-23

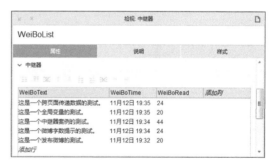

图8-24

图8-25

包含命名

- 中继器（用于微博列表）：WeiBoList
- 文本标签（用于显示微博文本）：WeiBoText
- 文本标签（用于显示微博发布时间）：WeiBoTime
- 文本标签（用于显示微博阅读数量）：WeiBoRead
- 全局变量（用于传递微博文本）：VarText
- 全局变量（用于传递微博发布时间）：VarTime
- 全局变量（用于传递微博阅读数量）：VarRead

思路分析

①完成微博列表的交互及设置（见操作步骤01）。

②鼠标单击发布时间的文字时，将被单击微博的相关数据存储到全局变量；然后，跳转到微博详情页（见操作步骤02～03）。

③在微博详情页打开时，读取全局变量里的数据，将这些数据分别设置到相关的元件文字中（见操作步骤04）。

操作步骤

01 在中继器"WeiBoList"项目交互中的【每项加载时】事件添加"case1"，将数据集与模板中的相关元件进行关联；这一步可以参考 。

- 事件交互设置：见图8-26。

图8-26

02 为微博列表中元件"WeiBoTime"的【鼠标单击时】事件添加"case1"，设置动作为【设置变量值】；设置全局变量"VarText"的【值】为"[[Item.WeiBoText]]"；设置全局变量"VarRead"的【值】为"[[Item.WeiBoRead]]"；设置全局变量"VarTime"的【值】为"[[Item.WeiBoTime]]"。

- case动作设置：见图8-27。

03 继续上一步添加第2个动作，在【新窗口/新标签】中【链接到当前项目的某个页面】，在页面列表中选择微博详情页面（见case24-2）。

- case动作设置：见图8-28。

图8-27

图8-28

04 在微博详情页的【页面载入时】事件中添加"case 1"，设置动作为【设置文本】；设置元件"WeiBoText"的文本为【值】"[[VarText]]"；设置元件"WeiBoRead"的文本为【值】"阅读 [[VarRead]]"；设置元件"WeiBoTime"的文本为【值】"[[VarTime]] 来自微博"。

- case动作设置：见图8-29。

图8-29

● 事件交互设置：见图8-30。

图8-30

补充说明

● 本案例利用了全局变量能够在任何页面中写入、读取数据的特性，完成了从微博列表页向微博详情页传递数据的操作。

● 本案例中微博列表页面名称为"case24"；微博详情页面名称为"case24-2"。

● 本案例中使用了"FontAwesome 4.4.0"图标字体元件库，需要安装字体文件支持，并进行Web字体设置（参考案例1的补充说明）。

● 本案例中使用了多个全局变量在页面间传递数据，在后面的案例中将会结合函数进行优化，通过一个变量进行多种数据的传递。

案例展示

扫一扫二维码，查看案例展示。

案例25　局部变量：账号注册验证（2）

案例来源

站酷-注册界面

案例效果

见案例23。

案例描述

在案例23的基础上，解决输入部分账号名称（例如"xiao"），也提示"账号已经存在"的错误。

元件准备

见案例23。

包含命名

见案例23。

思路分析

在案例23的全局变量"UserName"中账号的格式是以"<账号名称>"的格式存储；如果判断条件为全局变量"UserName"包含"<输入的账号>"，则能够进行完全的匹配，不会再出现输入部分账号名称也提示错误的问题。所以，需要将输入的账号加上"<"与">"后再进行判断。

需要修改的条件判断：见图8-31。

图8-31

操作步骤

01 将判断条件更改为判断【变量值】"UserName"【包含】【值】，单击【fx】进入"编辑文本"的界面。

● 条件判断设置：见图8-32。

图8-32

02 在编辑文本的界面中【添加局部变量】"n"获取【元件文字】"当前元件"（This），然后在值的输入框中输入"<[[n]]>"完成条件的编辑；当用户输入"xiao"时，被判断的内容为"<xiao>"，不会再产生错误。

- 局部变量设置：见图8-33。

图8-33

案例展示

扫一扫二维码，查看案例展示。

案例26　局部变量：增减商品数量（1）

案例来源

天猫－商品详情

案例效果

- 初始状态：见图8-34。

图8-34

案例描述

单击"增加"按钮时，商品数量增加1；单击"减少"按钮时，商品数量减少1；商品数量最低为1。

元件准备

- 页面中：见图8-35。

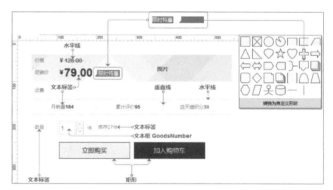

图8-35

包含命名

- 文本框（用于显示商品数量）：GoodsNumber

思路分析

①单击"增加"按钮时，让文本框中的数量自增1，需要获取到文本框的内容，进行加1的计算后，再填写到到文本框（见操作步骤01）。

②单击"减少"按钮时，不能直接减少，而是需要符合文本框内数值大于1的符合条件，才能够减少（见操作步骤02～03）。

操作步骤

01 为"增加"按钮的【鼠标单击时】事件添加case1，设置动作为【设置文本】到文本框"GoodsNumber"；新的数值为通过【添加局部变量】"n"获取到的"GoodsNumber"【元件文字】加1，即"[[n+1]]"。

- case动作设置：见图8-36。

图8-36

- 局部变量设置：见图8-37。

图8-37

02 为"减少"按钮的【鼠标单击时】事件添加case1，设置条件判断为【元件文字】"GoodsNumber"【>】【值】"1"。

- 条件判断设置：见图8-38。

图8-38

03 继续上一步，设置符合条件的动作为【设置文本】到文本框"GoodsNumber"；新的数值为通过【添加局部变量】"n"获取到的"GoodsNumber"【元件文字】减1，即"[[n-1]]"（见操作步骤01）。

- 事件交互设置：见图8-39。

图8-39

补充说明

- 本案例中使用了"FontAwesome 4.4.0"图标字体元件库，需要安装字体文件支持，并进行Web字体设置（参考案例1的补充说明）。

案例展示

扫一扫二维码，查看案例展示。

案例27 ｜ **局部变量：价格区间筛选**

案例来源

美丽说－宝贝搜索

案例效果

- 筛选前：见图8-40。
- 筛选后：见图8-41。

图8-40

图8-41

案例描述

按照价格区间对商品进行筛选，被筛选的商品价格大于等于最低价格并且小于等于最高价格。

元件准备

- 页面中：见图8-42。

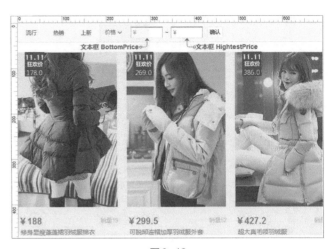

图8-42

包含命名

- 文本框（用于输入最低价格）：BottomPrice
- 文本框（用于输入最高价格）：HightestPrice

思路分析

①用户输入最低价格与最高价格，单击"确定"按钮时，为中继器添加筛选动作（见操作步骤01）。

②筛选条件为商品价格大于等于最低价格并且商品价格小于等于最高价格（见操作步骤02）。

操作步骤

01 为"确定"按钮的【鼠标单击时】事件添加"case1"，设置动作为【添加筛选】到中继器"GoodsList"，筛选{名称}为"IntervalPrice"，筛选{条件}需要获取到两个文本框中输入的文字，需要用局部变量辅助获取; 单击【fx】进入"编辑值"的界面。

- case动作设置：见图8-43。

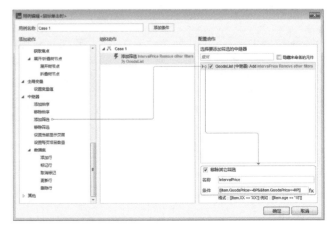

图8-43

02 在"编辑值"的界面下方创建局部变量"BP"和"HP"，分别获取到两个文本框的【元件文字】；然后，将两个局部变量写入条件表达式，最终的条件表达式为"[[Item.Goods-Price>=BP&&Item.GoodsPrice<=HP]]"。

- 局部变量设置：见图8-44。

图 8-44

案例展示

扫一扫二维码，查看案例展示。

9

特别案例

本章内容主要介绍一些具有特殊效果又比较常用的案例，很多内容都是在 Axure RP 8.0 中首次出现，例如，组合的交互、改变元件尺寸以及翻转旋转的功能等。

案例28　组合：弹出菜单效果

案例来源

网易云课堂－用户功能列表

案例效果

- 鼠标移入头像前：见图9-1。
- 鼠标移入头像后：见图9-2。

图9-1　　　　　　　图9-2

案例描述

鼠标移入用户头像时逐渐显示用户面板，鼠标移出时隐藏用户面板。

元件准备

- 页面中：见图9-3。

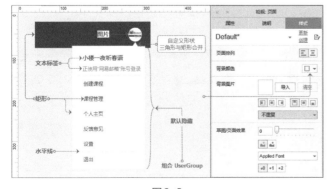

图9-3

包含命名

- 组合（用于统一显示面板内所有内容）：UserGroup

思路分析

如果想让一组元件统一显示与隐藏，可以将这组元件进行组合或转换为动态面板，然后对组合或者面板进行可见性的动作设置。在这个案例中，这里我们通过组合来实现。

操作步骤

01 选取所有需要统一显示或隐藏的元件，按快捷键<Ctrl+G>将它们设置为同一组合，默认隐藏组合并命名组合。

02 为"头像"元件的【鼠标移入时】事件添加"case 1"，设置动作为【显示】组合"UserGroup"；设置{动画}为【逐渐】显示，{时间}为"500"毫秒；设置{更多选项}为【弹出效果】。

- case动作设置：见图9-4。

图9-4

案例展示

扫一扫二维码，查看案例展示。

案例29 组合：菜单整体变色

案例来源

网易云课堂

案例效果

● 初始状态：见图9-5。

图9-5

案例描述

鼠标进入或单击菜单项时菜单项整体变色，包括图标、文字和形状。

元件准备

● 页面中：见图9-6。

图9-6

包含命名

● 组合（用于我的课程选项）：MyLesson
● 组合（用于我的微专业选项）：MyMajor
● 组合（用于我的学习计划选项）：MyPlan
● 组合（用于我的题库选项）：MyQuestions
● 组合（用于我的订单选项）：MyOrder
● 组合（用于关注/粉丝选项）：CareAndFans

思路分析

①鼠标移入菜单项任何位置时菜单项中的图片、文字、形状都能够同步变色（见操作步骤01）。

②选中菜单项时只能有一项被选中（见操作步骤01）。

③鼠标单击菜单项任何位置时，菜单项中的图片、文字、形状都能够同步变色（见操作步骤02）。

操作步骤

01 在元件属性中，为每个菜单项的矩形、图片设置【鼠标悬停】的交互样式，并将每个菜单项所有内容选取后，按快捷键 <Ctrl+G> 组合；然后，在组合的属性中，勾选【允许触发鼠标交互】，并{设置选项组名称}为"MenuItem"（见图9-7）。

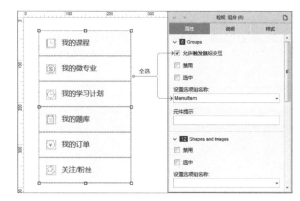

图9-7

02 在元件属性中，为每个菜单项的矩形、图片设置【选中】的交互样式；然后，将第一个组合"MyLesson"设置为默认选中（见图9-9）；最后，为每一个组合的【鼠标单击时】事件添加"case1"，设置动作为【选中】"当前元件"（This）；因为每个组合的事件交互都完全一致，这里我们只以组合"MyLesson"为例。

● case动作设置：以组合"MyLesson"为例（见图9-8）。

图9-8

- 事件交互设置：以组合"MyLesson"为例（见图9-9）。

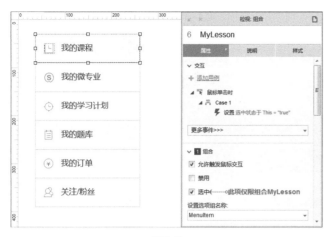

图9-9

案例展示

扫一扫二维码，查看案例展示。

案例30　遮罩：弹出登录界面

案例来源

百度－首页

案例效果

- 单击"登录"按钮时：见图9-10。

图9-10

案例描述

单击"登录"按钮时，显示登录面板，同时在面板以外的区域呈现灰色半透明遮罩效果。

元件准备

- 页面中：见图9-11。

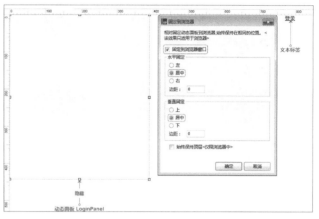

图9-11

- 动态面板"LoginPanel"中：见图9-12。

图9-12

包含命名

- 动态面板（用于放置登录模块内容）：LoginPanel

思路分析

①利用动态面板容器的特性，可以让登录模块的所有元件统一显示与隐藏；同时，还可以保持面板始终在页面中心的位置。见元件准备－页面中。

②当单击"登录"按钮时，显示登录面板，并带有遮罩效果（见操作步骤01）。

③当单击"×"按钮时，隐藏登录面板（见操作步骤02）。

操作步骤

01 在"登录"按钮的【鼠标单击时】事件中添加"case1"，设置动作为【显示】动态面板"LoginPanel"；配置中设置{更多选项}为【灯箱效果】，{背景色}设置为灰色。

● case动作设置：见图9-13。

图9-13

02 在动态面板中"×"按钮的【鼠标单击时】事件中添加"case1"。设置动作为"隐藏"动态面板"LoginPanel"。

● 事件交互设置：见图9-14。

图9-14

补充说明

● 操作步骤01中，设置背景色时可以调整遮罩层的透明度。

● 本案例中使用了"FontAwesome 4.4.0"图标字体元件库，需要安装字体文件支持，并进行Web字体设置。参考案例1的补充说明。

案例展示

扫一扫二维码，查看案例展示。

案例31 推拉：制作抽屉菜单

案例来源

百度传课－安全中心

案例效果

● 菜单收起时：见图9-15。

图9-15

● 菜单展开时：见图9-16。

图9-16

案例描述

初次单击一级菜单时，打开二级菜单，并将下方菜单向下推动；再次单击一级菜单时，关闭二级菜单，并将下方菜单向上拉动；另外，一级菜单单击时，后方的单角符号会有方向的改变。

元件准备

- 页面中：见图9-17。

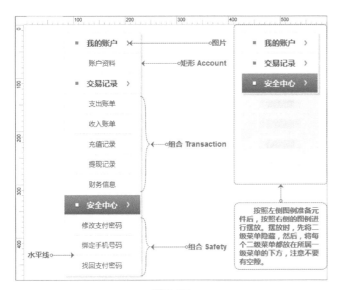

图9-17

包含命名

- 矩形（用于账户二级菜单）：Account
- 组合（用于交易二级菜单）：Transaction
- 组合（用于安全二级菜单）：Safety

思路分析

①实现鼠标单击按钮时图片的切换，形成单角符号方向改变的效果（见操作步骤01）。

②实现单击按钮打开二级菜单，见操作步骤02。

③实现再次单击按钮关闭二级菜单，见操作步骤03。

操作步骤

01 在元件属性中为每个一级菜单设置【选中】时的交互样式为另一张图片；然后，为每个一级菜单的【鼠标单击时】事件添加"case1"，设置动作为【切换选中状态】于"当前元件"（This）。

- case动作设置：见图9-18。

02 以"交易记录"为例，为一级菜单的【选中时】事件添加"case1"，设置动作为【显示】组合"Transaction"；配置中设置{更多选项}为【推动元件】；{方向}为【下方】；

- case动作设置：见图9-19。

图9-18

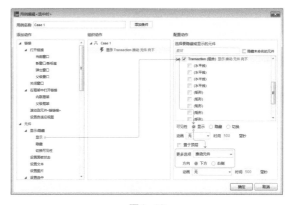

图9-19

03 继续上一步，在一级菜单的【取消选中时】事件中添加"case1"，设置动作为【隐藏】组合"Transaction"；配置中勾选【拉动元件】；{方向}为【下方】；

- case动作设置：见图9-20。

图9-20

04 最后一个菜单因为下方没有其他菜单，所以【显示】与【隐藏】的动作中无需设置推动元件/拉动元件。

- 事件交互设置：见图9-21。

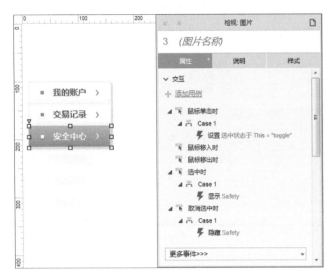

图9-21

补充说明

- 本案例基于重点内容，仅实现菜单部分功能，省略页面其他元素。
- 本案例中因软件自身功能限制，显示与隐藏动作中不可添加动画效果。所以，最终效果与实际网站效有不同，没有滑动的效果。

案例展示

扫一扫二维码，查看案例展示。

案例32 移动：横幅展开效果

案例来源

网易云课堂－浮动广告

案例效果

- 鼠标移入图标前/收起时：见图9-22。

图9-22

- 鼠标移入图标时：见图9-23。

图9-23

案例描述

鼠标移入浮动广告图标时，图标向右展开变大，依次显示更多的图片、文字和收起按钮；鼠标单击收起按钮时恢复原状。

元件准备

- 页面中：见图9-24。

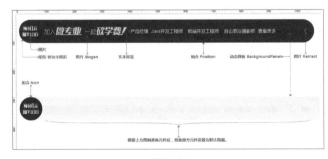

图9-24

- 圆形图标的组成：见图9-25。

图9-25

- 动态面板"BackgroundPanel"中：见图9-26。

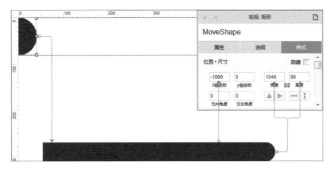

图9-26

包含命名

- 矩形（用于伸展的背景）：MoveShape
- 动态面板（用于背景左侧的遮盖）：BackgroundPanel
- 图片（用于图形标语）：Slogan
- 图片（用于收起按钮）：Retract
- 组合（用于图标与紫色圆形组）：Icon
- 组合（用于职位标签组）：Position

思路分析

①鼠标进入圆形图标时，500毫秒完成向右展开紫色背景条（见操作步骤01）。

②等候300毫秒（见操作步骤02）。

③显示图片广告语（见操作步骤03）。

④等候100毫秒（见操作步骤04）。

⑤显示职位标签组（见操作步骤05）。

⑥等候100毫秒（见操作步骤06）。

⑦显示"收起"按钮（见操作步骤07）。

⑧单击"收起"按钮时，500毫秒完成向左收起紫色背景条（见操作步骤08）。

⑨隐藏收起按钮（见操作步骤09）。

⑩等待100毫秒（见操作步骤10）。

⑪隐藏职位标签组（见操作步骤11）。

⑫等待200毫秒（见操作步骤12）。

⑬隐藏图片广告语（见操作步骤13）。

操作步骤

01 为组合"Icon"的【鼠标移入时】事件添加"case1"，设置动作为【移动】元件"MoveShape"【到达】{x}"0"{y}"0"的位置上；{动画}为"线性"，{时间}为"500"毫秒。

- case动作设置：见图9-27。

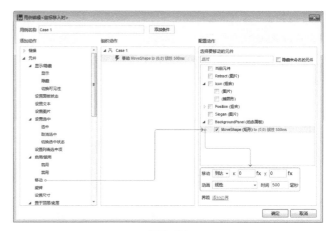

图9-27

02 继续上一步，添加动作【等待】，{等待时间}"300"毫秒。

- case动作设置：见图9-28。

图9-28

03 继续上一步，添加动作【显示】元件"Slogan"。

- case动作设置：见图9-29。

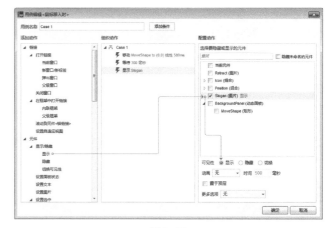

图9-29

04 继续上一步，添加动作【等待】，{等待时间}"100"毫秒（动作设置见操作步骤02）。

05 继续上一步，添加动作【显示】组合"Position"（动作设置见操作步骤03）。

06 继续上一步，添加动作【等待】，{等待时间}"100"毫秒（动作设置见操作步骤02）。

07 继续上一步，添加动作【显示】收起按钮图片"Retract"（动作设置见操作步骤03）。

- 事件交互设置：见图9-30。

图9-30

08 为"收起"按钮图片"Retract"的【鼠标单击时】事件添加"case1"，设置动作为【移动】元件"MoveShape"【到达】{x}"-1000"{y}"0"的位置上；{动画}为"线性",{时间}为"500"毫秒。

- case动作设置：见图9-31。

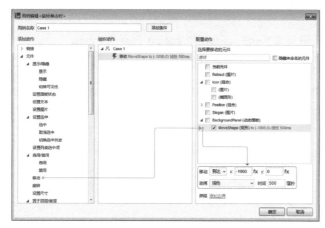

图9-31

09 继续上一步，添加动作【隐藏】"当前元件"（This）。

- case动作设置：见图9-32。

10 继续上一步，添加动作【等待】，{等待时间}"100"毫秒（动作设置见操作步骤02）。

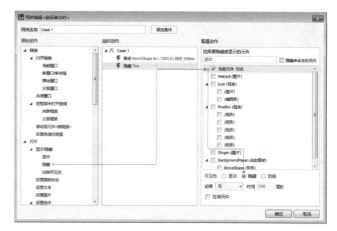

图9-32

11 继续上一步，添加动作【隐藏】组合"Position"（动作设置见操作步骤09）。

12 继续上一步，添加动作【等待】，{等待时间}"100"毫秒（动作设置见操作步骤02）。

13 继续上一步，添加动作【隐藏】元件"Slogan"（动作设置见操作步骤09）。

- 事件交互设置：见图9-33。

图9-33

补充说明

- 本案例中有大量类似动作，未一一截图，请自行参考截图部分。

案例展示

扫一扫二维码，查看案例展示。

案例33 尺寸：改变元件尺寸（1）

案例来源

QQ移动端APP-兴趣部落

案例效果

- 选中前：见图9-34。
- 选中后：见图9-35。

图9-34　　　　　　图9-35

案例描述

在选择兴趣时，选中后选项变色，同时会有稍稍放大的效果；另外，当有选中兴趣时，"开启部落之旅"按钮变为紫色可用；如果没有选中任何兴趣，该按钮呈现灰色不可用状态。

元件准备

- 页面中：见图9-36。

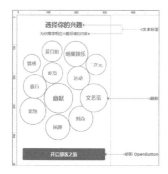

图9-36

包含命名

- 全局变量（用于统计选中数量）：SelectAmount

- 矩形（用于开机部落之旅按钮）：OpenButton

思路分析

①单击任何元件时，该元件在选中和未选中状态间切换，并呈现相应样式（见操作步骤02）。

②任何元件选中时，都让数量记录增加1（见操作步骤03）。

③任何元件选中时，让该元件稍稍变大（见操作步骤04）。

④任何元件取消选中时，都让数量记录减少1（见操作步骤05）。

⑤任何元件取消选中时，恢复该元件大小（见操作步骤06）。

任何元件尺寸发生改变时，进行判断，如果数量记录大于0，让"开启部落之旅"按钮变为可用状态；否则，让"开启部落之旅"按钮变为不可用状态（见操作步骤07～08）。

操作步骤

01 添加全局变量"SelectAmount"，设置默认值为"0"（可省略默认值设置）（见图9-37）。

图9-37

02 在元件属性中为每个兴趣元件设置【选中】的交互样式；然后，为元件【鼠标单击时】事件添加"case1"，设置动作为【切换选中状态】"当前元件"（This）。

- case动作设置：见图9-38。

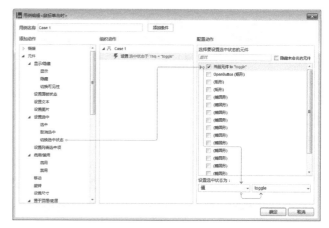

图9-38

03 为每个兴趣元件的【选中时】事件添加"case1"，设置动作为【设置变量值】"SelectAmount"为【值】"[[SelectAmount+1]]"。

- case动作设置：见图9-39。

图9-39

04 继续上一步，添加动作【设置尺寸】于"当前元件"（This），设置尺寸为每个元件当前尺寸增加5像素后的数值，并且选择{锚点}为【中心】；此处以尺寸为70像素×70像素的圆形为例。

- case动作设置：见图9-40。

图9-40

05 为每个兴趣元件的【取消选中时】事件添加"case1"，设置动作为【设置变量值】"SelectAmount"为【值】"[[Select-Amount-1]]"（动作设置见操作步骤03）。

06 继续上一步，添加动作【设置尺寸】于"当前元件"（This），设置尺寸为每个元件初始尺寸数值，并且选择{锚点}为【中心】（动作设置见操作步骤04）。

07 在元件属性中为元件"OpenButton"设置【禁用】时的交互样式，并勾选默认【禁用】的选项；然后，为每个兴趣元件的【尺寸改变时】事件添加"case1"，并为该case添加条件判

断，判断【变量值】"SelectAmount"【>】【值】"0"；设置满足条件的动作为"启用"元件"OpenButton"。

- 条件判断设置：见图9-41。

图9-41

- case动作设置：见图9-42。

图9-42

08 每个兴趣元件的【尺寸改变时】事件添加"case2"，设置不满足"case1"时的动作为【禁用】元件"OpenButton"。

- case动作设置：见图9-43。

图9-43

09 以下是一个兴趣元件的所有事件交互。

● 事件交互设置：见图9-44。

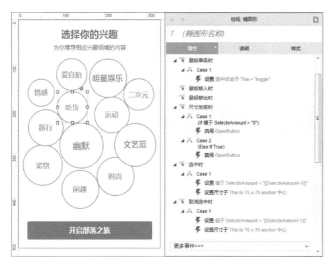

图9-44

补充说明

● 本案例基于重点内容，仅实现选项部分功能，省略界面中其他元素。

● 因知识点安排顺序，本案例中设置元件尺寸需要输入固定数值，在后面的内容中，我们将通过函数对本案例进行优化。

● 本案例中需特别注意动作顺序，选中时与取消选中时的事件交互中，必须设置变量值动作在前，设置尺寸动作在后；否则，改变尺寸时变量值还没有更新，对变量值的判断将会不准确，从而导致启用禁用按钮效果错误。

● 本案例中可以在一个兴趣元件设置完毕后，复制事件交互给其他兴趣元件，仅需改变操作步骤04与操作步骤06中输入的数值。

案例展示

扫一扫二维码，查看案例展示。

案例34　翻转：图片翻转效果

案例来源

百度文库VIP-首页

案例效果

● 翻转前：见图9-45。

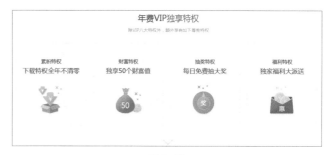

图9-45

● 翻转中：见图9-46。

图9-46

案例描述

鼠标移入图片时，图片水平向右翻转为另一张图片；鼠标移出图片时，图片向右水平翻转回初始状态。

元件准备

● 页面中：见图9-47。

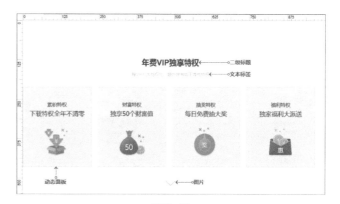

图9-47

● 动态面板的状态"State1"中：以左侧第1个为例（见图9-48）。

● 动态面板的状态"State2"中：以左侧第1个为例（见图9-49）。

图9-48

图9-49

思路分析

①在动态面板的两个状态中，分别放入翻转前与翻转后的图片（见操作步骤01～03）。

②鼠标移入时，翻转到动态面板下一个状态（见操作步骤04）。

③鼠标移出时，翻转回动态面板上一个状态（见操作步骤05）。

④每个动态面板交互完全相同（见操作步骤06）。

操作步骤

01 拖入一个图片元件，导入第一张图片；在图片上单击<鼠标右键>，将其【转换为动态面板】。

02 双击动态面板，点中"State1"后，单击复制按钮；这样就出现了一个包含了同样尺寸图片的"State2"。

03 双击状态名称"State2"，进入状态编辑界面导入翻转后的图片。

04 点中动态面板，为其【鼠标移入时】事件添加"case1"，并添加动作【设置面板状态】"当前元件"为"Next"，{进入动画}与{退出动画}均为"向右翻转"。

- case动作设置：见图9-50。

图9-50

05 继续为动态面板的【鼠标移出时】事件添加"case1"，添加动作【设置面板状态】"当前元件"为"Previous"，{进入动画}与{退出动画}同样为"向右翻转"。

- case动作设置：见图9-51。

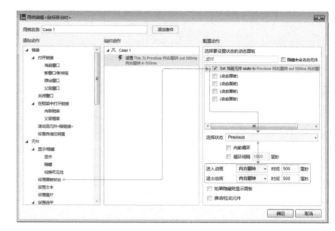

图9-51

06 完成动态面板的交互后，按住<Ctrl>键的同时拖动动态面板，将其复制为4个，然后逐一修改每个面板状态中的图片。

补充说明

如果需要为案例中的元件命名，可以在复制完成后进行命名，以免命名重复。

案例展示

扫一扫二维码，查看案例展示。

案例35　旋转：唱片旋转效果

案例来源

网易云音乐APP-播放界面

案例效果

- 播放时：见图9-52。
- 停止时：见图9-53。

图9-52　　　　　　　图9-53

案例描述

单击"播放"按钮播放歌曲时，"播放"图标变成"暂停"图标；同时，唱针旋转到唱片上；之后，唱片开始旋转；再次单击"播放"按钮，按钮图标恢复原状；同时，唱片停止转动；随后，唱针转回原位。

元件准备

* 页面中：见图9-54。

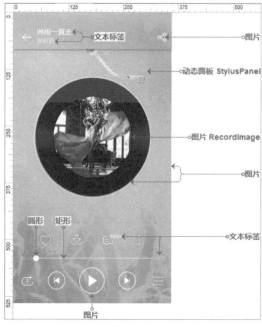

图9-54

* 动态面板"StylusPanel"中：见图9-55。

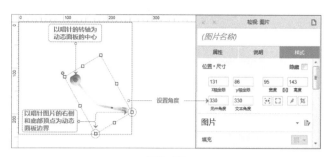

图9-55

包含命名

* 动态面板（用于唱针旋转）：StylusPanel
* 图片（用于唱片图像）：RecordImage
* 全局变量（用于记录播放状态）：PlayState

思路分析

①"播放"按钮有两个状态，分别显示播放和暂停的图标；单击按钮时，在两个状态间切换（见操作步骤01）。

②开始播放时，记录播放状态为开启（见操作步骤02）。

③让唱针旋转到指定的位置（角度）（见操作步骤03）。

④等待唱针旋转完毕（见操作步骤04）。

⑤启动旋转唱片（见操作步骤05）。

⑥再次单击"播放"按钮时，记录播放状态为关闭（见操作步骤06）。

⑦等待唱片停止转动（见操作步骤07）。

⑧让唱针旋转回初始位置（见操作步骤08）。

⑨关键步骤：唱片旋转时，如果播放状态为开启，则继续旋转唱片；否则，不做任何设置，唱片将不再旋转（见操作步骤09）。

操作步骤

01 在元件属性中设置"播放"按钮【选中】时的交互样式为另一张图片（暂停图片），然后，在按钮的【鼠标单击时】事件中，添加"case1"，设置的动作为【切换选中状态】于"当前元件"（This）。

02 为"播放"按钮的【选中时】事件添加"case1"，添加动作【设置变量值】于全局变量"PlayState"，【值】为"on"。

* 全局变量设置：见图9-56。

图 9-56

- case动作设置：见图9-57。

图 9-57

03 继续上一步，添加动作【旋转】动态面板"StylusPanel"；【经过】{角度}"30"度，{方向}为默认的【顺时针】，{锚点}为默认的【中心】，{动画}为【线性】，时间"500"毫秒。

- case动作设置：见图9-58。

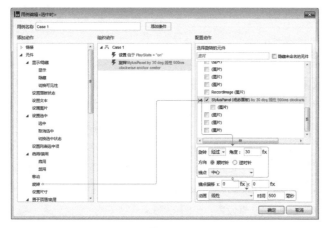

图 9-58

04 继续上一步，添加动作【等待】，{等待时间}"500"毫秒。

- case动作设置：见图9-59。

图 9-59

05 继续上一步，添加动作【旋转】元件"RecordImage"；【经过】{角度}"6"度；{方向}为顺时针；{动画}为【线性】，时间"500"毫秒；此动作是开启旋转的动作，通过此动作触发元件"RecordImage"的【旋转时】事件。

- case动作设置：见图9-60。

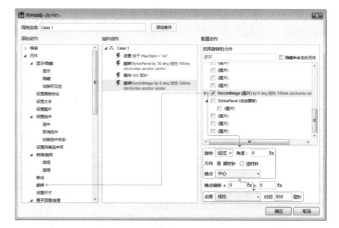

图 9-60

06 为"播放"按钮的【取消选中时】事件添加"case1"，添加动作【设置变量值】于全局变量"PlayState"，【值】为"off"（参考操作步骤02）。

07 继续上一步，添加动作【等待】，{等待时间}"500"毫秒（见操作步骤04）。

08 继续上一步，添加动作【旋转】动态面板"StylusPanel"（见操作步骤03，区别在于{方向}为【逆时针】）。

- 事件交互设置：见图9-61。

09 为元件"RecordImage"的【旋转时】事件添加"case1"，设置条件，判断【变量值】【==】【值】"on"，添加符合条件时的动作为【旋转】元件"当前元件"（This）。（动作设置参考操作动作5）

- 条件判断设置：见图9-62。

图 9-61

图 9-62

- 事件交互设置：见图 9-63。

图 9-63

补充说明

- 本案例中使用了大量的官方图片，界面上所有图标都是图片元件。
- 本案例中的界面背景与实际播放界面不同，实际界面中的背景图片为唱片图片放大后的模糊效果，需要在其他绘图软件中实现。
- 本案例中未涉及播放时进度条的交互功能，该功能将在后面的案例中讲解。

案例展示

扫一扫二维码，查看案例展示。

案例36　锚点：页面返回顶部

案例来源

京东-首页

案例效果

- 页面向下拉动时：见图 9-64。

图 9-64

- 单击返回按钮时：见图 9-65。

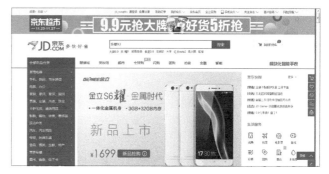

图 9-65

案例描述

页面向下拉动时，返回按钮始终保持在页面右下位置；当单击返回按钮时，页面返回到顶部。

元件准备

- 页面中：见图9-66。

图9-66

- 动态面板"FixedPanel"中：见图9-67。

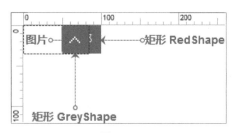

图9-67

包含命名

- 矩形（用于滑出的红色按钮）：RedShape
- 矩形（用于灰色按钮）：GreyShape
- 热区（用于滚动位置定位）：TopWidget
- 动态面板（用于固定按钮位置）：FixedPanel

思路分析

①向下拉动页面时需要让"返回"按钮始终保持在右下角位置（见操作步骤01）。

②鼠标进入"返回"按钮时，"返回"按钮变为红色，同时向左滑出红色带"顶部"文字的按钮（见操作步骤03～04）。

③鼠标离开"返回"按钮时，"返回"按钮变为灰色，同时向右滑出红色带"顶部"文字的按钮（见操作步骤05～06）。

④鼠标单击"返回"按钮，或滑出的"顶部"按钮时，页面回到顶部位置（见操作步骤07）。

操作步骤

01 在元件属性中，将动态面板"FixedPanel"【固定到浏览器】为屏幕【右】侧，距离【下】方"20"像素的位置上（见图9-68）。

图9-68

02 在元件属性中为元件"GreyShape"和"RedShape"分别设置【选中】时的交互样式；需要注意的是元件"GreyShape"选中时需要设置{圆角半径}为0，以免因为默认的左侧圆角与元件"RedShape"产生空隙（见图9-69）。

图9-69

03 为动态面板"FixedPanel"的【鼠标移入时】事件添加"case1"，设置动作为【选中】"当前元件"（This）；因为动态面板被选中，其中的元件都会被同步选中；所以，按钮都会呈现为红色。

- case动作设置：见图9-70。

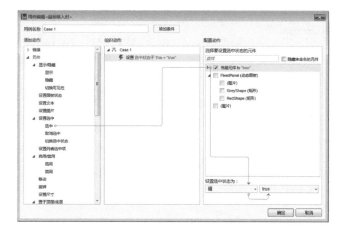

图9-70

04 继续上一步，添加动作【移动】元件"RedShape"【到达】位置{x}"0"{y}"0"。

- case动作设置：见图9-71。

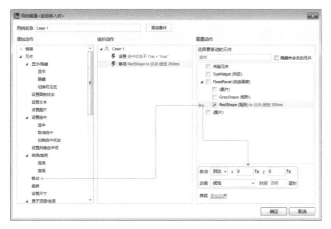

图9-71

05 参考操作步骤03，为动态面板"FixedPanel"的【鼠标移出时】事件添加"case1"，设置动作为【取消选中】"当前元件"（This）。

06 参考操作步骤04，添加动作【移动】元件"RedShape"【到达】位置{x}"50"{y}"0"，即回到初始位置。

- 事件交互设置：见图9-72。

图9-72

07 为动态面板"FixedPanel"的【鼠标单击时】事件添加"case1"，设置动作为【滚动到元件<锚链接>】热区"Top-Widget"，选择【仅垂直滚动】。

- case动作设置：见图9-73。

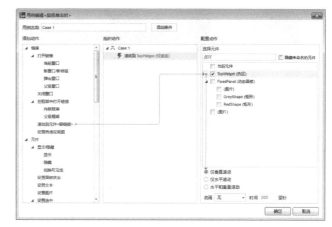

图9-73

补充说明

- 本案例中使用了热区元件，主要是因为热区元件的透明特性比较方便做定位使用，其实也可以省略；因为，案例中背景图片的位置也处于顶部，可以为其命名，然后在交互中设置滚动到该元件。
- 本案例重点讲解滚动到元件的交互；所以，除交互所涉及的元件，页面上其他元素以整张背景图片代替。

案例展示

扫一扫二维码，查看案例展示。

10

函数案例

案例37 元件函数：改变元件尺寸（2）

本章将通过大量的案例，展示各类函数在原型中的使用场景，以及如何通过函数提高原型的扩展性、优化实现过程，从而达到高效、准确、清晰制作原型的目的。

● 变量与函数列表：见图10-1。

图 10-1

案例来源

手机QQ-兴趣部落

案例效果

见案例33。

案例描述

见案例33。

元件准备

见案例33。

包含命名

见案例33。

思路分析

通过使用函数可以获取元件的宽度和高度，在元件选中和取消选中时调整元件尺寸，可以通过获取当前元件的尺寸的基础上进行调整；这样每个元件的尺寸都是通过函数获取，无需再写入固定数值，每个元件动作都不再有区别，可以复制使用。

操作步骤

01 在案例33原型中只保留一个元件的事件交互，删除其他所有元件的事件交互；删除一个元件的所有交互，可以点中交互列

表中第一个事件名称，然后按住<Shift>键，再点中最后一个事件名称，全选后按<Delete>键进行删除（见图10-2）。

图 10-2

02 将之前案例33操作步骤04中的动作进行修改，在{宽度}与{高度}的输入框中分别填写"[[This.width+5]]"和"[[This.height+5]]"（见图10-3）。

图 10-3

03 将之前案例33操作步骤04中的动作进行修改，在{宽度}与{高度}的输入框中分别填写"[[This.width-5]]"和"[[This.height-5]]"（见图10-4）。

图 10-4

04 按住<Ctrl>键，点中该元件所有包含交互的事件名称，然后，按快捷键<Ctrl+C>复制这些交互（或单击<鼠标右键>，在菜单中选择【复制】）；然后，点中其他任意一个需要添加交互的元件，按快捷键<Ctrl+V>粘贴交互（或单击<鼠标右键>，在菜单中选择【粘贴】）。

05 参照上一步，为所有需要添加交互的元件粘贴交互。

● 事件交互设置：见图10-5。

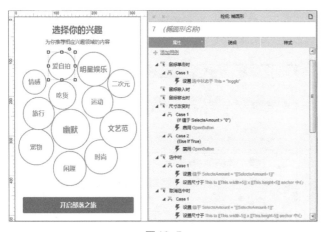

图 10-5

函数说明

- This：表示当前元件对象，指事件交互所在的元件。
- width：获取元件对象当前宽度，使用方法"[[元件对象.width]]"。
- height：获取元件对象当前高度，使用方法"[[元件对象.height]]"。

补充说明

- 本案例通过使用函数对之前案例进行优化，优化后无论再有多少兴趣图标元件，交互都可以直接复制使用，无需做任何修改，使原型具备良好的扩展性。

案例展示

扫一扫二维码，查看案例展示。

案例38　元件函数：增减商品数量（2）

案例来源

天猫－商品详情

案例效果

见案例26。

案例描述

见案例26。

元件准备

见案例26。

包含命名

见案例26。

思路分析

用函数代替局部变量获取元件文字，实现目标元件文字的自增减。

操作步骤

01 参照案例26的操作步骤01，不再添加局部变量，而是直接在输入框中写入"[[Target.text+1]]"，完成目标元件中数值的自增（见图10-6）。

图 10-6

02 参照案例26的操作步骤03，不再添加局部变量，而是直接在输入框中写入"[[Target.text-1]]"，完成目标元件中数值的自减（见图10-7）。

图10-7

函数说明

- Target：表示目标元件对象，指case动作中所控制的元件。
- text：获取元件对象上当前的文字，使用方法"[[元件对象.text]]"。

补充说明

- 本案例重点讲述通过函数实现同一效果的方式，并非指使用函数优于使用局部变量，大家可以根据自身习惯选择任何一种方式使用。

案例展示

扫一扫二维码，查看案例展示。

案例39 元件函数：图片外框移动

案例来源

聚划算－团购－商品详情

案例效果

- 初始状态：见图10-8。

图10-8

案例描述

鼠标指针进入下方商品图标时，上方同步显示相应的商品图片；同时，矩形边框与三角形指针移动到鼠标指针所在的商品图标上。

元件准备

- 页面中：见图10-9。

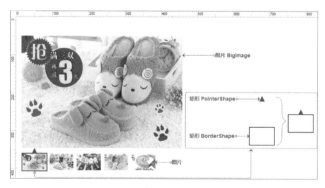

图10-9

包含命名

- 矩形（用于三角形指针）：PointerShape
- 矩形（用于可移动边框）：BorderShape
- 图片（用于显示商品图片）：BigImage

思路分析

①鼠标进入任何一个商品图标时，设置商品图片与商品图标相同（见操作步骤01和操作步骤04）。

②鼠标进入任何一个商品图标时，移动边框到与商品图标中心重合的位置上；因为外框宽高都比商品图标多出2像素，所以移动时需要将外框移动到商品图标的横纵坐标都减1的位置（见操作步骤02）。

③边框移动的时候，三角形指针跟随移动位置（见操作步骤03）。

操作步骤

01 为任意一个商品图标元件的【鼠标移入时】事件添加"case1"，设置动作为【设置图片】到元件"BigImage"；单击【导入】按钮，导入与商品图标相同的图片。

● case动作设置：见图10-10。

图10-10

02 继续上一步，添加动作【移动】元件"BorderShape"【到达】{x}"[[This.x-1]]"{y}"[[This.y-1]]"。

● case动作设置：见图10-11。

图10-11

03 为元件"BorderShape"的【移动时】事件添加"case1"，设置动作【移动】元件"PointerShape"【跟随】。

● case动作设置：见图10-12。

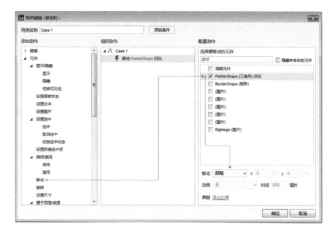

图10-12

04 复制已经设置完毕商品图标上的事件交互，粘贴到其他商品图标上，并逐一修改【设置图片】动作中导入的图片。

● 事件交互设置：见图10-13。

图10-13

函数说明

● This：表示当前元件对象，指事件交互所在的元件。

● x：获取元件对象当前x轴位置坐标，使用方法"[[元件对象.x]]"。

● y：获取元件对象当前y轴位置坐标，使用方法"[[元件对象.y]]"。

补充说明

本案例中为讲述移动中的跟随效果，未将三角形与外框矩形进行合并。

案例展示

扫一扫二维码，查看案例展示。

案例40 元件函数：拖动滑块解锁（2）

案例来源

淘宝－注册界面

案例效果

见案例14。

案例描述

见案例14。

元件准备

- 修改前：见案例14。
- 修改后：见图10-14。

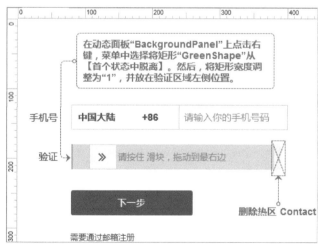

图10-14

包含命名

- 矩形（用于灰色背景）：GreyShape
- 其他命名见案例14

思路分析

①滑块移动时元件的左右边界的值，可以通过函数设置，无非再使用固定值（见操作步骤01）。

②因为，删除了热区，判断条件需要修改为判断滑块右边界是否与背景右边界重合（见操作步骤02）。

③删除滑块移动时的case，在滑块拖动时，设置绿色背景宽度为滑块左边界到灰色背景的左边界（见操作步骤03）。

④结束拖动滑块时，滑动滑块到灰色背景左边界的位置上，滑动时间为500毫秒（见操作步骤04）。

⑤同时，将绿色背景宽度调整为1，这个缩小宽度的过程时间同样为500毫秒（见操作步骤05）。

操作步骤

01 修改案例14滑块【拖动时】事件中"case1"的第1个动作，设置左右边界值为"[[g.left]]"和"[[g.right]]"；"g"为局部变量名称，其内容为元件"GreyShape"的对象实例。

- 修改前：见图10-15。

图10-15

- 修改后：见图10-16。

图10-16

- 局部变量设置：以左侧为例，见图10-17。

图 10-17

02 修改滑块【拖动时】与【拖动结束时】事件中"case1"的判断条件为【值】"[[This.right]]"【！=】【值】"[[g.right]]"；"g"为局部变量名称，其内容为元件"GreyShape"的对象实例（局部变量"g"的设置见操作步骤01）。

- 条件判断设置：见图10-18。

图 10-18

03 为滑块【拖动时】事件的"case1"添加第2个动作，【设置尺寸】于元件"GreenShape"{宽度}为"[[This.left-g.left]]"，{高度}为"[[Target.height]]"，{锚点}选择【左上角】；"g"为局部变量名称，其内容为元件"GreyShape"的对象实例（局部变量"g"的设置见操作步骤01）。

- case动作设置：见图10-19。

图 10-19

04 修改滑块【拖动结束时】事件中"case1"的【移动】动作，将之前的固定数值改为函数，{x}为"[[g.left]]"，{y}为"this.top"；"g"为局部变量名称，其内容为元件"GreyShape"的对象实例（局部变量"g"的设置参考操作步骤01）。

- case动作设置：见图10-20。

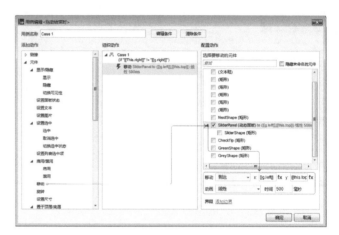

图 10-20

05 继续上一步，添加新的动作【设置尺寸】于元件"GreenShape"，{宽度}为"1"，高度为"[[Target.height]]"，{锚点}为【左上角】，{动画}选择【线性】，{时间}为"500"毫秒。

- case动作设置：见图10-21。

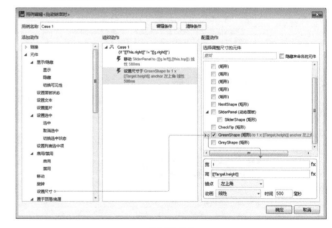

图 10-21

06 通过以上几步修改，除了减少元件的数量，也能保证原型位置改变或验证区域改变宽度时，不用修改交互内容。

- 事件交互设置：见图10-22。

函数说明

- This：表示当前元件对象，指事件交互所在的元件。
- Target：表示目标元件对象，指case动作中所控制的元件。

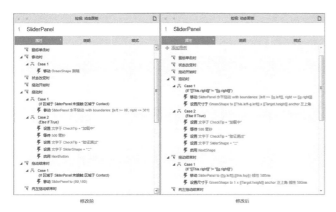

图 10-22

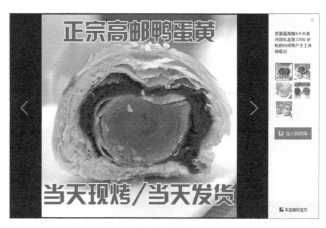

图 10-23

- left：获取元件对象当前的左边界 x 轴坐标，使用方法"[[元件对象.left]]"。

- right：获取元件对象当前的右边界 x 轴坐标，使用方法"[[元件对象.right]]"。

- top：获取元件对象当前的顶部边界 y 轴坐标，使用方法"[[元件对象.top]]"。

补充说明

- 操作步骤 04 中，"This.top"表示让元件 y 轴坐标保持当前元件的顶部边界 y 轴坐标不变。

- 操作步骤 03 与操作步骤 05 中，"Target.height"表示让被改变尺寸的元件保持它当前的高度不变。

案例展示

扫一扫二维码，查看案例展示。

案例 41　　元件函数：商品图片切换

案例来源

淘宝－商品详情

案例效果

- 初始状态：见图 10-23。

案例描述

鼠标进入右侧商品图标时，左侧显示相应商品图片；鼠标单击左右按钮时，切换商品图片，并将对应的商品图标选中。

元件准备

- 页面中：见图 10-24。

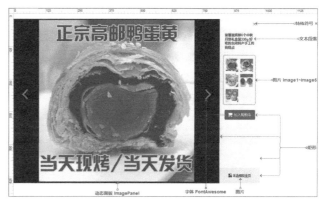

图 10-24

- 动态面板"ImagePanel"各个状态中：见图 10-25。

图 10-25

包含命名

- 图片（用于商品商品图标标）：Image1 ~ Image5
- 动态面板（用于商品图片切换）：ImagePanel
- 动态面板状态（用于放置商品图片）：Image1 ~ Image5

思路分析

①单击左侧的"切换"按钮时，向前切换商品图片（见操作步骤01）。

②单击右侧的"切换"按钮时，向后切换商品图片（见操作步骤02）。

③鼠标进入商品图标时，商品图标显示橙色加粗边框；初始时，第一个图标为橙色加粗边框（见操作步骤03）。

④鼠标进入商品图标时，左侧面板中切换显示与图标相对应的图片（见操作步骤04）。

⑤商品图片切换时，通过判断当前显示的图片，选中对应的图标（见操作步骤05）。

操作步骤

01 为左侧"切换"按钮的【鼠标单击时】事件添加"case1"，设置动作为【设置面板状态】于动态面板"ImagePanel"，{选择状态}为【Previous】，勾选【向前循环】的选项。

- case动作设置：见图10-26。

图10-26

02 为右侧"切换"按钮的【鼠标单击时】事件添加"case1"，设置动作为【设置面板状态】于动态面板"ImagePanel"，{选择状态}为【Next】，勾选【向后循环】的选项。

- case动作设置：见图10-27。

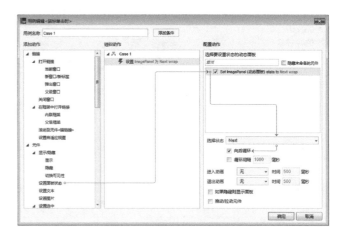

图10-27

03 在元件属性中为所有的商品图标设置【选中】的交互样式为橙色加粗边框，{设置选项组名称}为"IconItem"，并勾选第1个商品图标属性中【选中】的选项；然后，为第1个商品图标的【鼠标移入时】事件添加"case1"，设置的动作为【选中】"当前元件"（This）。

- case动作设置：见图10-28。

图10-28

04 继续上一步，添加动作【设置面板状态】于动态面板"ImagePanel"；{选择状态}为【Value】（值）；在{状态名称或序号}的文本框中输入"[[This.name]]"。

- case动作设置：见图10-29。

05 将操作步骤03与操作步骤04中设置好的交互复制到其他商品图标上。

06 为动态面板"ImagePanel"的【状态切换时】事件添加"case1"，设置条件判断【面板状态】"当前元件"（This）【==】【状态】【Image1】；然后，添加满足条件时的动作为【选中】商品图标元件"Image1"。

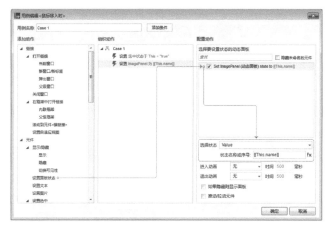

图 10-29

- 条件判断设置：见图 10-30。

图 10-30

- case 动作设置：见图 10-31。

图 10-31

07 参照操作步骤 06，继续为该事件添加"case2～case4"，分别判断【面板状态】是否【==】【状态】"【Image2】～【Image4】"，并设置符合条件时的动作为【选中】商品图标元件"Image2～Image4"。

08 最后，继续添加"case5"，设置不满足上述所有条件时的动作为【选中】商品图标元件"Image5"。

- 事件交互设置：见图 10-32。

图 10-32

函数说明

- This：表示当前元件对象，指事件交互所在的元件。
- name：获取元件对象的名称，使用方法"[[元件对象.name]]"。

补充说明

- 在元件准备中，动态面板状态的名称是与商品图标名称相对应的（即商品图片所在的状态名称与该商品的图标名称一致），所以，通过函数"This.name"可以获取到当前元件的名称；在操作步骤 04 中设置面板状态时，可以通过名称切换到指定的状态；所以，这里只需要填入"[[This.name]]"即可将动态面板切换为与商品图标同名的状态。
- 本案例中，商品图标的交互动作中使用的"当前元件"和函数"This.name"都不是指向某个固定的元件，所以在第 1 个商品图标上添加的交互，其他商品图标都能直接使用，无需修改。
- 本案例中使用了"FontAwesome 4.4.0"图标字体元件库，需要安装字体文件支持，并进行 Web 字体设置（参考案例 1 的补充说明）。

案例展示

扫一扫二维码，查看案例展示。

案例42　页面函数：导航指针移动

案例来源

果壳网－导航菜单

案例效果

- "科学人"页面中：见图10-33。

图10-33

- "小组"页面中：见图10-34。

图10-34

- "问答"页面中：见图10-35。

图10-35

案例描述

打开不同页面时，导航菜单中的绿色三角形指针指向不同的菜单项。

元件准备

- 页面中：以科学人页面为例，见图10-36。

图10-36

- 母版"GuokrTop"中：见图10-37。

图10-37

- 动态面板"MenuPanel"的状态（见图10-38）。
- 动态面板"MenuPanel"的各个状态中（见图10-39）。

图10-38　　　　图10-39

包含命名

- 母版（用于顶部导航菜单）：GuokrTop
- 页面（用于科学人页面）：scientific
- 页面（用于小组页面）：group
- 页面（用于问答页面）：ask
- 动态面板（用于导航菜单切换）：MenuPanel
- 动态面板状态（用于科学人页面导航菜单）：scientific
- 动态面板状态（用于小组页面导航菜单）：group
- 动态面板状态（用于问答页面导航菜单）：ask

思路分析

①顶部的导航菜单，在各个页面中都会出现，可以通过创建母版，然后添加到页面中来实现（见操作步骤01）。

②导航菜单中的菜单项鼠标进入时，背景与字体改变变色；被单击时，要跳转到相应的页面中（见操作步骤02）。

③不同的页面打开时，三角形指针要在不同的位置上（见操作步骤03）。

操作步骤

01 在软件界面左下角，单击" 🖺 "图标添加新的母版并命名，然后根据元件准备设置创建模板中的内容；然后，在母版名称上单击<鼠标右键>，在菜单中将母版【添加到页面中】；在弹出界面的页面列表中勾选包含母版的页面名称，完成母版的添加（见图10-40）。

图10-40

02 先在属性中为所有菜单项设置【鼠标悬停】时的交互样式为黑色填充与白色文字；然后，为每个菜单项的【鼠标单击时】事件添加"case1"，设置动作为【当前窗口】打开链接到相应的页面；这里建议先在3个菜单项的完成交互中设置后，再将菜单项与三角形指针全选，在右键菜单中【转换为动态面板】，然后进行状态的复制；这样动态面板的状态中只需要调整三角形指针的位置，而无需再添加事件交互。

- case动作设置：以"科学人"按钮为例：见图10-41。

图10-41

03 单击母版页面编辑区的空白处，或者单击软件右下角概要面板中的母版名称，在属性面板中，为母版的【页面载入时】事件添加"case1"，设置动作为【设置面板状态】于动态面板"MenuPanel"；{选择状态}为【Value】；{状态的名称或序号}中填写"[[PageName]]"；这也设置完毕后，在每个页面打开时，都会通过函数"PageName"获取到页面名称，将动态面板的状态切换到与页面名称相同的状态上。

- case动作设置：见图10-42。

图10-42

函数说明

- PageName：获取当前页面的名称。

补充说明

- 操作步骤02也可以通过快捷操作完成：点中按钮菜单项后，在交互中单击【创建链接】即可在弹出的界面中指定要跳转的页面。

- 操作步骤03的case动作也可以添加在动态面板"MenuPanel"的"载入时"事件中。

- 本案例的效果，也可以通过在母版"页面加载时"事件中添加条件判断，根据不同的页面名称移动三角形指针位置来实现。

- 本案例中使用了"FontAwesome 4.4.0"图标字体元件库，需要安装字体文件支持，并进行Web字体设置（参考案例1的补充说明）。

- 为突出内容重点，本案例页面中包含的其他内容使用整张图片代替。

案例展示

扫一扫二维码，查看案例展示。

案例43 窗口函数：滚动吸附顶部

案例来源

知乎网－首页

案例效果

- 初始状态：见图10-43。

图 10-43

- 页面下拉超过登录面板时：见图10-44。

图 10-44

案例描述

页面下拉或滚动距离超过登录面板的顶部位置时，登录面板横向位置不变，纵向位置始终固定在页面顶部的位置；当页面下拉或滚动距离没有超过登录面板顶部位置时，登录面板恢复到初始位置。

元件准备

- 页面中：见图10-45。

图 10-45

- 动态面板"SignInPanel"中：见图10-46。

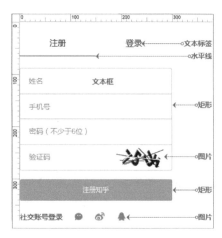

图 10-46

包含命名

- 热区（用于页面纵向滚动距离的判断）：PositionMark
- 动态面板（用于放置登录面板所包含的元件）：SignInPanel

思路分析

页面滚动的时候，如果滚动距离超过了登录面板顶部的位置，移动登录面板到与滚动距离数值相同的位置；例如：页面向上滚动了300像素，这时页面300像素的位置正好在窗口的顶部。

页面滚动距离未超过登录面板顶部位置时，登录面板无需移动；而登录面板由超过的位置返回时，登录面板移动的最终位置正好是初始位置，也无需再移动；所以上述两种情况，都不用控制登录面板移动。

操作步骤

在页面的【窗口滚动时】事件中添加"case1"，设置条件判断【值】"[[Window.scrollY]]"【>=】【值】"[[p.y]]"；"p"为局部变量名称，其内容为元件"PositionMark"的对象实例；然后，添加符合条件时的动作为【移动】"SignInPanel"【到达】{x}"[[Target.x]]"{y}"[[Window.scrollY]]"。

- 条件判断设置：见图10-47。
- 局部变量设置：见图10-48。
- case动作设置：见图10-49。

图 10-47

图 10-48

图 10-49

- 事件交互设置：见图10-50。

图 10-50

函数说明

- Target：表示目标元件对象，指case动作中所控制的元件。
- x：获取元件对象当前*x*轴位置坐标，使用方法"[[元件对象.x]]"。
- y：获取元件对象当前*y*轴位置坐标，使用方法"[[元件对象.y]]"。
- Window.scrollY：获取页面在浏览器窗口中纵向滚动距离的值。

补充说明

- 为突出内容重点，本案例页面中包含的其他内容使用整张图片代替。

案例展示

扫一扫二维码，查看案例展示。

案例44　窗口函数：返回顶部按钮

案例来源

虎嗅网 – 首页

案例效果

- 初始状态：见图10-51。

图 10-51

- 页面下拉超过浏览器一屏高度时：见图10-52。

图 10-52

● 页面返回一屏以内且距离顶部大于200像素时（见图10-53）：

图 10-53

案例描述

当页面向下拉动或滚动超过浏览器一屏的高度时，显示页面右侧的返回顶部按钮。返回顶部按钮显示后，当页面向上拉动或滚动到距离顶部200像素以内时，返回顶部按钮消失。

元件准备

● 页面中：见图10-54。

图 10-54

● 动态面板"RightPanel"中：见图10-55。

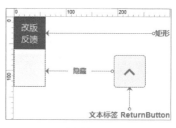

图 10-55

包含命名

● 文本标签（用于返回顶部按钮）：ReturnButton

思路分析

①页面拉动或滚动时，返回顶部按钮与改版反馈按钮始终保持相对位置不变（见操作步骤01）。

②页面拉动或滚动时，如果距离页面顶部超过浏览器一屏高度，显示返回顶部按钮（见操作步骤02）。

③页面拉动或滚动时，如果距离页面顶部小于200像素。隐藏返回顶部按钮。

操作步骤

01 将"改版反馈"按钮与"返回顶部"按钮一起点中，单击<鼠标右键>将它们【转换为动态面板】；然后，在元件属性中，打开【固定到浏览器】的设置界面，将动态面板固定在【右】侧{边距}"20"，【底部】{边距}"150"的位置上（见图10-56）。

图 10-56

02 单击编辑区空白部分，或者单击概要面板中页面的名称，为页面的【窗口滚动时】事件添加"case1"，设置条件判断【值】"[[Window.scrollY]]"【>】【值】"[[Window.height]]"；然后，设置满足条件的动作为【显示】返回顶部按钮元件"Return-Button"；并设置{动画}效果为【逐渐】{时间}为"200"毫秒。

● 条件判断设置：见图10-57。

图 10-57

- case动作设置：见图10-58。

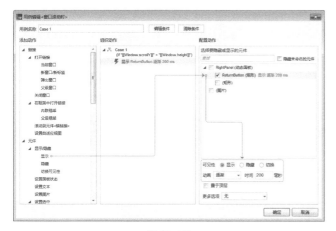

图 10-58

03 为页面的【窗口滚动时】事件添加"case2"，设置条件判断【值】"[[Window.scrollY]]"【<】【值】"200"；然后，设置满足条件的动作为【隐藏】返回顶部按钮元件"ReturnButton"；并设置{动画}效果为【逐渐】{时间}为"200"毫秒。（参考操作步骤02）

- 事件交互设置：见图10-59。

图 10-59

函数说明

- Window.scrollY：获取页面在浏览器窗口中纵向滚动距离的值。

- Window.height：获取浏览器窗口当前高度的值。

补充说明

- 本案例中未添加返回顶部按钮的交互，如需添加可参考。
- 本案例中使用了"FontAwesome 4.4.0"图标字体元件库，需要安装字体文件支持，并进行Web字体设置。（参考案例1的补充说明）
- 为突出内容重点，本案例页面中包含的其他内容使用整张图片代替。

案例展示

扫一扫二维码，查看案例展示。

案例45　　**指针函数：商品图片放大**

案例来源

淘宝 – 商品详情

案例效果

- 鼠标进入左侧图片区域时：见图10-60。

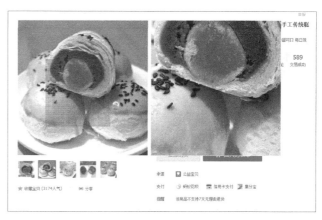

图 10-60

案例描述

鼠标进入商品图标时，商品图标呈选中状态，同时商品图片相应改变；鼠标进入商品图片时，有蓝色点状半透明矩形跟随鼠标移动，但不超出商品图片范围；同时，右侧出现蓝色半透明矩形所覆盖区域的放大图片；鼠标离开商品图片时，蓝色半透明矩形与放大图片消失。

元件准备

● 页面中：见图10-61。

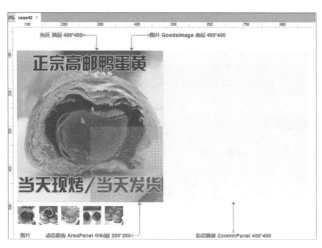

图10-61

● 动态面板"AreaPanel"中：见图10-62。

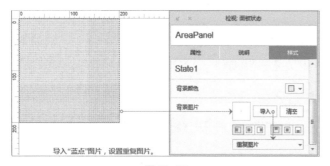

图10-62

● 动态面板"ZoomInPanel"中：见图10-63。

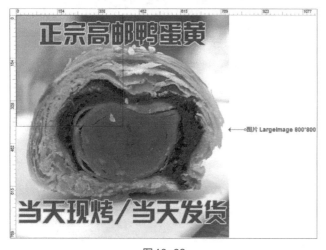

图10-63

包含命名

● 图片（用于商品图片）：GoodsImage
● 图片（用于放大图片）：LargeImage
● 动态面板（用于指定区域）：AreaPanel
● 动态面板（用于放大区域）：ZoomInPanel

思路分析

①鼠标移入商品图标时，图标显示橙色加粗外框（见操作步骤01）。

②鼠标移入商品图标时，商品图片和放大图片需要相应改变（见操作步骤02）。

③鼠标移入商品图片范围内时，移动动态面板"AreaPanel"中心与鼠标指针对齐；但是，如果在商品图片"鼠标移动时"事件上添加交互的话，鼠标指针就会被移动过来的动态面板遮挡，导致商品图片的触发事件失效；只有鼠标指针离开动态面板再次回到图片上才会再次触发事件。简单地说，就是我们看不到动态面板一直中心点与鼠标对齐，并且始终跟随移动的效果；所以，我们需要触发事件的元件不能被动态面板遮挡，还不影响视觉效果；这里的解决方案是在顶层放置一个与商品图片尺寸一致，并且位置重合的透明元件——热区；当鼠标在热区上移动时，移动动态面板"AreaPanel"始终中心点与鼠标指针对齐，并且限制面板移动时不能超出热区的四个边界（见操作步骤03）。

④当鼠标在热区上移动时，还要让放大图片相应移动位置；这里需要几个重要元件之间的位置关系；如图10-36所示，商品图片"GoodsImage"和动态面板"ZoomInPanel"的位置是固定不变的，移动的是动态面板"AreaPanel"和放大图片"LargeImage"；因为动态面板"ZoomInPanel"的尺寸限制，页面中我们只能看到动态面板"ZoomInPanel"范围内的内容，图片"LargeImage"的其他部分是不可见的；假设，需要放大的区域初始位置在商品图片"GoodsImage"的右下角，也就是图中动态面板"AreaPanel"的位置；这时，动态面板中的图片"LargeImage"就应该如图中所示，右下部分显示在动态面板"ZoomInPanel"中；当动态面板"AreaPanel"向左移动时，我们能看出"LargeImage"应该向右移动；而动态面板"AreaPanel"向上移动时，图片"LargeImage"应该向下移动；也就是说移动方向上"AreaPanel"和"LargeImage"正好相反；同时，还要注意的是移动的距离，"LargeImage"是"AreaPanel"的2倍；例如，图中"AreaPanel"移动到商品图片左边界位置，需要移动的距离是200像素；而"LargeImage"移动到动态面板"ZoomInPanel"的左边界位置，需要移动的距离是400像素；综上所

述，当鼠标在热区上移动时，需要移动放大图片"LargeImage"到达的位置是：x 轴为 –（"AreaPanel" x 轴坐标 – 热区的 x 坐标）$*2$，y 轴为 –（"AreaPanel" y 轴坐标 – 热区 y 轴坐标）$*2$（见操作步骤04）（见图10-64）。

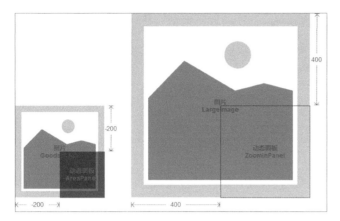

图 10-64

⑤鼠标移入热区时，显示动态面板"AreaPanel"和"ZoomInPanel"（见操作步骤05）。

⑥鼠标移出热区时，隐藏动态面板"AreaPanel"和"ZoomInPanel"（见操作步骤06）。

操作步骤

01 在元件属性中，为所有商品图标设置【选中】时的交互样式为橙色加粗边框，{设置选项组名称}为"IconItem"，并且在第1个商品图标的属性中勾选【选中】的选项；然后，为第1个商品图标元件的【鼠标移入时】事件添加"case1"，设置动作为【选中】"当前元件"（This）。

• case动作设置：见图10-65。

图 10-65

02 继续上一步，添加动作【设置图片】到元件"GoodsImage"和"LargeImage"；单击【导入】按钮，导入与商品图标相同的图片。

• case动作设置：见图10-66。

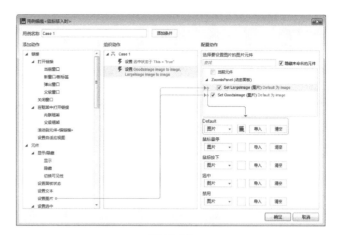

图 10-66

03 为热区元件的【鼠标移动时】事件添加"case1"，设置动作【移动】动态面板"AreaPanel"【到达】{x}"[[Cursor.x-Target.width/2]]"{y}[[Cursor.y-Target.height/2]]的位置；同时，设置【左侧】边界【>=】"[[This.left]]"；【右侧】边界【<=】"[[This.right]]"；【顶部】边界【>=】"[[This.top]]"；【底部】边界【<=】"[[This.bottom]]"。

• case动作设置：见图10-67。

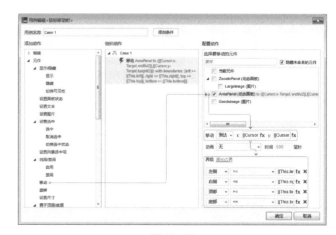

图 10-67

04 继续上一步，在同一动作的列表中选择元件"LargeImage"，设置该元件【到达】{x}"[[-(a.x-This.x)*2]]"{y}"[[-(a.y-This.y)*2]]"的位置；"a"为局部变量名称，其内容为动态面板"AreaPanel"的对象实例。

• case动作设置：见图10-68。

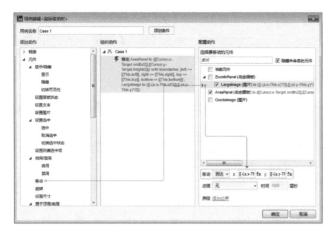

图 10-68

- 局部变量设置：以 x 坐标值为例：见图 10-69。

图 10-69

05 为热区的【鼠标移入时】事件添加"case1"，设置动作为【显示】动态面板"AreaPanel"和"ZoomInPanel"。

- case 动作设置：见图 10-70。

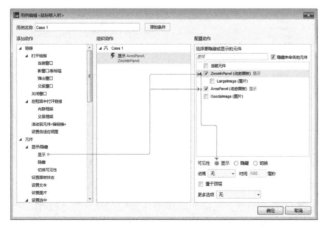

图 10-70

06 为热区的【鼠标移出时】事件添加"case1"，设置动作为【隐藏】动态面板"AreaPanel"和"ZoomInPanel"。

- 事件交互设置：见图 10-71。

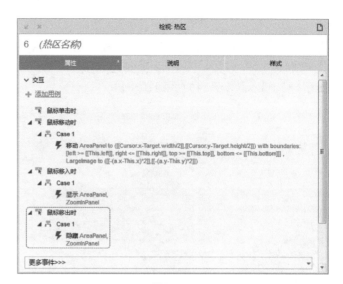

图 10-71

函数说明

- This：表示当前元件对象，指事件交互所在的元件。
- Target：表示目标元件对象，指 case 动作中所控制的元件。
- x：获取元件对象当前 x 轴位置坐标，使用方法"[[元件对象.x]]"。
- y：获取元件对象当前 y 轴位置坐标，使用方法"[[元件对象.y]]"。
- width：获取元件对象当前宽度，使用方法"[[元件对象.width]]"。
- height：获取元件对象当前高度，使用方法"[[元件对象.height]]"。
- left：获取元件对象当前的左边界 x 轴坐标，使用方法"[[元件对象.left]]"。
- right：获取元件对象当前的右边界 x 轴坐标，使用方法"[[元件对象.right]]"。
- top：获取元件对象当前的顶部边界 y 轴坐标，使用方法"[[元件对象.top]]"。
- bottom：获取元件对象当前的底部边界 y 轴坐标，使用方法"[[元件对象.bottom]]"。
- Cursor.x：获取鼠标指针当前的 x 轴位置坐标。
- Cursor.y：获取鼠标指针当前的 y 轴位置坐标。

补充说明

- 为突出内容重点，本案例页面中未包含商品信息的其他内容。

案例展示

扫一扫二维码，查看案例展示。

案例46　数字与指针函数：开关侧边菜单

案例来源

网易云音乐APP-首页

案例效果

- 初始状态：见图10-72。

  侧边菜单打开时：见图10-73。

图10-72　　　　　　　图10-73

- 拖动侧边菜单时：见图10-74。

案例描述

单击功能按钮时，打开侧边菜单；向左快速拖动菜单时，关闭侧边菜单；菜单也可以通过从屏幕边缘向右拖动；快速向右拖动时，打开菜单；缓慢拖动时，如果拖动距离小于菜单宽度一半，菜单缩回；否则，菜单打开。

图10-74

元件准备

- 页面中：见图10-75。

图10-75

- 动态面板"MenuPanel"中：见图10-76。

图10-76

包含命名

- 动态面板（用于侧边菜单拖动）：MenuPanel

思路分析

①单击功能按钮时，移动动态面板到打开时的位置（见操作步骤01）。

②快速向左拖动菜单时，也可移动动态面板到打开时的位置（见操作步骤02）。

③快速向左拖动菜单时，移动菜单回到原位（见操作步骤03）。

④拖动菜单时，菜单能够在限定范围内水平拖动（见操作步骤04）。

⑤缓慢拖动菜单结束时，根据菜单的位置移动菜单到打开或关闭的位置。菜单在拖动时，因为受移动限制，x轴坐标始终在$-296 \sim 0$之间；如果菜单x轴坐标位置小于等于-148时，菜单需要移动到x轴-296的位置上，即菜单被关闭；而菜单x轴坐标位置大于-148时，菜单需要移动到x轴0的位置上，即菜单被打开；我们试想，当菜单x轴坐标位置坐标小于等于-148时，用坐标位置除以菜单宽度，结果大于等于-0.5；当菜单x轴坐标位置坐标大于-148时，用坐标位置除以菜单宽度，结果小于-0.5；如果我们对这两种情况的结果进行四舍五入，得到的整数是-1和0；用四舍五入的结果乘以菜单宽度，正好是需要移动到的位置；那么，我们可以得到菜单x轴移动位置的公式为：（当前元件x轴坐标/菜单宽度）四舍五入取整*菜单宽度（见操作步骤05）。

操作步骤

01 为"功能"按钮的【鼠标单击时】事件添加"case1"，设置动作为【移动】动态面板"MenuPanel"【到达】{x}"0"{y}"0"的位置；{动画}选择【线性】，{时间}为"200"毫秒。

- case动作设置：见图10-77。

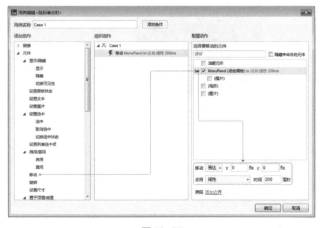

图10-77

02 为动态面板"MenuPanel"的【向右拖动结束时】事件添加"case1"，添加条件判断；我们假设拖动时长小于200毫秒为快速拖动，判断内容为【值】"[[DragTime]]"【<】【值】"200"；然后，设置满足条件的动作为【移动】动态面板"MenuPanel"【到达】{x}"0"{y}"0"的位置；{动画}选择【线性】，{时间}为"200"毫秒（case动作设置参考操作步骤01）。

- 条件判断设置：见图10-78。

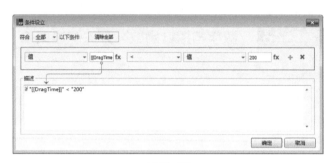

图10-78

03 为动态面板"MenuPanel"的【向左拖动结束时】事件添加"case1"，添加条件判断【值】"[[DragTime]]"【<】【值】"200"；然后，设置满足条件的动作为【移动】动态面板"MenuPanel"【到达】{x}"-296"{y}"0"的位置；{动画}选择【线性】，{时间}为"200"毫秒（条件判断设置见操作步骤02，case动作设置见操作步骤01）。

04 为动态面板"MenuPanel"的【拖动时】事件添加"case1"，设置动作为【移动】动态面板"MenuPanel"为【水平拖动】；{界限}设置中【添加边界】，【左侧】【>=】"-296"（菜单内容宽度），【右侧】【<=】"310"（动态面板宽度）。

- case动作设置：见图10-79。

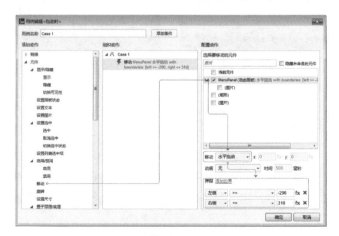

图10-79

05 为动态面板"MenuPanel"的【拖动结束时】事件添加"case1",添加条件判断【值】"[[DragTime]]"【>=】【值】"200";然后,设置动作为【移动】动态面板"MenuPanel"【到达】{x}"[[(This.x/296).tofixed(0)*296]]"{y}"0"的位置;{动画}选择【线性】,{时间}为"200"毫秒。(条件设置见操作步骤02)

- case动作设置:见图10-80。

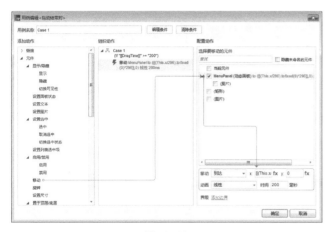

图 10-80

- 事件交互设置:见图10-81。

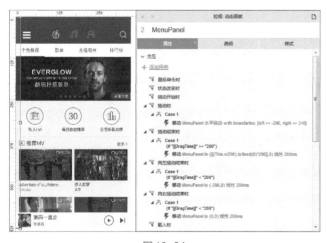

图 10-81

函数说明

- This:表示当前元件对象,指事件交互所在的元件。
- x:获取元件对象当前*x*轴位置坐标,使用方法"[[元件对象.x]]"。
- tofixed(参数):将数值转换为保留指定位数的小数,参数为保留的位数;参数为"0"时,结果为整数;使用方法"[[数值对象.tofixed(保留位数)]]"。
- DragTime:获取鼠标指针拖动元件从开始到结束的总时长。

补充说明

- 本案例中动态面板"MenuPanel"比菜单宽度多出14像素,如元件准备图中所示,在菜单关闭状态时,需要能够拖动菜单,所以宽出的部分是透明可拖动的区域。
- 本案例中使用了"FontAwesome 4.4.0"图标字体元件库,需要安装字体文件支持,并进行Web字体设置(见案例1的补充说明)。

案例展示

扫一扫二维码,查看案例展示。

案例47 **数学函数:随机数验证码**

案例来源

快的APP-登录界面

案例效果

- 初始状态:见图10-82。
- 发送获取申请时:见图10-83。

图 10-82   图 10-83

- 申请发送结束时:见图10-84。

- 短信接收成功时：见图10-85。

图10-84　　　　　　　　　图10-85

案例描述

输入手机号码后，单击获取验证码按钮，进行获取；同时，按钮变为禁用状态，文字变为倒计时提示；等待若干秒后，接收短信成功，将4位随机数字填入验证码输入框内。

元件准备

- 页面中：见图10-86。

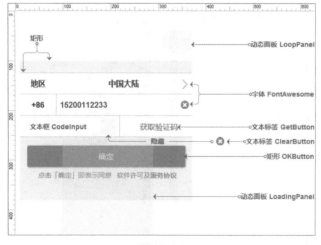

图10-86

- 动态面板"LoopPanel"中：见图10-87。
- 动态面板"LoadingPanel"中：见图10-88。

 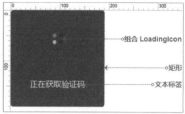

图10-87　　　　　　　　　图10-88

包含命名

- 组合（用于旋转的等待图标）：LoadingIcon
- 动态面板（用于倒计时循环）：LoopPanel
- 文本框（用于输入验证码）：CodeInput
- 文本标签（用于清空验证码输入框）：ClearButton
- 文本标签（用于获取验证码）：GetButton
- 矩形（用于确定按钮）：OKButton
- 全局变量（用于记录倒计时剩余时间）：Countdown
- 动态面板（用于统一显示与隐藏提示内容）：LoadingPanel

思路分析

①确定按钮默认为灰色，当输入验证码时呈现绿色（见操作步骤01）。

②验证码输入框的清空按钮，默认为隐藏，当输入验证码时显示（见操作步骤02）。

③当验证码输入框被清空时，隐藏清空按钮，确定按钮恢复为灰色（见操作步骤03）。

④单击验证码输入框的清空按钮，验证码输入框中的文字被清空（见操作步骤04）。

⑤单击获取验证码按钮时，该按钮变为禁用状态，文字呈现灰色；显示正在获取验证码的提示面板，等待图标旋呈现转效果；1秒钟后，提示面板消失，启动倒计时（见操作步骤05～09）。

⑥记录倒计时数值；倒计时的过程中，如果倒计时的数值大于1，设置倒计时数值自减1，并显示新的剩余时间（见操作步骤10～11）。

⑦倒计时的过程中，如果倒计时的数值等于1，停止倒计时；并且，获取验证码的按钮上显示文字重新获取验证码，按钮重新变成可用状态（见操作步骤12～13）。

⑧倒计时的过程中，当倒计时剩余指定秒数时（如剩余55秒时），将4位随机数写入验证码输入框（见操作步骤14～15）。

操作步骤

01 在元件属性中，设置元件"OKButton"【禁用】时交互样式的填充色为灰色，并勾选【禁用】的默认状态选项；然后，为文本框"CodeInput"添加"case1"，设置条件判断【元件文字】于"当前元件"（This）【!=】【值】""（空值）；添加满足条件的动作为【启用】元件"OKButton"。

- 条件判断设置：见图10-89。

图10-89

- case动作设置：见图10-90。

图10-90

02 继续上一步，添加动作【显示】元件"ClearButton"。
- case动作设置：见图10-91。

图10-91

03 继续为元件"CodeInput"添加"case2"，设置不满足"case1"的条件时，执行的动作为【隐藏】元件"ClearButton"；【禁用】元件"OKButton"（case动作设置见操作步骤01与操作步骤02）。

- 事件交互设置：见图10-92。

图10-92

04 为元件"ClearButton"的【鼠标单击时】事件添加"case1"，设置动作为【设置文本】于元件"CodeInput"为【值】""（空值）。

- case动作设置：见图10-93。

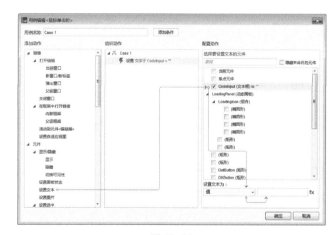

图10-93

05 为元件"GetButton"的【鼠标单击时】事件添加"case1"，设置动作【禁用】"当前元件"（This）（case动作设置见操作步骤01）。

06 继续上一步，添加动作【显示】元件"LoadingPanel"（见操作步骤02）。

07 继续上一步，添加动作【旋转】组合"LoadingIcon"【经过】{角度}"360"；{方向}为【顺时针】；{动画}选择【线性】，{时间}为"1000"毫秒。

- case动作设置：见图10-94。

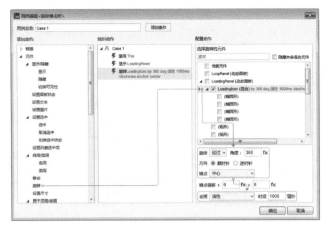

图10-94

08 继续上一步，添加动作【等待】"1000"毫秒，等待旋转效果完成。

- case动作设置：见图10-95。

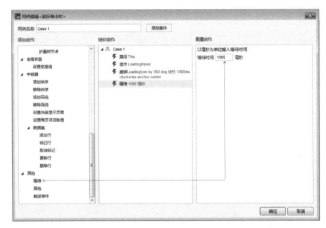

图10-95

09 添加全局变量"Countdown"，并设置默认值为"60"，用于记录倒计时剩余秒数；然后，继续上一步，添加动作【隐藏】元件"LoadingPanel"（case动作设置参考操作步骤02）。

- 全局变量设置：见图10-96。

图10-96

10 添加动作【设置面板状态】于动态面板"LoopPanel"，{选

择状态}为【Next】；勾选选项【向后循环】；勾选并设置【循环间隔】"1000"毫秒，并勾选【首个状态延时1000毫秒后切换】。

- case动作设置：见图10-97。

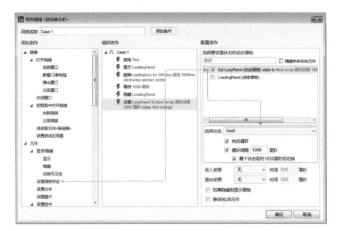

图10-97

11 为元件"LoopPanel"的【状态改变时】事件添加"case1"，添加条件判断【变量值】"Countdown"【>】【值】"1"；然后，设置符合条件时的动作为【设置变量值】"Countdown"为【值】"[[Countdown-1]]"。

- 条件判断设置：见图10-98。

图10-98

- case动作设置：见图10-99。

图10-99

12 继续上一步，【设置文本】于元件"GetButton"为【值】"[[Countdown]]秒后可重发"。

- case动作设置：见图10-100。

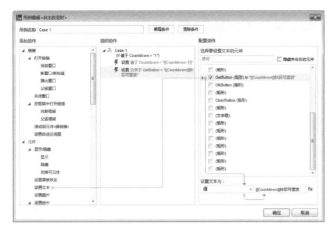

图10-100

13 继续为元件"LoopPanel"的【状态改变时】事件添加"case2"，设置不满足"case1"条件时，执行的动作为【设置面板状态】于元件"LoopPanel"，{选择状态}为【停止循环】。

- case动作设置：见图10-101。

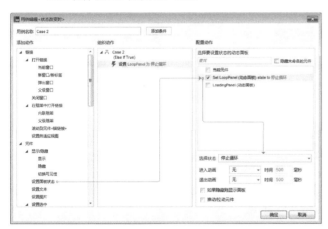

图10-101

14 继续上一步，添加动作【设置文本】于"GetButton"为【值】"重新获取验证码"；【设置变量值】于变量"Countdown"为【值】"60"；【启用】元件"GetButton"（case动作设置可依次参考操作步骤11、操作步骤10和操作步骤01）。

- 事件交互设置：见图10-102。

15 继续为元件"LoopPanel"的【状态改变时】事件添加"case3"，设置判断条件【变量值】"Countdown"【==】【值】"55"；然后，添加满足条件的动作【设置文本】于元件"CodeInput"为【值】"[[Math.floor（Math.random()*10）]]

[[Math.floor（Math.random()*10）]][[Math.floor（Math.random()*10）]][[Math.floor（Math.random()*10）]]"。

图10-102

- case动作设置：见图10-103。

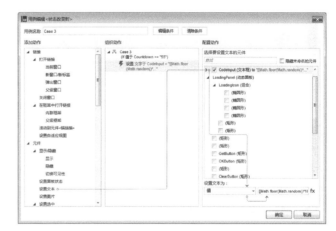

图10-103

- 编辑文本设置：见图10-104。

图10-104

16 在上一步中添加的"case3"上单击<鼠标右键>，在菜单列表中选择最后一项【切换为<If>或<Else If>】，将"case3"的条件类型切换为"If"开头。

- 事件交互设置：见图10-105。

图 10-105

函数说明

- Math.floor（参数）：获取参数向下取整的整数值，参数为小数。
- Math.random()：获取 0 ～ 1 之间的随机小数。

补充说明

- 本案例的案例描述中未对细节进行详细描述，具体内容请看思路分析。
- 本案例操作步骤 14 中获取"0 ～ 9"的随机数公式为"[[Math.floor（Math.random()*10）]]"，获取 4 位"0 ～ 9"的随机数，只需将公式填入 4 次。
- 本案例中使用了"FontAwesome 4.4.0"图标字体元件库，需要安装字体文件支持，并进行 Web 字体设置（参考案例 1 的补充说明）。

案例展示

扫一扫二维码，查看案例展示。

案例48 数学函数：不同方向滑入

案例来源

拉勾网 - 首页

案例效果

- 鼠标自左侧进入 / 退出时：见图 10-106。

图 10-106

- 鼠标自右侧进入 / 退出时：见图 10-107。

图 10-107

- 鼠标自上方进入 / 退出时：见图 10-108。

图 10-108

- 鼠标自下方进入 / 退出时：见图 10-109。

图 10-109

案例描述

鼠标进入每个图片区域时，都会自鼠标进入的方向滑出文字面板；鼠标离开图片区域时，文字面板也会根据鼠标离开的方向滑出。

元件准备

- 页面中：见图 10-110。

图 10-110

- 动态面板中：见图 10-111。

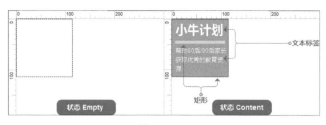

图10-111

包含命名

- 动态面板状态（用于动态面板透明效果）：Empty
- 动态面板状态（用于显示简介内容）：Content

思路分析

本案例中几组内容交互完全一致，可以先完成一组内容的交互，然后复制多个再逐一修改图片及内容文字。

①鼠标进入面板区域时，如果从左侧进入，则向右滑入简介内容（见操作步骤01）。

②鼠标进入面板区域时，如果从右侧进入，则向左滑入简介内容（见操作步骤02）。

③鼠标进入面板区域时，如果从顶部进入，则向下滑入简介内容（见操作步骤03）。

④鼠标进入面板区域时，如果从底部进入，则向上滑入简介内容（见操作步骤04）。

⑤鼠标离开面板区域时，如果从左侧离开，则向左滑出简介内容（见操作步骤05）。

⑥鼠标离开面板区域时，如果从右侧离开，则向右滑出简介内容（见操作步骤06）。

⑦鼠标离开面板区域时，如果从顶部离开，则向上滑出简介内容（见操作步骤07）。

⑧鼠标离开面板区域时，如果从底部离开，则向下滑出简介内容（见操作步骤08）。

⑨将做好的一组内容及交互复制成多个，并逐一修改图片和内容。

操作步骤

01 为动态面板的【鼠标移入时】事件添加"case1"，设置条件判断为【值】"[[Math.min（Cursor.x-This.left,This.right-Cursor.x,Cursor.y-This.top,This.bottom-Cursor.y]]"【==】【值】"[[Cursor.x-This.left]]"；然后，设置满足条件的动作为【设置面板状态】于"当前元件"（This），{选择状态}为【Content】，设置{进入动画}为【向右滑动】，{时间}为"200"毫秒。

这里，我们说一下判断条件的含义。

- 在鼠标进入面板区域时，鼠标所在的位置，与面板的四个边界只有一个方向距离最小；
- 鼠标位置与4个边界的距离分别是："鼠标x轴坐标值－面板左侧边界值""面板右侧边界值－鼠标x轴坐标值""鼠标y轴坐标值－面板顶部边界值"和"面板底部边界值－鼠标y轴坐标值"，这样计算出来的4个距离都是正数。
- 对上面的四个距离值取最小值，然后判断其是否与"鼠标x轴坐标值－面板左侧边界值"相等，如果相等则说明鼠标所在位置距离左边界最近。
- 条件判断设置：见图10-112。

图10-112

- 编辑文本设置：左侧公式：见图10-113。

图10-113

- 编辑文本设置：右侧公式：见图10-114。

图10-114

- case动作设置：见图10-115。

图10-115

02 为动态面板的【鼠标移入时】事件添加"case2"，设置条件判断为【值】"[[Math.min（Cursor.x-This.left,This.right-Cursor.x,Cursor.y-This.top,This.bottom-Cursor.y]]"【==】【值】"[[This.right-Cursor.x]]"；然后，设置满足条件的动作为【设置面板状态】于"当前元件"（This），{选择状态}为【Content】，设置{进入动画}为【向左滑动】，{时间}为"200"毫秒（见操作步骤01修改右侧判断内容并设置case动作）。

03 为动态面板的【鼠标移入时】事件添加"case3"，设置条件判断为【值】"[[Math.min（Cursor.x-This.left,This.right-Cursor.x,Cursor.y-This.top,This.bottom-Cursor.y]]"【==】【值】"[[Cursor.y-This.top]]"；然后，设置满足条件的动作为【设置面板状态】于"当前元件"（This），{选择状态}为【Content】，设置{进入动画}为【向下滑动】，{时间}为"200"毫秒（见操作步骤01修改右侧判断内容并设置case动作）。

04 为动态面板的【鼠标移入时】事件添加"case4"，设置不满足"case1～case3"条件时的动作为【设置面板状态】于"当前元件"（This），{选择状态}为【Content】，设置{进入动画}为【向上滑动】，{时间}为"200"毫秒（case动作设置见操作步骤01）。

- 事件交互设置：见图10-116。

05 为动态面板的【鼠标移出时】事件添加"case1"，设置条件判断为【值】"[[Math.min（Math.abs（This.left-Cursor.x），Math.abs（This.right-Cursor.x），Math.abs（This.top-Cursor.y），Math.abs（This.bottom-Cursor.y））]]"【==】【值】"[[Math.abs（This.left-Cursor.x）]]"；然后，设置满足条件的动作为【设置面板状态】于"当前元件"（This），{选择

状态}为【Empty】，设置{退出动画}为【向左滑动】，{时间}为"200"毫秒。

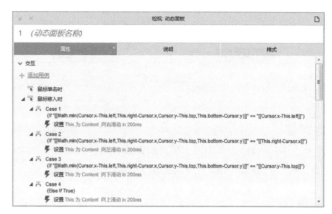

图10-116

这里我们把条件判断内容，稍作更改，通过函数获取距离的绝对值，这样就无需注意是减号两端的函数顺序，大家可以仔细与操作步骤01中的公式进行对比，理解不同之处。

- 条件判断设置：见图10-117。

图10-117

- 编辑文本设置：左侧公式：见图10-118。

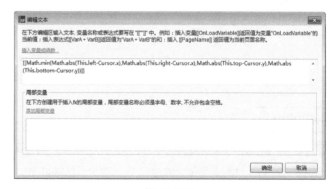

图10-118

- 编辑文本设置：右侧公式见图10-119。
- case动作设置：见图10-120。

图 10-119

图 10-120

06 为动态面板的【鼠标移出时】事件添加"case2",设置条件判断为【值】"[[Math.min（Math.abs（This.left-Cursor.x），Math.abs（This.right-Cursor.x），Math.abs（This.top-Cursor.y），Math.abs（This.bottom-Cursor.y））]]"【==】【值】"[[Math.abs（This.right-Cursor.x）]]";然后,设置满足条件的动作为【设置面板状态】于"当前元件"（This），{选择状态}为【Empty】,设置{退出动画}为【向右滑动】,{时间}为"200"毫秒（见操作步骤05修改右侧判断内容并设置case动作）。

07 为动态面板的【鼠标移出时】事件添加"case3",设置条件判断为【值】"[[Math.min（Math.abs（This.left-Cursor.x），Math.abs（This.right-Cursor.x），Math.abs（This.top-Cursor.y），Math.abs（This.bottom-Cursor.y））]]"【==】【值】"[[Math.abs（This.top-Cursor.y）]]";然后,设置满足条件的动作为【设置面板状态】于"当前元件"（This），{选择状态}为【Empty】,设置{退出动画}为【向上滑动】,{时间}为"200"毫秒（见操作步骤05修改右侧判断内容并设置case动作）。

08 为动态面板的【鼠标移出时】事件添加"case4",设置不满足"case1～case3"条件时的动作为【设置面板状态】于

"当前元件"（This），{选择状态}为【Empty】,设置{退出动画}为【向下滑动】,{时间}为"200"毫秒（case动作设置参考操作步骤05）。

09 将做好的一组内容全选,然后按住<Ctrl>键,同时用鼠标拖动内容,将其复制成多组;然后,逐一修改每一组内容的图片以及动态面板状态"Content"中的文字信息。

- 事件交互设置:（见图10-121）

图 10-121

函数说明

- This:表示当前元件对象,指事件交互所在的元件。
- left:获取元件对象当前的左边界x轴坐标,使用方法"[[元件对象.left]]"。
- right:获取元件对象当前的右边界x轴坐标,使用方法"[[元件对象.right]]"。
- top:获取元件对象当前的顶部边界y轴坐标,使用方法"[[元件对象.top]]"。
- bottom:获取元件对象当前的底部边界y轴坐标,使用方法"[[元件对象.bottom]]"。
- Cursor.x:获取鼠标指针当前的x轴位置坐标。
- Cursor.y:获取鼠标指针当前的y轴位置坐标。
- Math.min（参数1,参数2,参数3…）:获取一组参数中数值最小的一个,参数为数值。
- Math.abs（参数）:获取参数的绝对值,参数为数值。

补充说明

- 本案例中使用了"FontAwesome 4.4.0"图标字体元件库,需要安装字体文件支持,并进行Web字体设置（参考案例1的补充说明）。

案例展示

扫一扫二维码,查看案例展示。

案例49　字符串函数：模糊搜索列表

案例来源

美丽说-搜索

案例效果

见图10-122。

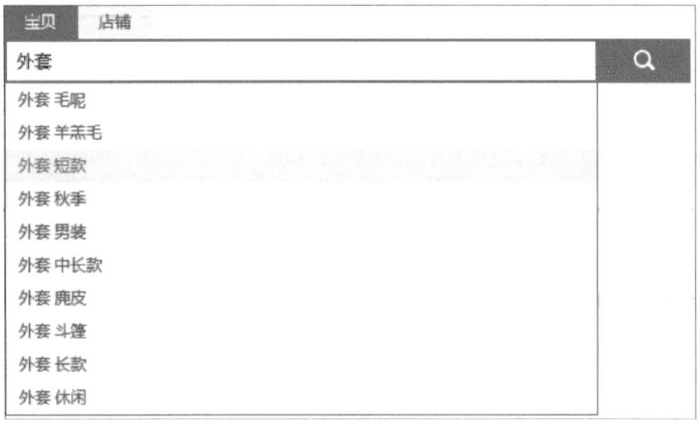

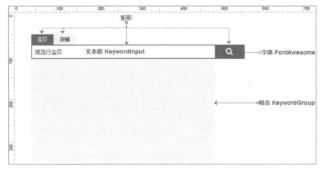

图10-122

案例描述

在搜索框输入关键词时，显示关键词列表，列表中的关键词文字中包含输入的关键词文字；鼠标单击列表中的关键词时，将该关键词填入搜索框；鼠标单击页面其他区域时，隐藏关键词列表。

元件准备

- 页面中：见图10-123。

图10-123

- 组合"KeywordGroup"的内容：见图10-124。

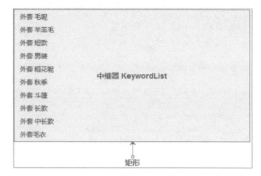

图10-124

- 中继器"KeywordList"中：见图10-125。

图10-125

包含命名

- 文本框（用于输入搜索内容）：KeywordInput
- 组合（用于统一显示隐藏关键词列表中的元件）：KeywordGroup
- 中继器（用于关键词列表）：KeywordList
- 文本标签（用于显示关键词列表项）：Keyword

思路分析

①创建关键词列表（见操作步骤01）。

②搜索框中输入文字时，显示关键词列表（见操作步骤02～03）。

③鼠标进入关键词列表时，列表项呈现粉红色文字和灰色背景（见操作步骤04）。

④鼠标单击列表项时，将被单击列表项的文字写入搜索框中（见操作步骤05）。

⑤鼠标单击页面其他位置时，隐藏关键词列表（见操作步骤06）。

操作步骤

01 参考案例16完成关键词列表中数据集、交互以及样式的设置。

02 为文本框"KeywordInput"的【文字改变时】事件添加"case1"，设置条件判断【元件文字】"当前元件"（This）【!=】【值】""（空值）；添加满足条件时的动作为【显示】组合"KeywordGroup"。

- 条件判断设置：见图10-126。

图10-126

- case动作设置：见图10-127。

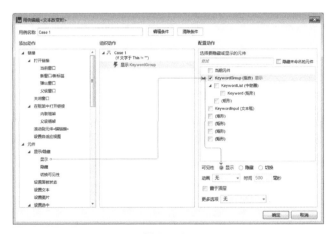

图10-127

03 继续上一步，添加动作【添加筛选】到中继器"Keyword-List"，设置筛选{名称}为"Search"，{条件}为"[[Item.Key-word.indexof（This.text）>=0]]"；条件公式的含义为：文本框中的文字在"Item.Keyword"中首次出现的位置大于等于0，因为字符串中字符位置从0开始计算，所以当位置大于等于0时，表示文本框的文字包含在"Item.Keyword"中。

- case动作设置：见图10-128。

04 在元件属性中，为文本标签"Keyword"设置【鼠标悬停】时的交互样式为粉红色文字与灰色背景。

05 为元件"Keyword"的【鼠标单击时】事件添加"case1"，

设置动作为【设置文本】于文本框"KeywordInput"为【元件文字】"当前元件"（This）。

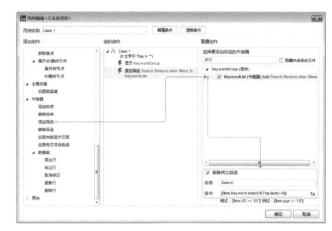

图10-128

- case动作设置：见图10-129。

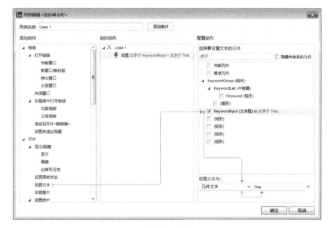

图10-129

06 单击检视面板右上角的页面图标，或者在概要中单击页面名称，为页面的【页面鼠标单击时】事件添加"case1"，设置动作为【隐藏】组合"KeywordGroup"。这个动作同样要添加在元件"Keyword"【鼠标单击时】事件的"case1"中（case动作设置见操作步骤01）。

- 事件交互设置：见图10-130。

图10-130

函数说明

- This：表示当前元件对象，指事件交互所在的元件。
- text：获取元件对象上当前的文字，使用方法"[[元件对象.text]]"。
- Item：当前列表项所对应的中继器数据集中一个数据行对象的实例。
- indexOf（参数1，参数2）：查询参数1字符串在文本对象中首次出现的位置；参数1为查询内容的字符串；参数2为查询的起始位置，该参数可省略，省略时表示从左侧第一个位置开始查询；字符位置从0开始计算，即第1个字符位置为0；如果文本对象未包含参数1字符串，获取到的数值为-1；使用方法"[[文本对象.indexOf（参数1，参数2）]]"。

案例展示

扫一扫二维码，查看案例展示。

案例50 字符串函数：手机号码验证（1）

案例来源

360-个人中心-详细资料

案例效果

见图10-131。

图10-131

案例描述

原网站中通过单击保存修改按钮触发验证，另外验证结果的提示也有弹出和页面上显示两种；在我们的案例中，我们略作改动，将对手机号码的验证放在光标离开输入框时，验证提示也仅限页面上一种。具体内容如下：

当输入的手机号码格式错误时，显示错误提示；否则，显示正确提示。

正确格式要求：

- 输入的文字全部为数字；
- 字符长度为11位；
- 第1位字符必须为1；
- 第2位字符不能为0，1，2或6。

元件准备

见图10-132。

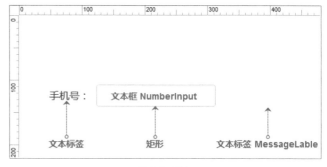

图10-132

包含命名

- 文本框（用于输入手机号码）：NumberInput
- 文本标签（用于显示验证结果的提示）：MessageLable

思路分析

①限制文本框内可输入文字位数最多11位（见操作步骤01）。

②根据案例描述进行条件判断（见操作步骤02～05）。

③设置满足全部条件时，给出验证正确的提示（见操作步骤06）。

④设置不满足必须的条件时，给出验证错误的提示（见操作步骤07）。

⑤设置光标进入文本框时，清空验证提示（见操作步骤08）。

操作步骤

01 在元件"NumberInput"的属性中，设置{最大长度}为"11"。

- 元件属性设置：见图10-133。

图 10-133

02 为元件"NumberInput"的【失去焦点时】事件添加"case1"，设置第1个条件判断为【元件文字】"当前元件"（This）【是】【数字】；这一步为判断输入的字符全部为数字。

● 条件判断设置：见图10-134。

图 10-134

03 单击第1个条件后方的"+"按钮，继续添加第2个条件判断【元件文字长度】"当前元件"（This）【==】【值】"11"；这一步为判断输入的字符个数为11位。

● 条件判断设置：见图10-135。

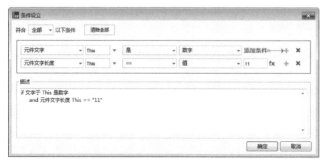

图 10-135

04 单击第2个条件后方的"+"按钮，继续添加第3个条件判断【值】""【==】【值】"1"；这一步为判断首位字符等于1。

● 条件判断设置：见图10-136。

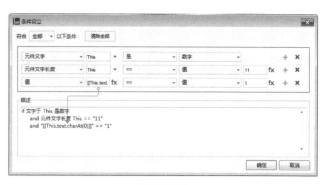

图 10-136

05 单击第3个条件后方的"+"按钮，继续添加最后1个条件判断【值】""【不是】【之一】，单击【自定义选项】，在输入区域不同的行中输入"0""1""2"和"6"；这一步为判断第2位字符不是"0""1""2"或"6"四个数字之一。

● 条件判断设置：见图10-137。

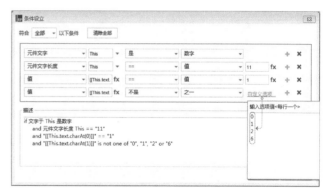

图 10-137

06 添加满足以上所有条件时，执行的动作，【设置文本】于"MessageLable"为【富文本】，单击【编辑文本】按钮，在弹出的界面中插入FontAwesome图标字体中的"✓"，并在右侧文字样式中设置为绿色。

● case动作设置：见图10-138。

07 继续为元件"NumberInput"的【失去焦点时】事件添加"case2"，设置当未全部满足以上条件时的动作，【设置文本】于"MessageLable"为【富文本】，单击【编辑文本】按钮，在弹出的界面中插入FontAwesome图标字体中的"✗"，并在右侧文字样式中设置为橙色；然后，继续输入文字"手机号码格式有误"，并设置这些文字为灰色；但是，如果文本框未输入内容，也会显示格式错误的提示，为了避免这种情况，我们需要为这个case再添加一个条件判断【元件文件】"当前元件"【!=】【值】""（空值）；这样，就会在输入了内容并且格式错误时才会给出错误提示。

● 条件判断设置：见图10-139。

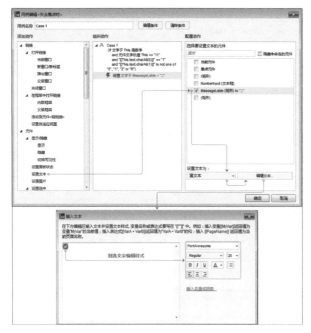

图10-138

图10-139

- case动作设置：见图10-140。

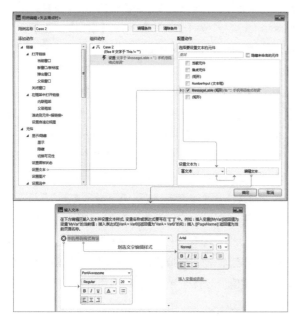

图10-140

08 为元件"NumberInput"的【获取焦点时】事件添加"case1"，设置动作为【设置文本】于"MessageLable"为【值】""（空值）。

- case动作设置：见图10-141。

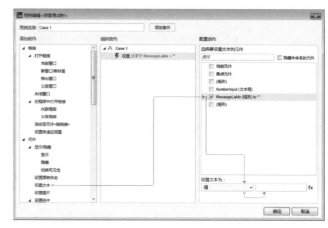

图10-141

- 事件交互设置：见图10-142。

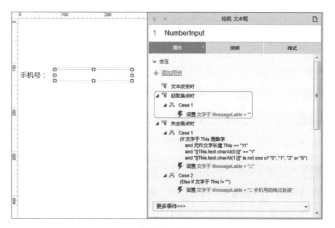

图10-142

函数说明

- This：表示当前元件对象，指事件交互所在的元件。
- text：获取元件对象上当前的文字，使用方法"[[元件对象.text]]"。
- charAt（参数）：获取文本对象中指定位置的字符，参数为数值，位置从0开始计算，使用方法"[[文本对象.charAt（参数）]]"。

案例展示

扫一扫二维码，查看案例展示。

案例51　字符串函数：手机号码验证（2）

案例来源

见案例50。

案例效果

见案例50。

案例描述

见案例50。

元件准备

见案例50。

包含命名

- 文本框（用于输入手机号码）：NumberInput
- 文本标签（用于显示验证结果的提示）：MessageLable

思路分析

案例50中我们对手机号码前两位的判断是通过函数提取出首位和第2位字符分别进行判断；在本案例中，我们采用截取前两位字符串的方法，对前两位字符进行判断，前两位字符符合条件的组合有13、14、15、17、18、19。

操作步骤

删除案例50中操作步骤04与操作步骤05设立的两个条件内容，重新添加一个新的条件判断【值】"[[This.text.substr（0,2）]]"【是】【之一】，单击【自定义选项】按钮，在输入区域不同的行中输入"13""14""15""17""18"和"19"；这一步为判断前两位字符是"13""14""15""17""18"和"19"六个数字之一；修改完后，即完成了本案例。

- 条件判断设置：见图10-143。

函数说明

- This：表示当前元件对象，指事件交互所在的元件。
- text：获取元件对象上当前的文字，使用方法"[[元件对象.text]]"。

- substr（参数1，参数2）：获取从起始位置开始指定长度（个数）的字符；参数1为起始位置，参数2为获取的长度（个数），位置从0开始计算；使用方法"文本对象.substr（参数1，参数2）"。

图10-143

案例展示

扫一扫二维码，查看案例展示。

案例52　字符串函数：复选数量统计

案例来源

百度视频-推荐

案例效果

见图10-144。

图10-144

案例描述

在单击案例中任意复选框时，矩形文字中的订阅数量跟随发生变化，选中复选框则数量增加1，取消选中复选框则订阅数量减少1。

元件准备：见图10-145。

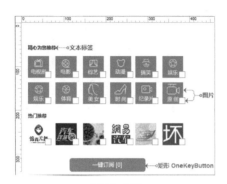

图10-145

包含命名

● 矩形（用于一键订阅按钮）：OneKeyButton

思路分析

①自带元件中的复选框，样式不符合需求。可以通过两张不同的图片，进行选中与不选中的切换来实现（见操作步骤01）。

②在复选框改变选中的状态时，改变矩形的文字为"一键订阅[X]"，X为数量，当选中一个复选框时，数量X加1，否则该数量减1（见操作步骤02～03）。

③因为，单击任何复选框时，都是对同一矩形文字进行改变，所以，完成一个复选框的交互后，只需将其复制成多个即可（见操作步骤04）。

操作步骤

01 参考案例4制作一个复选框；然后，在【鼠标单击时】事件中添加"case1"，设置动作为【切换选中状态】于"当前元件"（This）。

● case动作设置：见图10-146。

02 为复选框的【选中时】事件添加"case1"，设置动作为【设置文本】"OneKeyButton"为【值】，单击后方的【fx】进入值的编辑界面；设置局部变量"b"接收元件"OneKeyButton"上的【元件文字】，文本编辑区中输入"一键订阅 [[[b.substring（6,b.length-1）+1]]]"，为矩形"OneKeyButton"上所显示的新文字。

图10-146

● case动作设置：见图10-147。

图10-147

03 参考步骤02为复选框的【取消选中时】事件添加"case1"，设置动作为【设置文本】"OneKeyButton"为【值】"一键订阅 [[[b.substring（6,b.length-1）-1]]]"。

● 事件交互设置：见图10-148。

04 将制作好的一组图片（见图标与复选框）进行多次复制，然后依次双击图标导入不同的图标图片。

图 10-148

函数说明

• length：获取文本对象的长度（字符个数），使用方法 "[[文本对象.length]]"。

• substring（参数1，参数2）：获取文本对象中指定开始位置到终止位置前一位的字符，参数1为起始位置数值，参数2为终止位置数值，位置从0开始计算，使用方法 "[[文本对象.substring（参数1，参数2）]]"。

补充说明

见图 10-149。

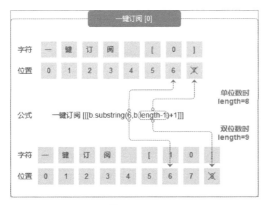

图 10-149

公式 "一键订阅 [[[b.substring（6,b.length-1）+1]]]" 中，"[[b.substring（6,b.length-1）+1]]" 用来获取元件 "OneKeyButton" 上当前的数量，并进行加1。

b.substring()表示对局部变量 "b" 中的字符串进行截取，从参数中的起始位置截取至终止位置（截取结果不含终止位置字符）。

• 起始位置 – 参数 "6" 表示中第6个起始位置进行截取。

• 终止位置 – 参数 "b.length-1" 中，"b.length" 用来获取局部变量 "b" 中字符串的总长度，所以 "b.length-1" 表示截取到最后一个字符之前。

注意：字符串的起始位置从0开始，空格同样占据一个位置。

案例展示

扫一扫二维码，查看案例展示。

案例53 字符串函数：打开微博详情（2）

案例来源

微博 – 我的主页

案例效果

见案例24。

案例描述

见案例24。

元件准备

见案例24。

包含命名

• 中继器（用于微博列表）：WeiBoList
• 文本标签（用于显示微博文本）：WeiBoText
• 文本标签（用于显示微博发布时间）：WeiBoTime
• 文本标签（用于显示微博阅读数量）：WeiBoRead
• 全局变量（用于传递微博数据）：VarData

思路分析

在案例24中，我们通过多个全局变量将微博数据传递到详情页面；这里我们通过一个变量结合字符串函数完成相同的效果。修改内容如下。

• 修改案例24中的操作步骤02，将所有数据存入一个全局变量（见操作步骤01）。

• 修改案例24中的操作步骤04，对全局变量传递的数据进行分解，显示在页面不同的位置上（见操作步骤02）。

操作步骤

01 创建全局变量"VarData";然后,修改案例24中的操作步骤02,动作设置为【设置变量值】于全局变量"VarData"为【 值 】"[[Item.WeiBoText]]|[[Item.WeiBoRead]]|[[Item.WeiBoTime]]";注意要用"|"分隔不同的数据。

- 事件交互设置:见图10-150。

图10-150

02 修改案例24中的操作步骤04,在微博详情页面【页面加载时】事件的"case1"中,【设置文本】的动作修改为:设置元件"WeiBoText"的文本为"[[VarData.split("|",1)]]";设置元件"WeiBoTime"的文本为"[[VarData.split("|",2).replace(VarData.split("|",1).concat(",") ,"")]] 来自微博";设置元件"WeiBoRead"的文本为"阅读 [[VarData.split("|",3).replace(VarData.split("|",2).concat(",") ,"")]]"。

- case动作设置:见图10-151。

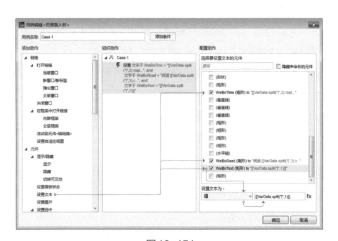

图10-151

03 操作步骤01和操作步骤02中包含了复杂的公式内容,我们把这些内容分解开理解它们的含义。

- 操作步骤01中,将数据存储到全局变量"VarData"后,是以"|"分隔的一组数据(见图10-152中第1部分)。

- 操作步骤02中,我们将全局变量的数据通过函数split()进行了分解;但是,分解后的数据并不全部都是最终我们想要的内容;"[[VarData.split("|",1)]]"获取的结果没有问题,我们可以直接使用;"[[VarData.split("|",2)]]"获取的结果中包含了多余的"[[VarData.split("|",1)]]"的内容和它后面的分隔符",";"[[VarData.split("|",3)]]"获取的结果中包含了多余的"[[VarData.split("|",2)]]"的内容和它后面的分隔符","(见图10-152中第2部分)。

- 为了解决上述问题,我们需要在公式中使用replace()函数,将多余的部分替换为空白;如上所述,多余的部分不是完整的一部分,而是包含了数据和分隔符,所以还需要使用concat()函数,将多余的两部分链接起来(见图10-152中第3部分)。

- 以上就是操作步骤02中各个公式组成结构中的各部分的含义。

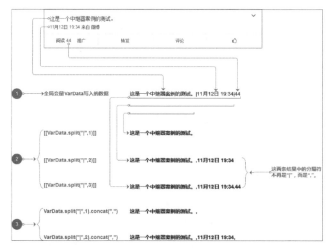

图10-152

函数说明

- split(参数1,参数2):将文本对象以分隔符分隔成以","隔开的字符组,获取其中若干组;参数1为分隔符,参数2为获取的组数;使用方法"[[文本对象. split(参数1,参数2)]]"。

- concat(参数):将文本对象与参数中的字符串进行连接,组成新的文本;使用方法"[[文本对象.concat(参数)]]"。

- replace(参数1,参数2):将文本对象中与参数1相同的字符串替换为参数2中的字符串;使用方法"[[文本对象.replace(参数1,参数2)]]"。

补充说明

- 本案例中使用了"FontAwesome 4.4.0"图标字体元

件库，需要安装字体文件支持，并进行Web字体设置（参考案例1的补充说明）。

案例展示

扫一扫二维码，查看案例展示。

案例54　字符串函数：音乐播放计时

案例来源

网易云音乐APP-播放界面

案例效果

见图10-153。

图10-153

案例描述

在案例35的基础上，当单击播放按钮时，进度条显示已播放时间，同时圆形滑块向右移动。

元件准备

- 页面中：见图10-154。

图10-154

- 动态面板"LoopPanel"中：见图10-155。

图10-155

包含命名

- 动态面板（用于循环动作效果）：LoopPanel
- 矩形（用于滑块）：Slider
- 矩形（用于进度条）：ProgressBar
- 矩形（用于进度条灰色背景）：BackgroundShape
- 文本标签（用于显示播放时间）：PlayTime
- 图片（用于播放按钮）：PlayButton

思路分析

①播放时间每秒钟自增1秒，需要通过循环实现；那么，单击播放按钮开始播放时就需要开启循环（见操作步骤01）。

②播放状态时，需要记录已播放时长；在每一次循环过程中，如果播放状态为开启，并且播放时长未达到总时长时，我们都需要让已播放时长自增一秒钟（见操作步骤02）。

③播放状态时，把播放时长显示在界面上（见操作步骤03）。

④播放状态时，进度滑块需要向右相应的移动（见操作步骤04）。

⑤播放状态时，播放进度条也相应变长（见操作步骤05）。

⑥循环过程中，如果发现播放状态为关闭或播放结束，我们都需要停止循环（见操作步骤06）。

⑦播放结束时，要让播放按钮变为关闭状态（见操作步骤07）。

⑧播放结束时，还要将进度滑块移动回初始位置（见操作步骤08）。

⑨播放结束时，进度条变为最小尺寸（见操作步骤09）。

⑩播放结束时，播放时长的记录恢复为0（见操作步骤10）。

操作步骤

01 在播放按钮【选中时】事件的"case1"中，添加新的动作【设置面板状态】于动态面板"LoopPanel"，{选择状态}为【Next】，勾选【向后循环】的选项，勾选并设置【循环间隔】"1000"毫秒，勾选【首个状态延时1000毫秒后切换】。

- 事件交互设置：见图10-156。

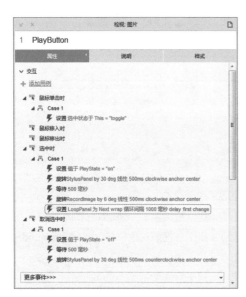

图10-156

- case动作设置：见图10-157。

02 创建全局变量"PlayTime"，设置默认值为"0"；然后，为动态面板"LoopPanel"的【状态改变时】事件添加"case1"，添加条件判断【变量值】"PlayState"【==】"on"，并且【变量值】"PlayTime"【<】【值】"204"；设置满足条件的动作为【设置变量值】"PlayTime"为【值】"[[PlayTime+1]]"；判断条件中的"204"为音乐播放总时长的秒数。

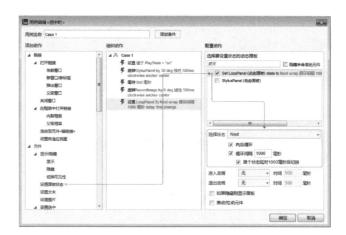

图10-157

- 全局变量设置：见图10-158。

图10-158

- 条件判断设置：见图10-159。

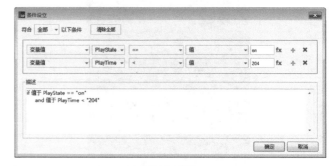

图10-159

- case动作设置：见图10-160。

03 继续上一步，添加动作【设置文本】于元件"PlayTime"为【值】"[['0'.concat（Math.floor（PlayTime/60））.slice（-2）]]：[['0'.concat（PlayTime%60）.slice（-2）]]"；因为，通过播放时长进行计算获取的分钟和秒数有可能只有1位，所以，需要先把获取结果前面补0后，再截取末尾两位，具体公式演变说明见图10-154。

图 10-160

- case动作设置：见图10-161。

图 10-161

- 公式设置说明：见图10-162。

图 10-162

04 继续上一步，添加动作【移动】元件"Slider"【到达】{x}"[[PlayTime/204*258+b.x]]"{y}"Target.y"的位置上；

公式中"258"为进度条总长度减掉滑块"Slider"的宽度，即播放开始到完全播放结束时，滑块"Slider"横向移动的最大范围；用播放时长除以音乐总时长获取播放比例后乘以滑块移动的最大范围，就是滑块从播放开始后所移动的距离；用这个距离再加上起始位置的x轴坐标值（b.x），就是滑块"Slider"要移动到的x轴位置坐标；另外，因为滑块"Slider"只是横向移动，y轴坐标没有改变，所以，y轴就是被移动元件自己的y轴坐标；公式中的"b"为局部变量，其内容为元件"Background-Shape"的对象实例。

- case动作设置：见图10-163。

图 10-163

- 局部变量设置：见图10-164。

图 10-164

05 继续上一步，添加动作【设置尺寸】于元件"Progress-Bar"；{宽度}为"[[PlayTime/204×270]]"，{高度}为"1"；{锚点}为默认的【左上角】；公式中通过播放时长除以音乐总时长获取到播放比例后乘以进度条的总宽度"270"，即为进度条当前的宽度。

- case动作设置：见图10-165。

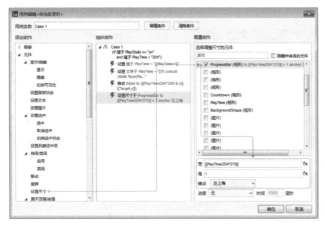

图 10-165

06 继续为动态面板"LoopPanel"的【状态改变时】事件添加"case2",设置不满足"case1"所设立的条件时,要执行的动作为【设置面板状态】于动态面板"LoopPanel";{选择状态}为【停止循环】。

- case动作设置:见图10-166。

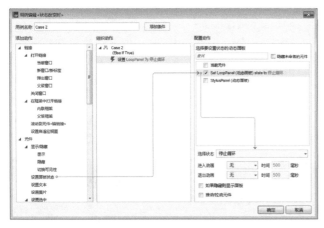

图 10-166

07 继续上一步,添加动作【取消选中】元件"PlayButton"。
- case动作设置:见图10-167。

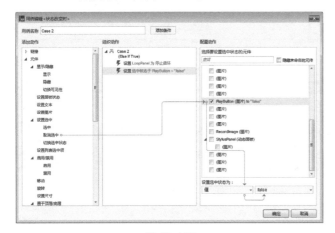

图 10-167

08 继续上一步,添加动作【移动】元件"Slider"【到达】{x}"[[b.x]]"{y}"[[Target.y]]"的位置;公式中的"b"为局部变量,其内容为元件"BackgroundShape"的对象实例(case动作设置与局部变量设置参考操作步骤04)。

09 继续上一步,添加动作【设置尺寸】于元件【ProgressBar】;{宽度}为"1",{高度}为"1";{锚点}为默认的【左上角】(case动作设置参考操作步骤05)。

10 继续上一步,添加动作【设置变量值】于全局变量"PlayTime"为【值】"0"(case动作设置参考操作步骤02)。

- 事件交互设置:见图10-168。

图 10-168

函数说明

- slice(参数1,参数2):获取文本对象中从起始位置到终止位置的字符串,位置从0开始计算;参数1为起始位置,参数2为终止位置,参数2可省略,省略时获取到文本对象末尾;参数可以为负数,参数为负数时,位置是指从末尾向前计算,最后一位为−1,倒数第2位为−1,以此类推。

- concat(参数):将文本对象与参数中的字符串进行连接,组成新的文本;使用方法"[[文本对象.concat(参数)]]"。

- Math.floor(参数):获取参数向下取整的整数值,参数为小数。

案例展示

扫一扫二维码,查看案例展示。

案例55 日期函数：获取系统时间

案例来源

知乎－回答问题

案例效果

- 回答问题前：见图10-169。

图10-169

- 回答问题后：见图10-170。

图10-170

案例描述

单击发布回答按钮时，如果输入了回答内容，将回答内容与发布时间显示在页面上。

元件准备

- 页面中：见图10-171。

图10-171

- 动态面板"AnswerPanel"的状态：见图10-172。

图10-172

- 状态"BeforeRelease"中：见图10-173。

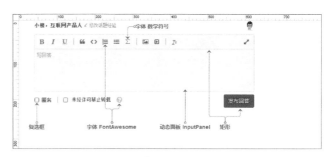

图10-173

- 动态面板"InputPanel"中：见图10-174。
- 状态"AfterRelease"中：见图10-175。

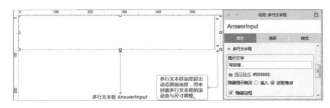

图10-174

图10-175

包含命名

- 动态面板（用于回答发布前后状态的切换）：AnswerPanel
- 动态面板（用于屏蔽多行文本框的滚动条与缩放）：InputPanel
- 多行文本框（用于输入回答内容）：AnswerInput
- 动态面板状态（用于放置回答发布前的页面呈现内容）：BeforeRelease
- 动态面板状态（用于放置回答发布后的页面呈现内容）：AfterRelease
- 文本标签（用于显示回答发布后的回答内容）：AnswerContent
- 文本标签（用于显示回答发布后的发布时间）：ReleaseTime

思路分析

单击发布回答按钮时，先判断文本框是否输入了回答内容（操作步骤01）；如果输入了内容，则执行下列动作。

①将文本框中输入的内容，添加到发布后的回答内容中；并且，回答内容后面跟随修改图标及文字。

②将单击发布回答按钮时，系统时间中的小时、分钟数值，添加到发布后的发布时间中。

③显示回答发布后的内容。

操作步骤

01 为"发布回答"按钮的【鼠标单击时】事件添加"case1"，设置条件判断【元件文字】"AnswerInput"【!=】【值】""（空值）；添加满足条件时的动作【设置文本】于元件"AnswerContent"为【富文本】；单击【编辑文本】按钮，在打开的界面中输入"[[a]] 🖊 修改"；在右侧的样式设置中，设置修改图标及文字为灰色；公式中的"a"为局部变量，其内容为元件"BackgroundShape"的【元件文字】。

- 条件判断设置：见图10-176。

图10-176

- case动作设置：见图10-177。

图10-177

- 局部变量设置：见图10-178。

02 继续上一步，添加动作【设置文本】于元件"ReleaseTime"为【值】"发布于 [['0'.concat(Hours).slice (-2)]]: [['0'.concat（Minutes）.slice（-2）]]"；公式中"Hours"与"Minutes"能够分别获取系统时间中的小时与分钟数值，这两个数值需要保持双位显示，所以结合其他函数，在对数值补"0"后截取后两位（参考案例54操作步骤03）；另外，公式中的"Hours"与"Minutes"也可以用函数"Now.getHours()"与"Now.getMinutes()"代替。

图 10-178

- case动作设置：见图10-179。

图 10-179

- 编辑文本设置：见图10-180。

图 10-180

03 继续上一步，添加动作【设置面板状态】于动态面板

"AnswerPanel"，{选择状态}为"AfterRelease"。

- case动作设置：见图10-181。

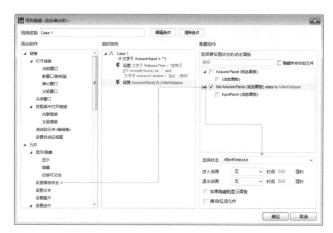

图 10-181

- 事件交互设置：见图10-182。

图 10-182

函数说明

- Hours：获取系统日期时间中小时部分的数值，此函数未出现在软件函数列表中，但不影响使用。

- Minutes：获取系统日期时间中分钟部分的数值，此函数未出现在软件函数列表中，但不影响使用。

- Now：当前系统日期时间对象的实例。

- getHours()：获取日期时间对象中小时部分的数值，使用方法"[[日期时间对象.getHours()]]"。

- getMinutes()：获取日期时间对象中分钟部分的数值，使用方法"[[日期时间对象.getMinutes()]]"。

补充说明

- 本案例中使用了软件函数列表中未出现的函数"Hours"与"Minutes"，与此类似的函数还有"Year""Month""Day"以及"Seconds"，分别能够获取当前系统日期时间中的"年""月""日"以及"秒"的数值。

- 本案例中使用了"FontAwesome 4.4.0"图标字体元件库，需要安装字体文件支持，并进行Web字体设置（参考案例1的补充说明）。

案例展示

扫一扫二维码，查看案例展示。

案例56　中继器函数：首个商品推荐

案例来源

蘑菇街–商品列表

案例效果

见图10-183。

图10-183

案例描述

商品列表中，第一个列表项中是一张与列表项尺寸一致的图片，除此之外无其他内容；另外，在列表中还包含热卖商品，热卖商品在商品名称前显示热卖图标；列表项中的商品名称长度为15个字符（1个汉字或字母、符号均以1个字符计算），超过15个字符时，仅保留前面14个字符，剩余部分以"…"代替；热卖商品同样有商品名称长度限制，热卖商品名称长度为10个字符，超过10个字符时，仅保留前面9个字符，剩余部分以"…"代替。

元件准备

- 页面中：见图10-184。

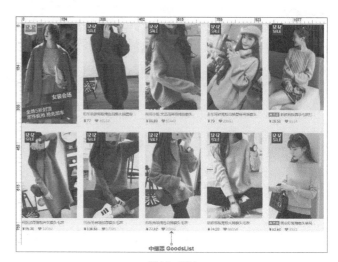

图10-184

- 中继器"GoodsList"中：见图10-185。

图10-185

- 中继器"GoodsList"的数据集中：见图10-186。

图10-186

包含命名

- 中继器（用于实现商品列表）：GoodsList
- 图片（用于显示促销图标）：PromotionIcon
- 图片（用于显示商品图片）：GoodsImage
- 图片（用于显示促销图标）：HotImage
- 文本标签（用于显示商品名称）：GoodsName
- 文本标签（用于显示商品价格与收藏数量）：Price-AndCollections

思路分析

因为商品列表中不是所有的项都显示相同的内容，所以需要根据列表项不同的需求，进行不同的交互设置。

①先完成中继器的基础交互，将数据集中的数据与编辑区中的模板元件进行关联（见操作步骤01 ～ 03）。

②如果列表项是热销商品，需要显示热销图标，并且商品名称向右移动到指定位置（见操作步骤04 ～ 06）。

③如果列表项是第一项，需要将商品图片调整为整个列表项的尺寸，同时，隐藏其他所有的元件（见操作步骤07 ～ 09）。

④如果是热销商品，并且商品名称字符超过10个时，设置显示前9位字符，其余部分用"…"代替（见操作步骤10 ～ 11）。

⑤如果不是热销商品，并且商品名称字符超过15个时，设置显示前14位字符，其余部分用"…"代替（见操作步骤12）。

操作步骤

01 在中继器"GoodsList"的【每项加载时】事件中添加"case1"，添加动作【设置文本】到元件"GoodsName"为【值】"[[Item.GoodsName]]"。

- case动作设置：见图10-187。

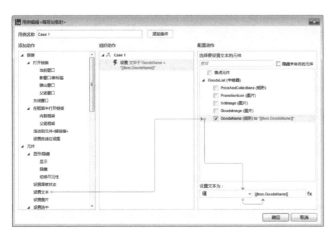

图10-187

02 继续上一步，勾选元件"PriceAndCollections"，设置其元件文字为【富文本】；单击【编辑文本】按钮，在打开的界面中写入"[[Item.GoodsPrice]] ♥[[Item. Collections]]"；然后，通过右侧的样式设置，将价格和收藏图标与数量的样式分别设置为粉色与灰色。

- case动作设置：见图10-188。

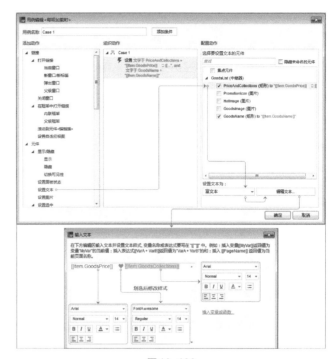

图10-188

03 继续上一步，添加动作【设置图片】"GoodsImage"为【值】"[[Item.GoodsImage]]"。

- case动作设置：见图10-189。

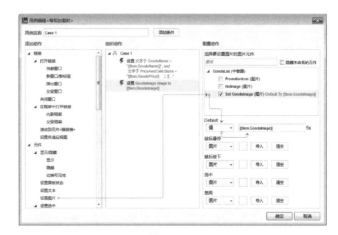

图10-189

04 继续为中继器"GoodsList"的【每项加载时】事件添加"case2"，添加条件判断【值】"[[Item.IsHot]]"【==】【值】

"True";设置满足条件时的动作为【显示】元件"HotImage"。

- 条件判断设置：见图10-190。

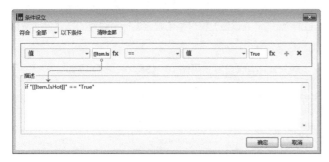

图10-190

- case动作设置：见图10-191。

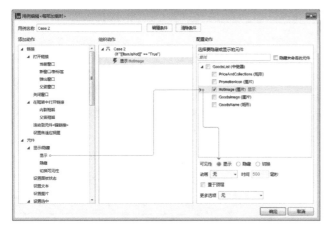

图10-191

05 继续上一步，添加动作【移动】元件"GoodsName"【到达】{x}"48"{y}"343"；这个输入的位置x轴坐标即热销图标右侧距离5像素的位置，y轴坐标保持元件当前y轴坐标不变。

- case动作设置：见图10-192。

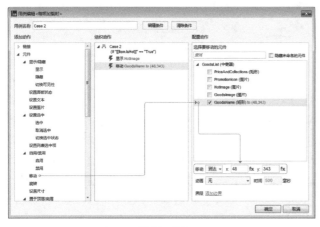

图10-192

06 完成上一步操作后，在"case2"名称上单击<鼠标右键>，选择【切换为<If>或<Else If>】，将条件类型切换为"If"开头。

- 事件交互设置：见图10-193。

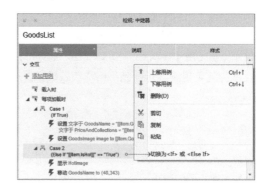

图10-193

07 继续为中继器"GoodsList"的【每项加载时】事件添加"case3"，添加条件判断【值】"[[Item.isFirst]]"【==】【值】"True"；设置满足条件的动作为【隐藏】元件"GoodsName""HotImage""PromotionIcon" 和"PriceAndCollections"。

- 条件判断设置：见图10-194。

图10-194

- case动作设置：见图10-195。

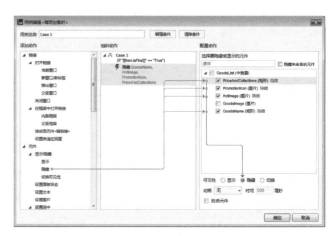

图10-195

08 继续上一步，添加动作【设置尺寸】于元件"GoodsImage"为{宽}"220"{高}"385"；{锚点}设置为默认的【左上角】不变。

- case动作设置：见图10-196。

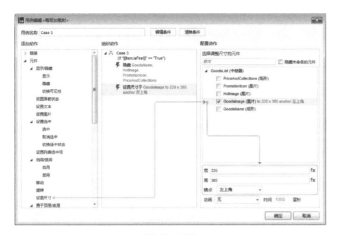

图10-196

09 完成上一步操作后，在"case3"名称上单击<鼠标右键>，选择【切换为<If>或<Else If>】，将条件类型切换为"If"开头（右键菜单选择参考操作步骤06）。

10 继续为中继器"GoodsList"的【每项加载时】事件添加"case4"，添加条件判断【值】"[[Item.IsHot]]"【==】【值】"True"并且【值】"[[Item.GoodsName.length]]"【>】【值】"10"；设置满足条件的动作为【设置文本】于元件"GoodsName"为【值】"[[Item.GoodsName.substr(0,9)]]…"；公式的作用为截取"Item.GoodsName"的前9位字符并与"…"连接到一起。

- 条件判断设置：见图10-197。

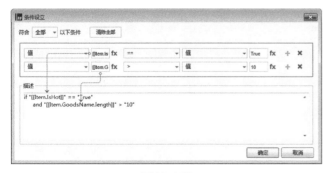

图10-197

- case动作设置：见图10-198。

11 完成上一步操作后，在"case4"名称上单击<鼠标右键>，选择【切换为<If>或<Else If>】，将条件类型切换为"If"开头（右键菜单选择参考操作步骤06）。

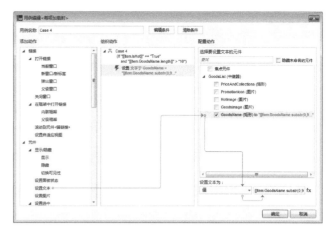

图10-198

12 继续为中继器"GoodsList"的【每项加载时】事件添加"case5"，添加条件判断【值】"[[Item.GoodsName.length]]"【>】【值】"15"；设置满足条件的动作为【设置文本】于元件"GoodsName"为【值】"[[Item.GoodsName.substr (0,14)]]…"；公式的作用为截取"Item.GoodsName"的前14位字符并与"…"连接到一起（case动作设置参考操作步骤10）。

- 条件判断设置：见图10-199。

图10-199

- 事件交互设置：见图10-200。

图10-200

函数说明

- Item：当前列表项所对应的中继器数据集中一个数据行对象的实例。

- IsFirst：获取当前数据行是否为第一行的布尔值，如果当前行为第一行，获取到的值为"True"，否则，获取到的值为"False"。

- length：获取文本对象的长度（字符个数），使用方法"[[文本对象.length]]"。

- substr（参数1，参数2）：获取从起始位置开始指定长度（个数）的字符；参数1为起始位置，参数2为获取的长度（个数），位置从0开始计算；使用方法"文本对象.substr（参数1，参数2）"。

补充说明

- 本案例中使用了"FontAwesome 4.4.0"图标字体元件库，需要安装字体文件支持，并进行Web字体设置（参考案例1的补充说明）。

案例展示

扫一扫二维码，查看案例展示。

案例57 中继器函数：选择对比商品（4）

案例来源

京东－商品列表页

案例效果

见案例20与案例22。

案例描述

在案例22的基础上，增加对比商品数量的限制，最多为4个商品；另外，对比商品不足两个时，对比按钮为禁用状态；否则，为启用状态。

元件准备

见案例20与案例21。

包含命名

见案例20。

思路分析

①限制对比商品的添加数量，需要在添加前进行对已添加数量的判断（见操作步骤01）。

②当对比商品数量大于1时，启用对比按钮（见操作步骤02）。

③当对比商品数量小于等于1时，禁用对比按钮（见操作步骤03）。

操作步骤

01 为"对比"按钮【鼠标单击时】事件中的"case2"增加一个条件判断【值】"[[c.dataCount]]"【<】【值】"4"；公式中的"c"为局部变量，其内容为中继器"ContrastList"的元件对象实例。

- 条件判断设置：见图10-201。

图10-201

- 局部变量设置：见图10-202。

图10-202

- 事件交互设置：见图10-203。

图10-203

02 添加对比商品时,"对比"按钮的复选框元件"CheckImage"至少有一个被选中,所以,在复选框元件"CheckImage"的【选中时】事件中添加"case1",设置判断【值】"[[c.dataCount]]"【>】【值】"1";公式中的"c"为局部变量,其内容为中继器"ContrastList"的元件对象实例;设置满足条件时的动作为【启用】元件"ContrastButton"。

● 条件判断设置:见图10-204。

图10-204

● case动作设置:见图10-205。

图10-205

03 删除或取消对比商品时,"对比"按钮的复选框元件"CheckImage"至少有一个被取消选中,所以,在复选框元件"CheckImage"的【取消选中时】事件中添加"case1",设置判断【值】"[[c.dataCount]]"【<=】【值】"2";公式中的"c"为局部变量,其内容为中继器"ContrastList"的元件对象实例;设置满足条件时的动作为【禁用】元件"ContrastButton"(局部变量设置参考操作步骤01,条件判断与case动作设置参考操作步骤02)。

● 事件交互设置:见图10-206。

图10-206

函数说明

● dataCount:获取中继器数据集中数据行的总数量,使用方法"[[中继器对象.dataCount]]"。

案例展示

扫一扫二维码,查看案例展示。

案例58 **中继器函数:游戏列表翻页(1)**

案例来源

百度-百度应用

案例效果

● 首页:见图10-207。

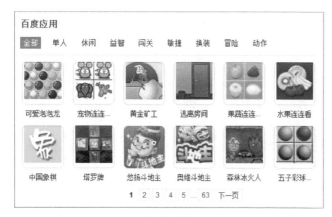

图 10-207

- 中间页：见图10-208。

图 10-208

- 尾页：见图10-209。

图 10-209

案例描述

单击页码或者翻页按钮时，实现列表翻页效果。因为应用数量较多，在本案例中，每页内容均以一张图片代替。另外，本案例中仅实现单击页码进行翻页的交互。

元件准备

- 页面中：见图10-210。

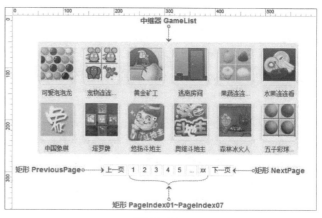

图 10-210

- 中继器"GameList"中：见图10-211。

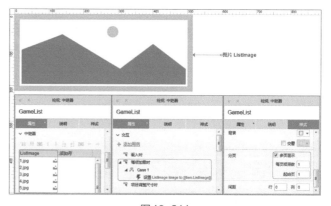

图 10-211

包含命名

- 中继器（用于游戏列表）：GameList
- 图片（用于游戏列表内容）：ListImage
- 矩形（用于上一页按钮）：PreviousPage
- 矩形（用于下一页按钮）：NextPage
- 矩形（用于页码按钮）：PageIndex01 ～ PageIndex07

思路分析

①完成中继器的基础交互，将数据集中的数据与编辑区中的模板元件进行关联，形成游戏列表并进行分页（见操作步骤01）。

②单击上一页按钮时，游戏列表向前翻页（见操作步骤02）。

③单击下一页按钮时，游戏列表向后翻页（见操作步骤03）。

④最后一个页码按钮默认显示最大页码（见操作步骤04）。

⑤单击任何一个页码按钮时，显示对应的列表页面（见操作步骤05）。

⑥单击最后一个页码时，显示最后一页（见操作步骤06）。

操作步骤

01 根据本案例元件准备内容，为中继器"GameList"的数据集导入图片，并通过在交互中的【每项加载时】事件中添加"case1"，【设置图片】于元件"ListImage"为【值】"[[Item. ListImage]]"，完成与模板中元件的关联（中继器基础操作可参考案例16）。

- case动作设置：见图10-212。

图10-212

02 为"上一页"按钮"PreviousPage"的【鼠标单击时】事件添加"case1"，设置动作为【设置当前显示页面】于中继器"GameList"；{选择页面为}【Previous】。

- case动作设置：见图10-213。

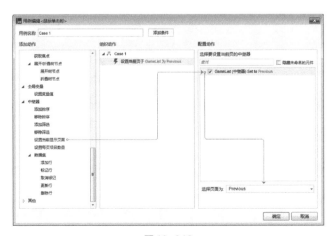

图10-213

03 为"下一页"按钮"NextPage"的【鼠标单击时】事件添加"case1"，设置动作为【设置当前显示页面】于中继器"GameList"；{选择页面为}【Next】。

- case动作设置：见图10-214。

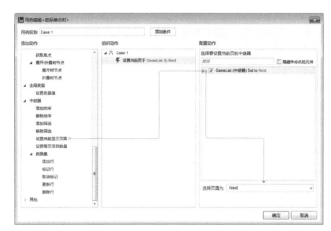

图10-214

04 为最后一个页码按钮"PageIndex07"的【载入时】事件添加"case1"，设置动作为【设置文本】于"当前元件"（This）为【值】"[[g.pageCount]]"；公式中的"g"为局部变量，其内容为中继器"GameList"的元件对象实例。

- case动作设置：见图10-215。

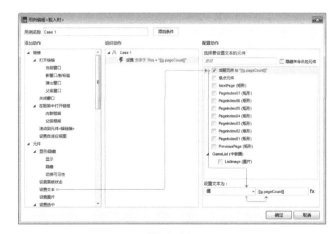

图10-215

- 局部变量设置：见图10-216。

图10-216

05 为每一个页码按钮"PageIndex01～PageIndex07"的【鼠标单击时】事件添加"case1",设置动作【设置当前显示页面】于中继器"GameList";{选择页面为}【Value】(值)"[[This.text]]";

- case动作设置:见图10-217。

图10-217

06 在操作步骤05中,页码按钮元件"PageIndex07"的页码为最后一页;在设置动作时,也可以【设置当前显示页面】于中继器"GameList"{选择页面为}【Last】。

- case动作设置:见图10-218。

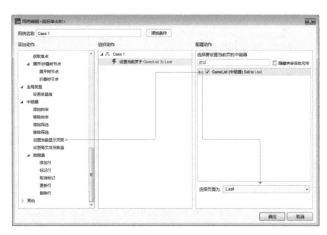

图10-218

函数说明

- Item:当前列表项所对应的中继器数据集中一个数据行对象的实例。
- pageCount:获取中继器项目列表页面的总数量,使用方法"[[中继器对象.pageCount]]"。
- This:表示当前元件对象,指事件交互所在的元件。

- text:获取元件对象上当前的文字,使用方法"[[元件对象.text]]"。

案例展示

扫一扫二维码,查看案例展示。

案例59 **中继器函数:游戏列表翻页(2)**

案例来源

百度-百度应用

案例效果

见案例58。

案例描述

在案例58的基础上,增加页码切换时上一页与下一页按钮的显示与隐藏效果;增加页码按钮无边框的效果;增加翻页时页码按钮的页码文字改变效果;增加页码切换时对应的页码按钮被选中的效果。

元件准备

- 新增元件:见图10-219。

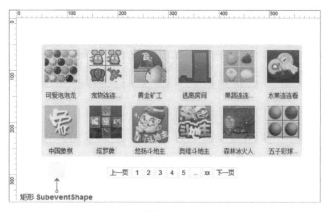

图10-219

包含命名

- 矩形(用于执行子事件内容):SubeventShape

思路分析

①当列表显示内容为第1页，隐藏上一页按钮，显示下一页按钮（见操作步骤01）。

②当列表显示内容为最后页，隐藏下一页按钮，显示上一页按钮（见操作步骤02）。

③如果不是以上两种情况，显示上一页与下一页按钮（见操作步骤03）。

④当列表显示内容为前4页时，第6个页码按钮没有边框（见操作步骤04）。

⑤当列表显示内容为后4页时，第2个页码按钮没有边框（见操作步骤05）。

⑥如果不是以上两种情况，第2个与第6个页码按钮都没有边框（见操作步骤06）。

⑦当列表显示内容为前4页时，前2～5个页码按钮上的文字为"2～5"，第6个页码按钮文字为"…"（见操作步骤07）。

⑧当列表显示内容为最后4页时，第2个页码按钮文字为"…"，第3～6个页码按钮上的文字为依次为倒数第5～2页的页码数（见操作步骤08）。

⑨如果不是以上两种情况，第2个页码按钮文字为"…"，第3个页码按钮文字为当前页的前一页页码，第4个页码按钮文字为当前页的页码，第5个页码按钮的文字为当前页下一页的页码，第6个页码按钮文字为"…"；第1个与最后一个页码按钮文字保持不变，所以不做设置（见操作步骤09）。

⑩当列表显示内容为第4页至倒数第4页之间时，第4个页码按钮为选中状态（见操作步骤10）。

⑪除以上情况之外，列表显示内容为第1页时选中第1个页码按钮，列表显示内容为第2页时选中第2个页码按钮，列表显示内容为第3页时选中第3个页码按钮；列表显示内容为倒数第3页时选中第5个页码按钮；列表显示内容为倒数第2页时选中第6个页码按钮，列表显示内容为最后一页时选中第7个页码按钮（见操作步骤11～12）。

⑫为所有的翻页按钮单击时，都进行以上判断，并执行相应的动作（见操作步骤13）。

操作步骤

01 为元件"SubeventShape"的【鼠标单击时】事件添加"case1"，添加条件判断【值】"[[g.pageIndex]]"【==】【值】"1"；公式中的"g"为局部变量，其内容为中继器"GameList"的元件对象实例；设置满足条件时的动作为【隐藏】元件"PreviousPage"；【显示】元件"NextPage"。

- 条件判断设置：见图10-220。

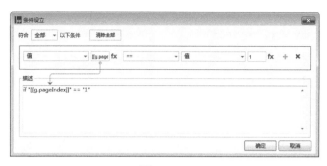

图 10-220

- 局部变量设置：见图10-221。

图 10-221

- case动作设置：见图10-222。

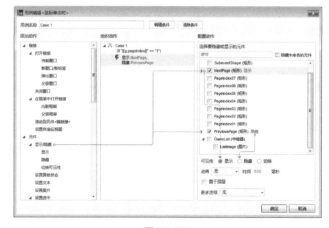

图 10-222

02 继续为元件"SubeventShape"的【鼠标单击时】事件添加"case2"，添加条件判断【值】"[[g.pageIndex]]"【==】【值】"[[g.pageCount]]"；公式中的"g"为局部变量，其内容为中继器"GameList"的元件对象实例；设置满足条件时的动作为【显示】元件"PreviousPage"；【隐藏】元件"NextPage"（局部变量与case动作设置参考操作步骤01）。

- 条件判断设置：见图10-223。

图10-223

03 继续为元件"SubeventShape"的【鼠标单击时】事件添加"case3"，设置不满足操作步骤01与操作步骤02条件时的动作为【显示】元件"PreviousPage"与"NextPage"（case动作设置参考操作步骤01）。

- 事件交互设置：见图10-224。

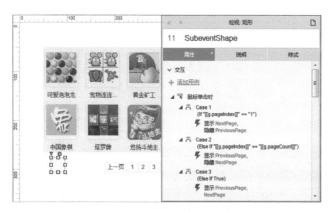

图10-224

04 在元件属性中为第2个与第6个页码按钮设置【禁用】时的交互样式为黑色字体并且无边框（设置{线宽}为【无】）；然后，为元件"SubeventShape"的【鼠标双击时】事件添加"case1"，添加条件判断【值】"[[g.pageIndex]]"【<】【值】"5"；公式中的"g"为局部变量，其内容为中继器"GameList"的元件对象实例；设置满足条件时的动作为【禁用】元件"PageIndex06"；【启用】元件"PageIndex02"（条件判断与局部变量设置参考操作步骤01）。

- case动作设置：见图10-225。

05 为元件"SubeventShape"的【鼠标双击时】事件添加"case2"，添加条件判断【值】"[[g.pageIndex]]"【>】【值】"[[g.pageCount-4]]"；公式中的"g"为局部变量，其内容为中继器"GameList"的元件对象实例；设置满足条件时的动作为【禁用】元件"PageIndex02"；【启用】元件""（条件判断

设置见操作步骤02，局部变量设置见操作步骤01，case动作设置见操作步骤04）。

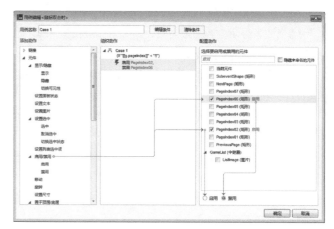

图10-225

06 继续为元件"SubeventShape"的【鼠标双击时】事件添加"case3"，设置不满足操作步骤04与操作步骤05条件时的动作为【禁用】元件"PageIndex02"与"PageIndex06"（case动作设置见操作步骤04）。

- 事件交互设置：见图10-226。

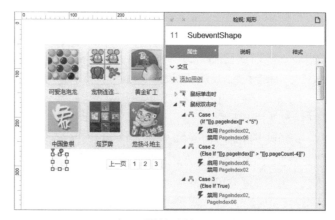

图10-226

07 为元件"SubeventShape"【鼠标双击时】事件的"case1"添加动作，【设置文本】于元件"PageIndex02～PageIndex06"为【值】"2""3""4""5"和"…"；

- case动作设置：见图10-227。

08 继续为元件"SubeventShape"【鼠标双击时】事件的"case2"添加动作，【设置文本】于元件"PageIndex02～PageIndex06"为【值】"…""[[g.pageCount-4]]""[[g.pageCount-3]]""[[g.pageCount-2]]"和"[[g.pageCount-1]]"；公式中的"g"为局部变量，其内容为中继器"GameList"的元件对象实例（局部变量设置见操作步骤01）。

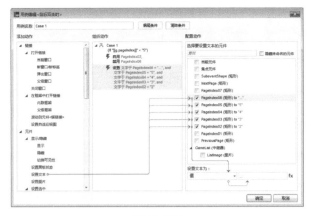

图 10-227

- case动作设置：见图10-228。

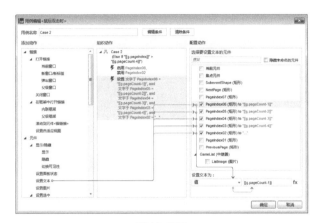

图 10-228

09 继续为元件"SubeventShape"【鼠标双击时】事件的"case3"添加动作，【设置文本】于元件"PageIndex02 ～ PageIndex06"为【值】"…""[[g.pageIndex-1]]""[[g.pageIndex]]""[[g.pageIndex+1]]"和"…"；公式中的"g"为局部变量，其内容为中继器"GameList"的元件对象实例（局部变量设置参考操作步骤01）。

- case动作设置：见图10-229。

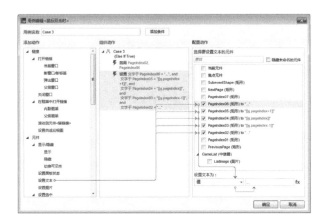

图 10-229

- 事件交互设置：见图10-230。

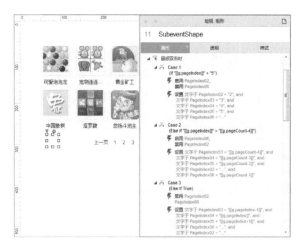

图 10-230

10 为元件"SubeventShape"的【鼠标右击时】事件添加"case1"，设置条件判断【值】"[[g.pageIndex]]"【>=】【值】"4"并且【值】"[[g.pageIndex]]"【<=】【值】"[[g.pageCount-3]]"，添加满足条件时的动作为【选中】元件"PageIndex04"；公式中的"g"为局部变量，其内容为中继器"GameList"的元件对象实例（局部变量设置参考操作步骤01）。

- 条件判断设置：见图10-231。

图 10-231

- case动作设置：见图10-232。

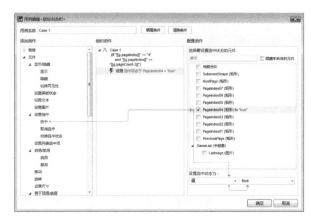

图 10-232

11 继续为元件"SubeventShape"的【鼠标右击时】事件添加"case2～case4"，分别判断【值】"[[g.pageIndex]]"【==】【值】"1""2"和"3"时，添加满足条件时的动作为【选中】元件"PageIndex01""PageIndex02"和"PageIndex03"；公式中的"g"为局部变量，其内容为中继器"GameList"的元件对象实例。（条件判断设置、局部变量设置见操作步骤01，case动作设置见操作步骤10）

- 事件交互设置：见图10-233。

图10-233

12 继续为元件"SubeventShape"的【鼠标右击时】事件添加"case5～case7"，分别判断【值】"[[g.pageIndex]]"【==】【值】"[[g.pageCount-2]]""[[g.pageCount-1]]"和"[[g.pageCount]]"时，添加满足条件时的动作为【选中】元件"PageIndex05""PageIndex06"和"PageIndex07"；公式中的"g"为局部变量，其内容为中继器"GameList"的元件对象实例。（条件判断设置见操作步骤02，局部变量设置参考操作步骤01，case动作设置见操作步骤10）

- 事件交互设置：见图10-234。

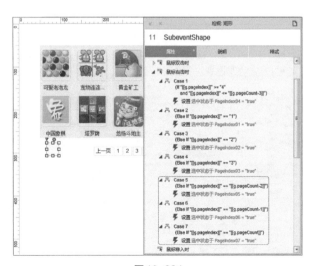

图10-234

13 为每一个翻页按钮【鼠标单击时】事件的"case1"都添加一个动作，调用【触发事件】为元件"SubeventShape"的【鼠标单击时】、【鼠标双击时】和【鼠标右击时】。

- case动作设置：见图10-235。

图10-235

函数说明

- pageIndex：获取中继器项目列表当前显示页面的页码，使用方法"[[中继器对象.pageIndex]]"。
- pageCount：获取中继器项目列表页面的总数量，使用方法"[[中继器对象.pageCount]]"。

补充说明

- 本案例中使用了动作【触发事件】，该动作功能为在当前元件的case中调用执行其他元件的事件case，即子事件。被调用元件"SubeventShape"为默认隐藏，所以设置的事件case仅会在被其他元件的【触发事件】动作中调用时触发。
- 本案例中的子事件选用的触发事件并非必须这几个，只是选择相对便利，所以在这里采用。

案例展示

扫一扫二维码，查看案例展示。

案例60　中继器函数：列表筛选结果

案例来源

凤凰网–读书–图书库

案例效果

- 页面打开时：见图10-236。

图10-236

- 添加付费筛选时：见图10-237。

图10-237

- 添加全本筛选时：见图10-238。

图10-238

案例描述

单击不同的筛选条件时，进行相应的筛选，筛选条件可以叠加，并显示在筛选条件标签中；单击全部按钮取消相应的筛选；单击筛选标签时仅保留第一个标签并删除所有筛选；在书籍列表内容变化的同时显示筛选后的图书数量以及页码。

元件准备

- 页面中：见图10-239。

图10-239

- 中继器"BookList"中：见图10-240。

图10-240

- 中继器"FilterList"中：见图10-241。

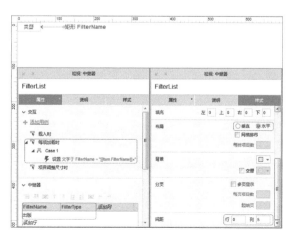

图10-241

包含命名

- 矩形（用于取消价格筛选按钮）：AllPrice
- 矩形（用于取消状态筛选按钮）：AllState
- 矩形（用于筛选条件标签）：FilterName
- 文本标签（用于显示书籍数量）：BookNumber
- 文本标签（用于显示书籍列表页面数量）：Page Number
- 文本标签（用于显示书籍名称）：BookName
- 文本标签（用于显示作者姓名）：Author
- 文本标签（用于显示出版社名称）：PublishingCompany
- 图片（用于显示书籍封面图片）：BookImage
- 中继器（用于书籍列表）：BookList
- 中继器（用于筛选标签列表）：FilterList

思路分析

①先完成书籍列表和筛选标签列表的交互（见操作步骤01）。

②书籍列表数据发生改变时，书籍数量与页面数量要相应改变（见操作步骤02）。

③筛选条件共有两组，每一组都要有唯一的选中效果（见操作步骤03）。

④单击任何一组的任何一个按钮时，都要移除同组的筛选条件（见操作步骤04）。

⑤单击任何一组的任何一个按钮时，都要删除同组的筛选标签（见操作步骤05）。

⑥单击添加筛选的按钮时，添加当前的筛选标签（见操作步骤06）。

⑦单击添加筛选的按钮时，添加当前的筛选条件（见操作步骤07）。

⑧单击筛选标签时，删除除第一个筛选标签之外的其他标签（见操作步骤08）。

⑨单击筛选标签时，移除全部的筛选条件（见操作步骤09）。

⑩单击筛选标签时，两个全部按钮变为选中状态（见操作步骤10）。

操作步骤

01 设置事件交互，将中继器"BookList"与"FilterList"数据集中需要显示在页面上的数据与编辑区中的元件进行关联。（中继器基本操作参考案例16）

- 事件交互设置：见图10-242。

02 为中继器"BookList"【每项加载时】事件的"case1"添加动作，设置动作为【设置文本】于元件"PageNumber"为【富文本】，【编辑文本】中输入"1/[[Item.Repeater.page-Count]]"，并将划选函数前面的"1"，将其设置为蓝色粗体；然后，勾选元件"BookNumber"，设置为【富文本】，【编辑文本】中输入"共找到 [[Item.Repeater.itemCount]] 部作品"，并划选函数部分，将内容设置为蓝色粗体。（本步骤中编辑文本设置相似，仅以后者为例。）

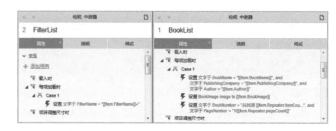

图10-242

- case动作设置：见图10-243。

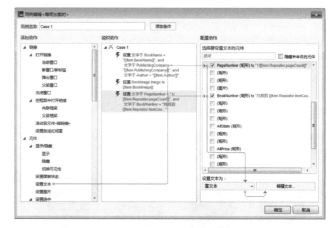

图10-243

- 编辑文本设置：见图10-244。

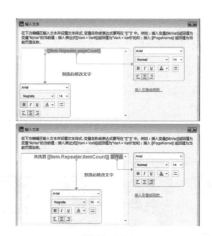

图10-244

03 在元件属性中，为每一组筛选按钮设置【选中】时的交互样式为蓝色填充和白色文字；并分别为每一组按钮设置选项组名称；价格筛选选项组名称为"Price"，状态筛选选项组名称为"State"；然后，为每一个按钮的【鼠标单击时】事件添加动作【选中】"当前元件"（This）。

- 元件属性设置：见图10-245。

图10-245

- case动作设置：见图10-246。

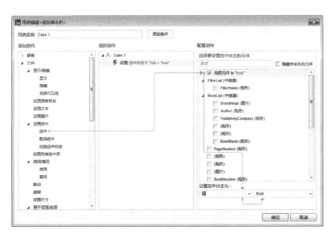

图10-246

04 继续上一步，为每一个筛选按钮添加动作【移除筛选】，选择中继器"BookList"，取消勾选【移除全部筛选】，{被移除的筛选名称}填写该组按钮共同的筛选名称；价格筛选的名称为"Price"，状态筛选的名称为"State"。（图10-247以状态筛选按钮为例）

- case动作设置：见图10-247。

05 继续上一步，为每一个筛选按钮添加动作【删除行】，选择中继器"FilterList"，设置{条件}为"[[Item.FilterType=='***']]"，"***"表示该组按钮共同的筛选类型列值；价格筛选的列值为"Price"，状态筛选的列值为"State"。（图10-248以价格筛选按钮为例）

- case动作设置：见图10-248。

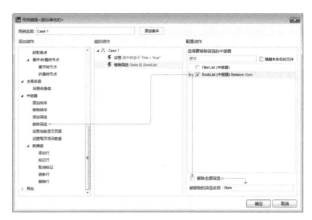

图10-247

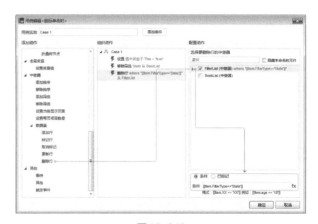

图10-248

06 继续为"免费""收费""全本""连载"这4个按钮添加动作，设置动作为【添加行】到中继器"FilterList"，单击【添加行按钮】，在弹出界面中设置列值{FilterName}为"[[This.text]]"，列值{FilterType}为该组按钮共同的筛选类型列值；价格筛选的列值为"Price"，状态筛选的列值为"State"。（图10-249以状态筛选按钮为例）

- case动作设置：见图10-249。

图10-249

07 继续为上一步中的4个按钮添加动作，其中"免费"与"收费"按钮设置动作为【添加筛选】到中继器"BookList"，取消勾选【移除其他筛选】，设置筛选{名称}为"Price"，{条件}为"[[Item.IsFree==This.text]]"；"全本"与"选载"按钮设置动作为【添加筛选】到中继器"BookList"，取消勾选【移除其他筛选】，设置筛选{名称}为"State"，{条件}为"[[Item.Is-All==This.text]]"。（图10-250以价格筛选按钮为例）

● case动作设置：见图10-250。

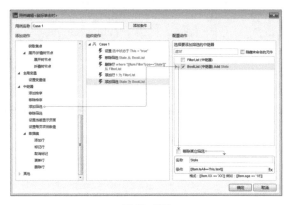

图10-250

08 为筛选标签"FilterName"的【鼠标单击时】事件添加"case1"，设置动作为【删除行】于中继器"FilterList"，设置{条件}为"[[TargetItem.index>1]]"。

● case动作设置：见图10-251。

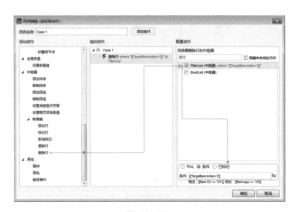

图10-251

09 继续上一步，添加动作【移除筛选】于中继器"Book-List"，勾选【移除全部筛选】。

● case动作设置：见图10-252。

10 继续上一步，添加动作【选中】全部按钮元件"AllPrice"和"AllState"。

● case动作设置：见图10-253。

图10-252

图10-253

函数说明

● Item：当前列表项所对应的中继器数据集中一个数据行对象的实例。

● TargetItem：目标中继器数据集中一个数据行对象的实例。

● itemCount：获取中继器项目列表中加载项的总数量，使用方法"[[中继器对象.itemCount]]"。

● pageCount：获取中继器项目列表页面的总数量，使用方法"[[中继器对象.pageCount]]"。

● index：获取中继器数据集中数据行的索引编号，使用方法"[[数据行对象.index]]"。

● This：表示当前元件对象，指事件交互所在的元件。

● text：获取元件对象上当前的文字，使用方法"[[元件对象.text]]"。

● Repeater：表示数据行所在的中继器对象的实例。

案例展示

扫一扫二维码，查看案例展示。

11

综合案例（Web）

从本章开始，进入综合案例的部分。

在综合案例中，我们不再对包含的case动作设置、条件设置以及变量设置等操作进行配图，也不再对包含的元件以及前面章节中使用过的函数进行说明，而是将侧重放在对实现思路的分析。所以，如果是初学者，建议先对案例1～60进行学习后，再进行综合案例的学习。

案例61 面板状态切换与移动

案例来源

网易游戏 - 首页

案例效果

● 初始状态与鼠标离开时：见图11-1。

图11-1

● 鼠标进入背景切换时：见图11-2。

图11-2

● 切换完成时：见图11-3。

图11-3

案例描述

在默认情况下所有专题区域为黑色半透明遮罩状态，文

字在相应专题区域的中心位置；当鼠标进入到某一专题介绍区域时，黑色半透明遮罩向下滑动消失，同时，红色半透明遮罩向上滑动出现；并且，文字移动到红色半透明遮罩的中心位置。当鼠标离开专题区域时，恢复初始状态，并呈现相反的动态效果。

本案例中，共有5个专题内容，此处仅以第1个专题为例，其他专题可在完成第1个专题后进行复制，修改背景图片、文字以及元件命名即可，交互内容均与第1个专题完全相同。

元件准备

● 页面中：见图11-4。

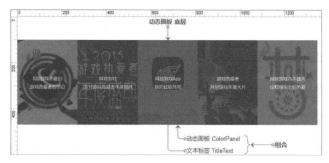

图11-4

● 底层动态面板中：见图11-5。

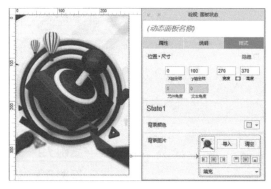

图11-5

● 动态面板"ColorPanel"的状态：见图11-6。

图11-6

● 动态面板状态"BlackState"中：见图11-7。

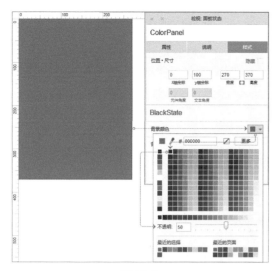

图 11-7

- 动态面板状态"RedState"中：见图 11-8。

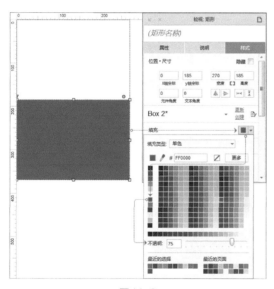

图 11-8

包含命名

- 动态面板（用于切换遮罩颜色）：ColorPanel
- 动态面板状态（用于设置黑色遮罩颜色）：BlackState
- 动态面板状态（用于设置红色遮罩颜色）：RedState
- 文本标签（用于专题文字标题）：TitleText

思路分析

①鼠标进入专题时，黑色的遮罩向下滑动消失，红色的遮罩向上滑动出现；滑动的效果，可以通过动态面板状态的切换时，添加动画来实现（见操作步骤 01）。

②鼠标进入专题时，专题文字要向下移动，移动后的位置，在专题整体下半部分的中心位置；这里我们将专题文字元件的高度设置为专题高度的一半，并设置文字水平与垂直方向均为居中对齐；鼠标进入专题时，将专题文字元件的顶部移动到专题高度 1/2 的位置；这一步中我们可以通过函数"This.top"获取组合的顶部坐标位置，并结合函数"This.height"获取到的专题高度来计算移动的位置；另外，专题文字只是垂直方向的移动，所以移动时 x 轴的位置一直为目标元件自己的 x 轴坐标，可以通过函数"Target.x"获取（见操作步骤 02）。

③鼠标离开专题时，黑色的遮罩向上滑动出现，红色的遮罩向下滑动消失的效果，同样通过动态面板状态的切换并添加动画来实现（见操作步骤 03）。

④鼠标离开专题时，专题文字要向上移动，移动后的位置，在专题整体的中心位置；这个位置，需要将专题文字元件的顶部移动到专题顶部向下 1/4 的位置；这一步中移动位置的计算与第 2 步中相似，此处不再赘述（见操作步骤 04）。

操作步骤

01 为组合的【鼠标移入时】事件添加"case1"，设置动作为【设置面板状态】于"ColorPanel"；{选择状态}为"RedState"，{进入动画}为【向上滑动】"500"毫秒，{退出动画}为【向下滑动】"500"毫秒。

02 继续上一步，添加动作【移动】元件"TitleText"【到达】{x}"[[Target.x]]"{y}"[[This.top+This.height/2]]"的位置上，设置{动画}为【线性】"500"毫秒。

03 为组合的【鼠标移出时】事件添加"case1"，设置动作为【设置面板状态】于"ColorPanel"；{选择状态}为"BlackState"，{进入动画}为【向上滑动】"500"毫秒，{退出动画}为【向下滑动】"500"毫秒。

04 继续上一步，添加动作【移动】元件"TitleText"【到达】{x}"[[Target.x]]"{y}"[[This.top+This.height/4]]"的位置上，设置{动画}为【线性】"500"毫秒。

- 事件交互设置：见图 11-9。

图 11-9

案例展示

扫一扫二维码，查看案例展示。

案例62 框架中镶嵌其他页面

案例来源

网易云课堂－学习中心

案例效果

见图11-10。

图11-10

案例描述

单击左侧的菜单项，在右侧打开不同的页面内容。需要注意的是，页面顶部的背景图案需要横向填满浏览器。

元件准备

- 页面中：见图11-11。
- 动态面板"BackgroundPanel"中：见图11-12。
- 嵌入内容页面中：见图11-13。

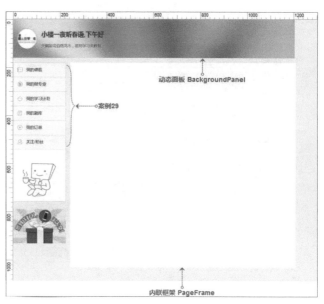

图11-11

图11-12

图11-13

包含命名

- 动态面板（用于显示彩色背景图案）：BackgroundPanel
- 内联框架（用于嵌入项目中其他页面）：PageFrame

思路分析

①顶部的背景图案需要横向填满浏览器窗口，需要使用动态面板来实现（见操作步骤01）。

②鼠标单击菜单项时，在右侧嵌入不同的页面（见操作步骤02）。

操作步骤

01 在属性中勾选动态面板"BackgroundPanel"的【100%宽度＜仅限浏览器中有效＞】；通过此项设置，在浏览器中打开原型时动态面板就能够横向填满浏览器，并且在浏览器改变尺寸时跟随改变宽度；因为我们给动态面板添加了背景图片，这张背景图片的尺寸就会随着动态面板的尺寸改变而改变。

- 元件属性设置：见图11-14。

图 11-14

02 为每个菜单项【鼠标单击时】事件中的"case1"，添加动作在【内联框架】中打开链接，勾选框架"PageFrame"，{打开位置}中选中【链接到当前项的某个页面】，然后，点选与菜单项相对应得页面名称。

- 事件交互设置：以第1个菜单项交互为例：见图11-15。

图 11-15

案例展示

扫一扫二维码，查看案例展示。

案例63　间隔与连续旋转特效

案例来源

360杀毒－首页

案例效果

见图11-16。

图 11-16

案例描述

页面中间绿色的外环部分顺时针方向不停旋转，每旋转一圈耗时2秒；同时，绿色的内环部分每间隔两秒钟逆时针方向旋转90度，旋转时长1.5秒。

元件准备

见图11-17。

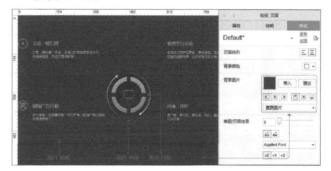

图 11-17

思路分析

①绿色外环在页面打开时即开始旋转，旋转角度为360度，时长为2秒；旋转动作会触发旋转的事件，所以，当页面打开后，可以通过旋转时的触发事件中添加旋转的动作，实现不停的旋转（见操作步骤01 ~ 02）。

②绿色内环旋转的实现与外环相似，但是旋转时要有短暂间隔，所以在每次旋转之前需要添加一定的间隔时长。需要注意的是间隔时长应包含旋转时长与等待时长（见操作步骤03 ~ 05）。

操作步骤

01 为绿色外环的【载入时】事件添加"case1"，设置动作为【旋转】"当前元件"（This）【经过】{角度}为"360"度，{方向}为【顺时针】，{动画}设置为【线性】，{时间}"2000"毫秒。

02 为绿色外环的【旋转时】事件添加"case1"，设置动作与操作步骤1一致。

- 事件交互设置：见图11-18。

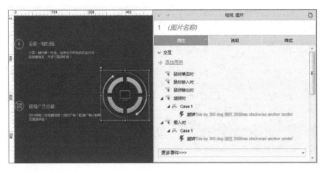

图11-18

03 为绿色内环的【载入时】事件添加"case1"，设置动作为【旋转】"当前元件"（This）【经过】{角度}为"90"度,{方向}为【逆时针】,{动画}设置为【线性】,{时间}"1500"毫秒。

04 为绿色内环的【旋转时】事件添加"case1"，设置动作为【等待】；本案例中动画时长为1500毫秒，两次旋转之间的间隔为2000毫秒，所以,{等待时间}设置为"3500"毫秒。

05 继续上一步，添加第2个动作，动作设置与操作步骤03一致。

- 事件交互设置：见图11-19。

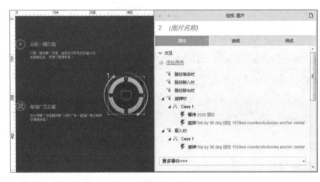

图11-19

案例展示

扫一扫二维码，查看案例展示。

案例64　锚点滚动与导航吸附

案例来源

百度外卖-店铺列表

案例效果

- 初始状态：见图11-20。

图11-20

- 页面滚动到达商品列表区域时：见图11-21。

图11-21

- 页面滚动到达某类商品列表时：见图11-22。

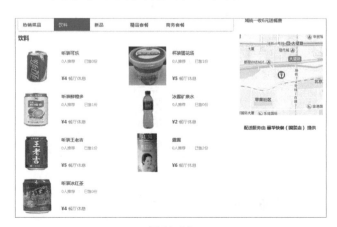

图11-22

案例描述

页面向下滚动到达或超过商品列表区域时，页面顶部固定显示商品筛选菜单；否则，不显示商品筛选菜单；当页面滚动到某一类商品的区域时，商筛选品菜单中对应的菜单项呈现红色样式。

元件准备

* 页面上半部分：见图11-23。

图 11-23

* 页面中下半部分：见图11-24。

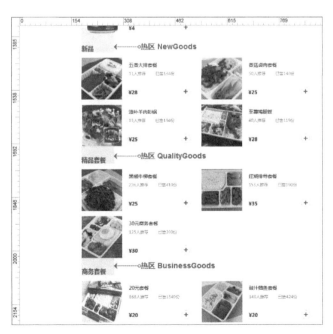

图 11-24

* 动态面板"FilterPanel"中：见图11-25。

图 11-25

包含命名

* 动态面板（用于固定顶部的商品筛选菜单）：FilterPanel
* 矩形（用于热销商品的菜单项）：HotItem
* 矩形（用于饮料的菜单项）：DrinkItem
* 矩形（用于新品的菜单项）：NewItem
* 矩形（用于精品套餐的菜单项）：QualityItem
* 矩形（用于商务套餐的菜单项）：BusinessItem
* 热区（用于热销商品的位置定位）：HotGoods
* 热区（用于饮料的位置定位）：DrinkGoods
* 热区（用于新品的位置定位）：NewGoods
* 热区（用于精品套餐的位置定位）：QualityGoods
* 热区（用于商务套餐的位置定位）：BusinessGoods

思路分析

①页面中商品筛选菜单的位置距离页面顶部约300像素，当页面从上向下滚动到达或超过这个位置时，显示固定于顶部的商品筛选菜单；否则，隐藏固定于顶部的商品筛选菜单；顶部的商品筛选菜单存储在动态面板中，通过对动态面板固定到浏览器的设置，让菜单在页面滚动时一直保持相对固定；在页面滚动时，通过函数获取滚动的距离后进行判断，并进行对动态面板显示隐藏的操作（见操作步骤01 ～ 03）。

②当页面进行滚动时，通过函数获取滚动的距离后判断是否到达某一区域，并根据判断的结果，选中不同的菜单项；在判断时，需要从最小的范围依次向最大的范围进行判断，以免判断错误（见操作步骤04 ～ 08）。

③单击商品筛选菜单的菜单项时，滚动到页面的相应区域（见操作步骤09）。

操作步骤

01 将动态面板"FilterPanel"摆放在页面顶部合适的位置上，然后，在元件属性中，为动态面板添加【固定到浏览器】的设置。

- 元件属性设置：见图11-26。

图11-26

02 在页面交互中，为页面的【窗口滚动时】事件添加"case1"，设置条件判断为【值】"[[Window.scrollY]]"【>=】【值】"300"；添加符合条件时执行的动作为【显示】动态面板"FilterPanel"。

03 继续为页面的【窗口滚动时】事件添加"case2"，添加不满足操作步骤01的条件时，执行的动作为【隐藏】动态面板"FilterPanel"。

04 继续为页面的【窗口滚动时】事件添加"case3"，设置条件判断为【值】"[[Window.scrollY]]"【>=】【值】"[[b.top]]"；公式中"b"为局部变量，其内容为元件"BusinessGoods"的对象实例；添加符合条件时执行的动作为【选中】元件"BusinessItem"；在"case3"名称上点<鼠标右键>，选择菜单中最后一项，将case的条件判断由"Else If"转换为"If"。

05 继续为页面的【窗口滚动时】事件添加"case4"，设置条件判断为【值】"[[Window.scrollY]]"【>=】【值】"[[q.top]]"；公式中"q"为局部变量，其内容为元件"QualityGoods"的对象实例；添加符合条件时执行的动作为【选中】元件"QualityItem"。

06 继续为页面的【窗口滚动时】事件添加"case5"，设置条件判断为【值】"[[Window.scrollY]]"【>=】【值】"[[n.top]]"；公式中"n"为局部变量，其内容为元件"NewGoods"的对象实例；添加符合条件时执行的动作为【选中】元件"NewItem"。

07 继续为页面的【窗口滚动时】事件添加"case6"，设置条件判断为【值】"[[Window.scrollY]]"【>=】【值】"[[d.top]]"；公式中"d"为局部变量，其内容为元件"DrinkGoods"的对象实例；添加符合条件时执行的动作为【选中】元件"DrinkItem"。

08 继续为页面的【窗口滚动时】事件添加"case7"，设置不满足操作步骤04～07所有条件时，执行的动作为【选中】元

件"HotItem"。

- 事件交互设置：见图11-27。

图11-27

09 为商品筛选菜单中所有菜单项的【鼠标单击时】事件添加"case1"，设置动作为【滚动到元件<锚链接>】；选择元件列表中选择与菜单项相对应的定位元件，勾选滚动方式为【仅垂直滚动】。

- 事件交互设置：以元件"HotItem"的交互为例（见图11-28）。

图11-28

补充说明

- 操作步骤04～07条件判断中的局部变量可以用固定值代替，使用局部变量可避免区域位置发生改变时对交互进行修改。

- 受页面长度限制，本案例中无法滚动到"商务套餐"的位置，并非交互错误或软件问题，原网站也存在同样限制。

案例展示

扫一扫二维码，查看案例展示。

案例65　唯一选中与样式切换

案例来源

支付宝－余额宝－转入

案例效果

- 初始状态与单击电脑转入按钮时：见图11-29。

图11-29

- 单击手机转入时：见图11-30。

图11-30

案例描述

单击任何一个按钮时，边框加粗并变成蓝色，同时，右下角显示表示选中的图标；默认情况下电脑转入为已被选择的状态。

元件准备

见图11-31。

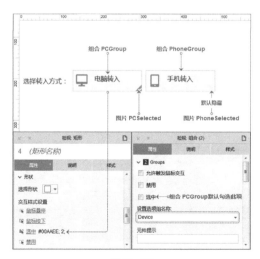

图11-31

包含命名

- 组合（用于单击按钮任何部分均能选中）：PCGroup
- 组合（用于单击按钮任何部分均能选中）：PhoneGroup
- 图片（用于按钮的选中图标）：PCSelected
- 图片（用于按钮的选中图标）：PhoneSelected

思路分析

①单击任意一组合时，选中该组合；因为组合被选中，组合包含的元件也都会被选中；同时，因为给组合设置了选项组名称，另一组合则被取消选中（见操作步骤01）。

②任意一组合被选中时，显示该组合内的选中图标；这个交互可以写入组合中矩形的【选中时】事件中（见操作步骤02）。

③任意一组合取消选中时，隐藏该组合内的选中图标（见操作步骤03）。

操作步骤

01 为每个组合的【鼠标单击时】事件添加"case1"，设置动作为【选中】"当前元件"（This）。

- 事件交互设置：以组合"PCGroup"为例（见图11-32）。

图11-32

02 为每个组合中矩形的【选中时】事件添加"case1"，设置动作为【显示】组合内的选中图标。

03 为每个组合中矩形的【取消选中时】事件添加"case1"，设置动作为【隐藏】组合内的选中图标。

- 事件交互设置：以组合"PCGroup"中的矩形为例（见图11-33）。

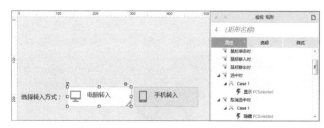

图11-33

补充说明

本案例中矩形上添加的显示/隐藏选中图标的交互，也可以添加在选中图标的【选中时】/【取消选中时】事件上，动作为【显示】/【隐藏】"当前元件"（This）。

案例展示

扫一扫二维码，查看案例展示。

案例66   页面内滚动条的实现

案例来源

虎嗅-首页

案例效果

见图11-34。

图11-34

案例描述

本案例中，页面右侧的滚动条并非浏览器滚动条，而是页面中的内容；这个滚动条能够改变样式（如鼠标按下时颜色改变），作用与浏览器滚动条一致。

元件准备

- 页面中：见图11-35。

图11-35

- 动态面板"FixedPanel"中：见图11-36。

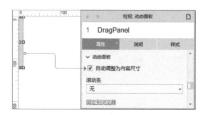

图11-36

- 动态面板"DragPanel"中：见图11-37。

图11-37

- 动态面板"AreaPanel"中：见图11-38。

图11-38

- 动态面板"ScrollPanel"中：见图11-39。

图11-39

包含命名

- 动态面板（用于避免浏览器出现滚动条）：AreaPanel
- 动态面板（用于将自定义滚动条固定在页面右侧）：

FixedPanel

- 动态面板（用于触发鼠标滚轮事件）：ScrollPanel
- 动态面板（用于拖动自定义滚动条）：DragPanel
- 矩形（用于自定义滚动条）：ScrollBar
- 热区（用于页面内容滚动定位）：Location

思路分析

①浏览器不能出现滚动条，可以通过将页面内容放入一个动态面板"AreaPanel"来解决；在页面打开时，设置这个面板的尺寸与浏览器窗口的宽高一致（见操作步骤01）。

②无论浏览器窗口尺寸如何改变，动态面板"AreaPanel"的尺寸始终需要与浏览器窗口尺寸保持一致（见操作步骤02）。

③页面中滚动条的高度需要计算，计算公式为窗口高度/页面高度*浏览器窗口高度；这个高度在元件加载到页面时即要生效，另外，在浏览器窗口高度改变时，滚动条的高度也要跟随改变（见操作步骤03～04）。

④拖动滚动条时，滚动条能够垂直拖动，但不能超出浏览器的边界；元件不能够被拖动，只有动态面板才能够拖动，所以将滚动条元件放入动态面板"DragPanel"中，拖动动态面板来实现滚动条的拖动（见操作步骤05）。

⑤页面中内容需要放在动态面板"AreaPanel"中，但是，如果需要页面内容能够通过鼠标滚轮滚动，动态面板需要有滚动条，所以，需要在动态面板"AreaPanel"中再放入一个存储内容的动态面板"ScrollBar"，为其设置滚动条，并在该面板载入时设置宽度为浏览器窗口的宽度+20像素，高度为浏览器窗口的高度；宽度的设置中增加的20像素，能够让该面板的滚动条进入动态面板"AreaPanel"的不可见的区域（见操作步骤06）。

⑥动态面板"ScrollPanel"的内容滚动时，滚动条需要同步移动，移动距离的公式为：页面滚动距离/页面高度*浏览器窗口高度（见操作步骤07）。

⑦滚动条拖动时，需要页面内容跟随滚动；页面滚动的动作只有【滚动到元件<锚链接>】可以使用，所以需要在滚动前，能够有一个定位的透明元件"Location"先移动到相应的位置，然后再让页面滚动到该元件的位置（见操作步骤08）。

⑧拖动滚动条时，需要让滚动条有样式的改变，鼠标松开时，样式还需要还原；在实际操作中，如果设置元件"ScrollBar"【鼠标按下】时的交互样式，当拖动结束时，如果鼠标指针不在元件的范围内，样式不能自动恢复；所以，需要设置元件"ScrollBar"【选中】时的交互样式，添加交互来实现样式的切换；在鼠标按下时和拖动开始时选中元件，鼠标松开时和拖动结束时取消选中元件（见操作步骤09～10）。

操作步骤

01 为动态面板"AreaPanel"的【载入时】事件添加"case1"，设置动作为【设置尺寸】于"当前元件"（This），{高度}为"[[Window.width]]"{宽度}为"[[Window.height]]"，{锚点}为默认的【左上角】。

- 事件交互设置：见图11-40。

图11-40

02 在概要中，单击页面名称，然后，为页面交互的【窗口尺寸改变时】事件添加"case1"，设置动作为【设置尺寸】于动态面板"AreaPanel"，{高度}为"[[Window.width]]"{宽度}为"[[Window.height]]"，{锚点}为默认的【左上角】。

- 事件交互设置：见图11-41。

图11-41

03 为元件"ScrollBar"的【载入时】事件添加"case1"，设置动作为【设置尺寸】于"当前元件"（This），{高度}为"[[Window.height*Window.height/6508]]"{宽度}为"10"，{锚点}为默认的【左上角】；公式中"6508"为页面内容的总高度。

- 事件交互设置：见图11-42。

图11-42

04 为页面交互【窗口尺寸改变时】事件中的"case1"继续设置动作，勾选元件"ScrollBar"，设置{高度}为"[[Window.height*Window.height/6508]]"{宽度}为"10"，{锚点}为默认的【左上角】。

- 事件交互设置：见图11-43。

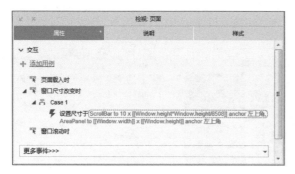

图11-43

05 为动态面板"DragPanel"的【拖动时】事件添加"case1"，设置动作为【移动】"当前元件"（This）；{移动}类型为【垂直拖动】；然后，{界限}设置中【添加边界】，设置【顶部】【>=】"0"；【底部】【<=】"[[Window.height]]"。

- 事件交互设置：见图11-44。

图11-44

06 为动态面板"ScrollPanel"的【载入时】事件添加"case1"，设置动作为【设置尺寸】于"当前元件"（This），{高度}为"[[Window.width+20]]"{宽度}为"[[Window.height]]"，{锚点}为默认的【左上角】。

- 事件交互设置：见图11-45。

图11-45

07 为动态面板"ScrollPanel"的【滚动时】事件添加"case1"，设置动作为【移动】动态面板"DragPanel"【到达】{x}"0"{y}"[[This.scrollY/6508*Window.height]]"的位置。

- 事件交互设置：见图11-46。

图11-46

08 为动态面板"DragPanel"【拖动时】事件的"case1"继续添加动作，【移动】元件"Location"【到达】{x}"0"{y}"[[6508*This.top/Window.height]]"的位置；然后，再添加动作【滚动到元件<锚链接>】到元件"Location"，勾选【仅垂直滚动】。

- 事件交互设置：见图11-47。

图11-47

09 为元件"ScrollBar"的【鼠标按下时】事件添加"case1"，设置的动作为【选中】"当前元件"（This）；然后，为【鼠标松开时】事件添加"case1"，设置的动作为【取消选中】"当前元件"（This）。

- 事件交互设置：见图11-48。

图11-48

10 为动态面板"DragPanel"的【拖动开始时】事件添加"case1"，设置的动作为【选中】"当前元件"（This）；然后，为【拖动结束时】事件添加"case1"，设置的动作为【取消选中】"当前元件"（This）；因为元件"ScrollBar"位于动态面板"DragPanel"中，所以选中或取消选中动态面板"Drag-Panel"的同时也会选中或取消选中元件"ScrollBar"。

- 事件交互设置：见图11-49。

图11-49

案例展示

扫一扫二维码，查看案例展示。

案例67　用滚轮控制横向滚动

案例来源

百度经验－分步阅读

案例效果

见图11-50。

图11-50

案例描述

鼠标在内容区域进行滚轮上下滚动的操作时，可以进行前后的翻页式的移动效果；单击左右的翻页按钮时和页码按钮时，也可以进行移动。需要注意的是，这个案例在浏览器中浏览时，浏览器不会出现滚动条。

元件准备

- 页面中：见图11-51。

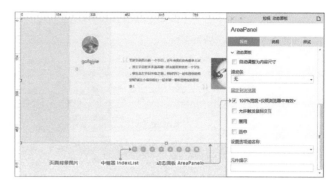

图11-51

- 动态面板"AreaPanel"中：见图11-52。

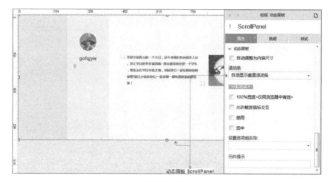

图11-52

- 动态面板"ScrollPanel"中：见图11-53。

图11-53

- 动态面板"ContentPanel"中：见图11-54。

- 中继器"IndexList"中：见图11-55。

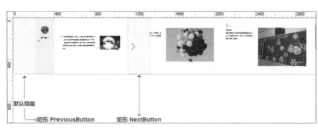

图11-54

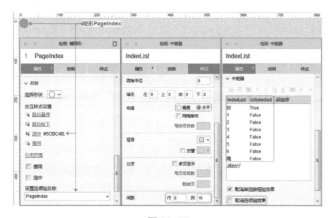

图11-55

包含命名

- 动态面板（用于避免内容超出浏览器宽度）：AreaPanel
- 动态面板（用于鼠标滚轮触发相关事件）：ScrollPanel
- 动态面板（用于保持内容在固定位置显示）：ContentPanel
- 文本标签（用于记录页码与保证向上滚动）：Location
- 文本标签（用于避免页面快速连续滚动）：Switch
- 矩形（用于向前翻页）：PreviousButton
- 矩形（用于向后翻页）：NextButton
- 中继器（用于分页条）：IndexList
- 矩形（用于显示页码）：PageIndex

思路分析

①为避免浏览器出现滚动条，可以通过一个动态面板"AreaPanel"，设置其属性为100%宽度，将所有超出页面的内容放置在这个动态面板内即可（见元件准备–页面中）。

②如果需要不依赖于浏览器的滚动条实现鼠标滚动的效果，需要通过一个内容高度超出自身高度，并能够自动显示垂直滚动条的动态面板"ScrollPanel"来实现（在元件准备备–动态面板"AreaPanel"中）。

③在动态面板"ScrollPanel"中超出自身高度的位置，放入透明元件"Location"，保证面板能够出现滚动条，从而能够通过鼠标滚轮滚动触发相关事件（在元件准备–动态面板"ScrollPanel"中）。

④将前后翻页的按钮与内容图片全部放入动态面板"ContentPanel"中，以便在滚动时能够通过交互保持相对固定的位置，避免内容随着面板滚动而上下移动位置（在元件准备–动态面板"ContentPanel"中）。

⑤分页条中，每个页码都只能唯一被选中，呈现绿色状态，这个效果需要在元件属性中设置【选中】时交互样式和选项组名称；在中继器"IndexList"的数据集中，对元件"PageIndex"的选中状态进行记录；默认第一个页码按钮为选中的绿色状态，预置第一行的"IsSelected"记录为"True"（在元件准备–中继器"IndexList"中）。

⑥在中继器每项内容加载时，根据记录中的值，对符合条件的元件进行选中的设置（见操作步骤01）。

⑦单击页码按钮时，需要选中当前的按钮，撤销其他页码按钮的选中状态（见操作步骤02～03）。

⑧页码按钮被选中时，需要匀速移动内容到相应的位置；本案例中，内容组合"ContentGroup"左侧初始位置为 x 轴215，每一页内容宽度为918像素；单击页码按钮时移动到的位置为：x 轴215–（页码序号–1）*918（见操作步骤04）。

⑨页码按钮被选中时，需要记录当前的页码，以便翻页时的判断和页码按钮选中切换（见操作步骤05）。

⑩页码按钮被选中时，如果是第1个按钮需要隐藏向左翻页的按钮"PreviousButton"，否则，显示这个按钮（见操作步骤06～07）。

⑪页码按钮被选中时，如果是第8个按钮需要隐藏向右翻页的按钮"NextButton"，否则，显示这个按钮（见操作步骤08）。

⑫用于滚动的动态面板"ScrollPanel"在浏览器中加载时，其宽度要超出浏览器宽度，这样才能够将滚动条遮挡住（见操作步骤09）。

⑬动态面板"ScrollPanel"滚动时，需要保持里面的内容相对固定；相对固定即内容的移动后的位置与滚动距离相同（见操作步骤10）。

⑭动态面板"ScrollPanel"滚动时不可连续滚动，所以无论向上滚动还是向下滚动，都要设置一个开关，在滚动的瞬间关闭开关，等待一段时间后再打开开关；在开关关闭时，不能够再执行翻页的动作（见操作步骤11）。

⑮当动态面板"ScrollPanel"向上滚动时，如果当前不

是第1个页码，需要取消当前页码的选中，并将前一个页码
选中；同理，当动态面板"ScrollPanel"向下滚动时，如果
当前不是最后一个页码，需要取消当前页码的选中，并将后
一个页码选中（见操作步骤12 ~ 13）。

⑯当动态面板"ScrollPanel"向上滚动时，可能出现滚
动到顶部无法继续滚动的情况，需要在滚动到顶部时，将动
态面板滚动到元件"Location"的位置；这一步操作应该在
开关状态为关闭时执行，以免滚动时被多次触发（见操作步
骤14）。

⑰向左翻页的按钮，与动态面板"ScrollPanel"向上滚
动时的交互一致；向右翻页的按钮，与动态面板"ScrollPan-
el"向下滚动时的交互一致（见操作步骤15）。

⑱为了保证动态面板"ScrollPanel"有充足的上下滚动
空间，可以将元件"Location"摆放在距离顶部足够远的位
置，或者在页面加载时将它移动到距离页面顶部较远的位置
（见操作步骤16）。

⑲最后，设置翻页按钮"NextButton"在页面打开时，
移动到浏览器最右侧的贴边位置（见操作步骤17）。

操作步骤

01 为中继器"IndexList"的【每项加载时】事件添加
"case1"，添加动作【设置文本】于元件"PageIndex"为
【值】"[[Item.IndexText]]"；然后，继续添加"case2"，设置
条件判断【值】"[[Item.IsSelected]]"【==】【值】"True"；设
置满足条件时执行的动作为【选中】元件"PageIndex"。

● 事件交互设置：见图11-56。

图11-56

02 为元件"PageIndex"的【鼠标单击时】事件添加
"case1"，先添加动作【更新行】于中继器"IndexList"，选择
【条件】，并设置{条件}为"True"；【选择列】为"IsSelect-
ed"，输入值为"False"；通过这一步，就将所有的选中记录
变为了"False"。

03 继续上一步，添加动作【更新行】于中继器"IndexList"，
选择【This】，【选择列】为"IsSelected"，输入值为"True"；
通过这一步，就当前页码按钮的选中记录变为了"True"。

04 为元件"PageIndex"的【选中时】事件添加"case1"，
设置动作为【移动】元件"ContentGroup"【到达】{x}"[[215-
(Item.index-1)*918]]"{y}"0"的位置；{动画}为【线性】
"500"毫秒。

05 继续上一步，添加动作【设置文本】于元件"Location"
为【值】"[[Item.index]]"。

06 继续为元件"PageIndex"添加"case2"，添加条件判断
【值】"[[Item.index]]"【==】【值】"1"；设置满足条件的动作
为【等待】"500"毫秒；然后，【隐藏】元件"PreviousBut-
ton"；完成设置后，在"case2"的名称上单击<鼠标右键>，
选择菜单中最后一项，将case的条件判断由"Else If"转换为
"If"。

07 继续为元件"PageIndex"添加"case3"，添加不满足操
作步骤06的条件时，动作【显示】元件"PreviousButton"。

08 参考操作步骤06 ~ 07，通过条件判断【值】"[[Item.in-
dex]]"【==】【值】"8"，完成对元件"NextButton"的显示与
隐藏。

● 事件交互设置：见图11-57。

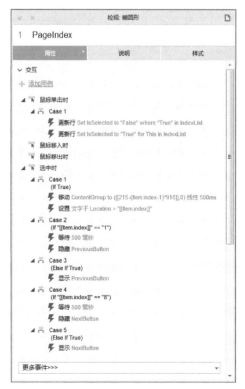

图11-57

09 为动态面板"ScrollPanel"的【载入时】事件添加"case1",设置动作为【设置尺寸】于"当前元件"(This),{宽度}设置为"[[Window.width+20]]",{高度}设置为固定值"538";{锚点}设置为默认的【左上角】。

- 事件交互设置:见图11-58。

图11-58

10 为动态面板"ScrollPanel"的【滚动时】事件添加"case1",设置动作为【移动】动态面板"ContentGroup"{到达}{x}"0"{y}"[[This.scrollY]]"的位置。

- 事件交互设置:见图11-59。

图11-59

11 为元件"Switch"添加默认文字"on",然后,为动态面板"ScrollPanel"的【向上滚动时】与【向下滚动时】事件添加"case1",设置条件判断【元件文字】"Switch"【==】【值】"on",添加满足条件时的动作【设置文本】于元件"Switch"为【值】"off";【等待】"500"毫秒;【设置文本】于元件"Switch"为【值】"on"。

- 事件交互设置:见图11-60。

图11-60

12 为动态面板"ScrollPanel"【向上滚动时】事件的"case1"添加条件判断【元件文字】"Location"【>】【值】"1";然后,参考操作步骤02,添加动作【更新行】将所有的选中记录变为了"False";然后,继续添加【更新行】于中继器"IndexList"的动作,勾选【条件】,设置{条件}为"[[TargetItem.index==l-1]]",【选择列】为"IsSelected",将值改变为"True";公式中"l"为局部变量,其内容为元件"Location"上记录的页码数值。

13 参考上一步,为动态面板"ScrollPanel"【向下滚动时】事件的"case1"添加条件判断【元件文字】"Location"【<】【值】"8",然后添加2个【更新行】的动作将所有的选中记录改变为"False"以及将后一个页码选中记录改变为"True";不同的是第2个【更新行】的动作中{条件}为"[[TargetItem.index==l+1]]"。

- 事件交互设置:见图11-61。

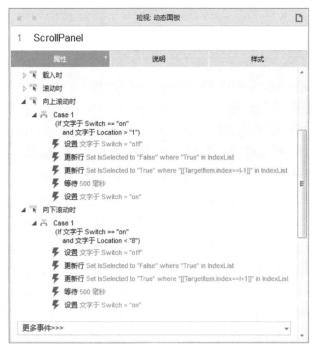

图 11-61

14 为动态面板"ScrollPanel"的【滚动时】事件添加 "case2"，设置条件判断【元件文字】"Switch"【==】【值】 "off"并且【值】"[[This.scrollY]]"【==】【值】"0"；添加满 足条件时的动作【滚动到元件＜锚链接＞】到元件"Location"； 然后，在【向上滚动时】事件的"case1"中插入动作【触发事 件】"当前元件"（This）的【滚动时】事件；这里要注意，将 动作放在开关开启之前，以免无法执行。

● 事件交互设置：见图 11-62。

图 11-62

15 为元件"PreviousButton"的【鼠标单击时】事件添加 "case1"，设置动作【触发事件】为动态面板"ScrollPanel" 的【向上滚动时】事件；然后，为元件"NextButton"的【鼠 标单击时】事件添加"case1"，设置动作【触发事件】为动态 面板"ScrollPanel"的【向下滚动时】事件。

● 事件交互设置：以元件"PreviousButton"的交互为 例（见图 11-63）。

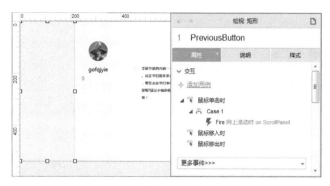

图 11-63

16 为元件"Location"的【载入时】事件添加"case1"，设 置动作为【移动】"当前元件"（This）{经过}{x}"0"{y}"30000" 的距离。

● 事件交互设置：见图 11-64。

17 为元件"NextButton"的【载入时】事件添加"case1"， 设置动作为【移动】"当前元件"（This）{到达}{x}"[[Window. width-215]]"{y}"0"；公式中"215"为元件"NextButton" 的宽度。

● 事件交互设置：见图 11-65。

图 11-64

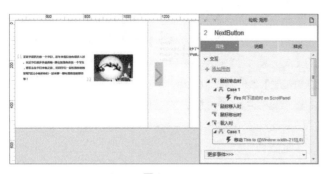

图11-65

补充说明

- 本案例的页码按钮也可以不通过中继器完成，在本书的案例源文件中包含了另外一种做法的原型内容，读者可自行参考，在此不做讲述。
- 本案例中使用了"FontAwesome 4.4.0"图标字体元件库，需要安装字体文件支持，并进行Web字体设置（见参考案例1的补充说明）。

案例展示

扫一扫二维码，查看案例展示。

<table>
<tr><td>案例68</td><td>剩余可输入文字提示</td></tr>
</table>

微博

案例来源

百度外卖列表

案例效果

- 鼠标进入编辑按钮时：见图11-66。

图11-66

- 单击编辑按钮或在页面上按下<N>键时：见图11-67。

图11-67

- 输入框中输入文字时：见图11-68。

图11-68

案例描述

在页面上按下<N>键，弹出发表内容的窗口，同时带有遮罩效果；在发表内容的输入框中输入文字时，还可以显示输入的剩余字数提示。

元件准备

- 页面中（见图11-69）：
- 动态面板"PublishPanel"中（见图11-70）：

图11-69

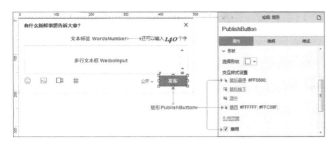

图 11-70

包含命名

- 动态面板（用于发布微博的编辑窗口）：PublicPanel
- 多行文本框（用于输入微博内容）：WeiboInput
- 文本标签（用于显示剩余字数提示）：WordsNumber
- 矩形（用于发布按钮）：PublishButton

思路分析

①发表微博的编辑面板，要在页面正中显示，可以把这些内容统一放在一个动态面板"PublishPanel"中，通过属性中【固定到浏览器】的设置，保持面板始终在页面中部；同时，这个面板默认是隐藏的状态（见操作步骤01）。

②单击页面右上方的编辑按钮时，显示编辑面板，同时带有遮罩效果（见操作步骤02）。

③如果页面中按下<N>键，也能够显示编辑面板，同时带有遮罩效果（见操作步骤03）。

④编辑面板显示时，焦点要进入文本框中（见操作步骤04）。

⑤单击面板中的"×"，能够关闭编辑面板（见操作步骤05）。

⑥用户在输入框中输入内容时，动态的提示剩余可输入字数（见操作步骤06）。

⑦用户在输入框中输入内容后启用发布按钮，清空内容时禁用发布按钮（见操作步骤07～08）。

操作步骤

01 在元件属性中设置将动态面板【固定到浏览器】水平与垂直方向均为居中的位置上；然后，将其设置为隐藏状态。

- 元件属性设置：见图11-71。

图 11-71

02 为"编辑"按钮的【鼠标单击时】事件添加"case1"，设置动作为【显示】动态面板"PublishPanel"，【更多选项】中选择【灯箱效果】。

- 事件交互设置：见图11-72。

图 11-72

03 在概要中单击页面名称，为页面的【页面按键按下时】事件添加"case1"，设置条件判断【按下的键】【==】【键值】"N"，设置满足条件时的动作为【显示】动态面板"PublishPanel"，【更多选项】中选择【灯箱效果】；这里需要注意的是，条件判断中输入键值，只需要单击输入框后，按下键盘上相应的按键即可。

- 条件判断设置：见图11-73。

图 11-73

- 事件交互设置：见图11-74。

图11-74

04 为动态面板"PublishPanel"的【显示时】事件添加"case1",设置动作为【获取焦点】到元件"WeiboInput"。

05 为编辑面板中关闭按钮"×"的【鼠标单机时】事件添加"case1",设置动作为【隐藏】动态面板"PublishPanel"。

06 为元件"WeiboInput"的【文字改变时】事件添加"case1",设置动作为【设置文本】于元件"WordsNumber"为【富文本】;单击【编辑文本】,在编辑文本界面中输入"还可以输入[[140-This.text.length]]个字"。

• 文本编辑设置:见图11-75。

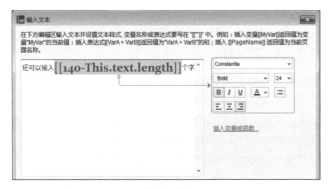

图11-75

• 事件交互设置:见图11-76。

图11-76

07 继续为元件"WeiboInput"的【文字改变时】事件添加"case2",设置条件判断【元件文字长度】"当前元件"(This)

【=】【值】"0",设置满足条件时动作为【禁用】元件"Publish-Button";然后,在case名称上单击<鼠标右键>,选择菜单中最后一项,将case的条件判断由"Else If"转换为"If"。

08 继续为元件"WeiboInput"的【文字改变时】事件添加"case3",设置不满足操作步骤07的条件时动作为【启用】元件"PublishButton"。

• 事件交互设置:见图11-77。

图11-77

补充说明

• 本案例中使用了"FontAwesome 4.4.0"图标字体元件库,需要安装字体文件支持,并进行Web字体设置(参考案例1的补充说明)。

案例展示

扫一扫二维码,查看案例展示。

案例69 **进度条与数字的联动**

案例来源

百度-账号设置

案例效果

• 初始状态/检测结束时:见图11-78。

• 正在检测时:见图11-79。

图 11-78

图 11-79

案例描述

单击重新检测时，按钮文字变为"检测中…"，检测结果文字消失，同时，进度条重新加载，并且加载过程中检测分数随之改变。当进度条加载完毕时，显示检测结果，按钮文字恢复为"重新检测"。

元件准备

- 页面中：见图 11-80。

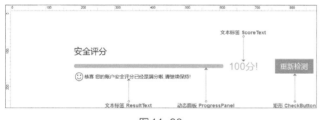

图 11-80

- 动态面板"ProgressPanel"中：见图 11-81。

图 11-81

包含命名

- 文本标签（用于显示检测结果）：ResultText
- 文本标签（用于显示检测分数）：ScoreText
- 矩形（用于检测按钮）：CheckButton
- 动态面板（用于遮挡滚动条左侧不需显示部分）：ProgressPanel
- 矩形（用于滚动条）：ProgressBar

思路分析

①单击检测按钮时，清除检测结果，改变检测按钮文字为"检测中…"，设置检测分数为"0分！"（见操作步骤01）。

②单击检测按钮时，进度条移动到最左侧，仅保留圆角部分（见操作步骤02）。

③进度条移动时，如果检测分数未到达"100分！"，则继续向右移动滚动条；移动时间间隔为0.01秒，每次移动5像素，但不能超过动态面板的右边界；在进度条移动后，重新计算检测分数（见操作步骤03）。

④进度条移动时，如果检测分数达到"100分！"，设置检测按钮文字为"重新检测"，输出检测结果。

操作步骤

01 为"检测"按钮的【鼠标单击时】事件添加"case1"，设置动作为【设置文本】；勾选元件"ResultText"，设置文本为【值】""（空置）；勾选元件"CheckButton"，设置文本为【值】"检测中…"；勾选元件"ScoreText"，设置文本为【值】"0分！"；注意"！"为半角英文符号。

02 继续上一步，添加动作【移动】元件"ProgressBar"【到达】{x}"-420"{y}"0"的位置（进度条长度为430像素，左右圆角部分各为5像素）。

- 事件交互设置：见图 11-82。

图 11-82

03 为元件"ProgressBar"的【移动时】事件添加"case1"，设置条件判断【元件文字】于"CheckScore"【!=】【值】"100分！"；添加满足条件时的第1个动作为【等待】"10"毫秒；第2个动作为【移动】"当前元件"（This）【到达】{x}"[[This.x+5]]"{y}"0"的位置；第3个动作为【设置文字】于元件"ScoreText"为【值】"[[Math.floor((This.x+435)/430×100)]]分！"。

04 继续为元件"ProgressBar"的【移动时】事件添加"case2"，设置不满足操作步骤03条件时的动作为【设置文本】；勾选元件"ResultText"，设置文本为【值】"恭喜 您的账户安全评分已经是满分啦，请继续保持!"；勾选元件"Check-Button"设置文本为【值】"重新检测"。

- 事件交互设置：见图11-83。

图11-83

补充说明

- 本案例的效果也可以通过改变元件尺寸完成，在本书的案例源文件中包含了另外一种做法的原型内容，读者可自行参考，在此不做讲述。

- 本案例中使用了"FontAwesome 4.4.0"图标字体元件库，需要安装字体文件支持，并进行Web字体设置（参考案例1的补充说明）。

案例展示

扫一扫二维码，查看案例展示。

案例70 展开收起的推拉效果

案例来源

微博–消息设置

案例效果

- 初始状态/再次单击关闭列表项时：见图11-84。
- 单击某一列表项时：见图11-85。

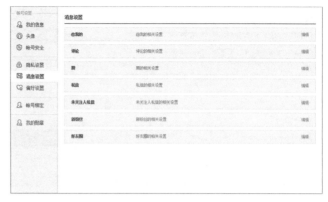

图11-84

图11-85

- 单击其他列表项时：见图11-86。

图11-86

案例描述

本案例中单击列表项中的某一项，展开该项的设置内容，同时推动下方内容向下移动；再次单击列表项时，收起该项的设置内容，同时拉起下方内容向上移动；切换单击列表项时，关闭已展开的列表项，打开当前的列表项；列表项的展开收起时列表区域的背景跟随向下加长或缩短。

元件准备

● 页面中：见图11-87。

图11-87

● 动态面板"AreaPanel"中：见图11-88。

图11-88

● 动态面板"ListItem01 ～ ListItem07"的状态：以ListItem01为例（见图11-89）。

图11-89

● 动态面板"ListItem01 ～ ListItem07"的状态"State1"中：以ListItem01为例（见图11-90）。

图11-90

● 动态面板"ListItem01 ～ ListItem07"的状态"State2"中：以ListItem01为例（见图11-91）。

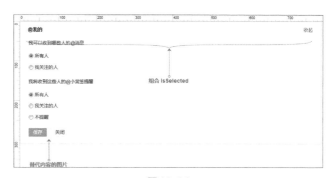

图11-91

包含命名

● 动态面板（用于案例整个区域的背景）：AreaPanel

● 动态面板（用于放置列表项两个状态的内容）：ListItem01 ～ ListItem07

● 组合（用于鼠标单击时选中所在的动态面板）：NotSelected

● 组合（用于鼠标单击时取消选中所在的动态面板）：IsSelected

思路分析

①鼠标单击列表项标题时只有一个列表项是展开的状态；这种效果与唯一选项组相似，可以给每一个列表项的动态面板【设置选项组名称】"ListItem"，然后，在单击组合"NotSelected"时，选中动态面板（见操作步骤01）。

②列表项内容的展开与收起（动态面板两个状态的切换），可以通过当前项是否被选中来决定；如果被选中，展开内容（切换到动态面板的"State2"）；如果被取消选中，收起内容（切换到动态面板的"State1"）（见操作步骤02 ～ 03）。

③列表项展开时，再次单击列表项标题能够收起内容；可通过在单击组合"IsSelected"时，取消选中动态面板来实现（见操作步骤04）。

操作步骤

以下内容以第1个列表项为例。

01 为组合"NotSelected"的【鼠标单击时】事件添加"case1"，设置动作为【选中】动态面板"ListItem01"。

- 事件交互设置：见图11-92。

图11-92

02 为动态面板"State1"中矩形的【选中时】事件添加"case1"，设置动作为【设置面板状态】于动态面板"ListItem01"，{选择状态}为"State2"，勾选【推动/拉动元件】，选择{方向}为【下方】。

03 继续为上一步中矩形的【取消选中时】事件添加"case1"，为【设置面板状态】于动态面板"ListItem01"，{选择状态}为"State1"，勾选【推动/拉动元件】，选择{方向}为【下方】。

- 事件交互设置：见图11-93。

图11-93

04 为组合"IsSelected"的【鼠标单击时】事件添加"case1"，设置动作为【取消选中】动态面板"ListItem01"。

- 事件交互设置：见图11-94。

图11-94

完成以上操作后，将第1个列表项复制，并修改元件命名、元件文字以及列表项内容，完成其他列表项的制作。

补充说明

- 本案例中只有单击列表项标题区域才可展开收起内容，

所以，不能直接在动态面板上添加切换选中的交互；而是，把交互添加到两个元件组合上。

- 本案例中左侧导航菜单功能可参考案例29实现，在此不做讲述。

案例展示

扫一扫二维码，查看案例展示。

案例71 展开收起与移动效果

案例来源

火狐-首页

案例效果

- 初始状态/收起换肤列表时：见图11-95。

图11-95

- 打开换肤列表时：见图11-96。

图11-96

案例描述

在单击导航菜单的换肤按钮时，按钮样式发生改变，同时页面内容整体匀速下移，显示换肤列表并向其下匀速移动；再次单击换肤按钮时，按钮样式恢复原状，同时页面内容向上移动回原位，换肤列表移动回原位并隐藏。

元件准备

● 页面中：见图11-97。

图11-97

● 动态面板"MenuPanel"中：见图11-98。

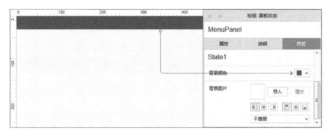

图11-98

● 动态面板"TogglePanel"的状态：见图11-99。

图11-99

● 动态面板"TogglePanel"的"State1"中：见图11-100。

图11-100

● 动态面板"TogglePanel"的"State2"中：见图11-101。

图11-101

包含命名

● 动态面板（用于横向铺满屏幕的导航菜单背景）：MenuPanel

● 动态面板（用于换肤菜单项）：TogglePanel

● 图片（代替皮肤列表内容）：SkinList

● 图片（代替页面内容区域）：ContentArea

思路分析

①鼠标单击换肤按钮时，按钮在两个不同样式间切换（见操作步骤01）。

②按钮的样式改变时，如果是改变后的样式，显示皮肤列表，同时，向下移动皮肤列表和页面内容（见操作步骤02）。

③按钮的样式改变时，如果是恢复默认的样式，向上移动皮肤列表和页面内容；待移动完毕后，将皮肤列表隐藏（见操作步骤02）。

操作步骤

01 为动态面板"TogglePanel"的【鼠标单击时】事件添加"case1"，设置动作为【设置面板状态】于"当前元件"（This）；{选择状态}为【Next】，勾选【向后循环】的选项；这样就完成了"换肤"按钮在两个样式间的切换。

02 为动态面板"TogglePanel"的【状态改变时】事件添加"case1"，设置条件判断【面板状态】于"当前元件"（This）【==】【状态】"State2"，设置满足条件时的第1个动作为【显示】元件"SkinList"；第2个动作为【移动】元件"SkinList"【经过】{x}"0"{y}"15"的距离，{动画}为【线性】"500"毫秒；继续勾选元件"ContentArea"，设置其移动【经过】{x}"0"{y}"256"的距离，{动画}为【线性】"500"毫秒。

03 为动态面板"TogglePanel"的【状态改变时】事件添加"case2"，设置不满足操作步骤02的条件时，执行第1个动作为【移动】元件"SkinList"【经过】{x}"0"{y}"-15"的距离，

{动画}为【线性】"500"毫秒；继续勾选元件"ContentAr-ea"，设置其移动【经过】{x}"0"{y}"-256"的距离，{动画}为【线性】"500"毫秒；第2个动作为【等待】"500"毫秒；待移动完成后，执行的第3个动作为【隐藏】元件"SkinList"。

- 事件交互设置：见图11-102。

图11-102

案例展示

扫一扫二维码，查看案例展示。

案例72 图像旋转与镂空效果

案例来源

微博－头像设置

案例效果

- 初始状态：见图11-103。

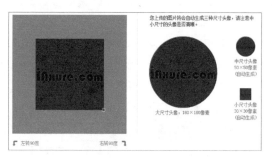

图11-103

- 拖动选取区域时：见图11-104。
- 单击转变角度按钮时：以左转90度为例（见图11-105）。

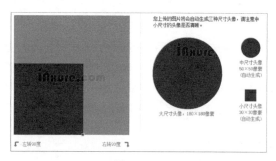

图11-104

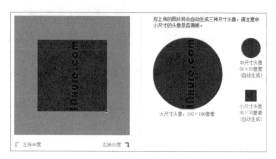

图11-105

案例描述

鼠标拖动左侧选取区域时，选取区域可在图片范围内移动，同时，右侧的三种不同尺寸的小图也同步显示选取区域内的内容；单击旋转角度按钮时，可以向左或向右将图片旋转90度，同时，右侧的三种不同尺寸的小图也同步旋转。

元件准备

- 页面中：见图11-106。

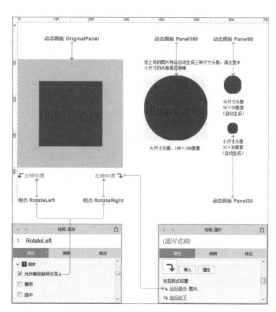

图11-106

- 动态面板"OriginalPanel"中：见图11-107。

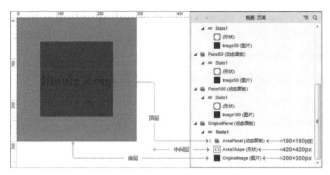

图 11-107

- 动态面板"AreaPanel"中：

空白的动态面板元件，没有其他内容。

- 动态面板"Panel180"中：见图11-108。

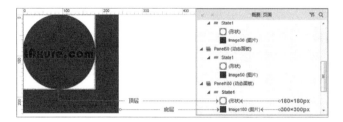

图 11-108

- 动态面板"Panel50"中：见图11-109。

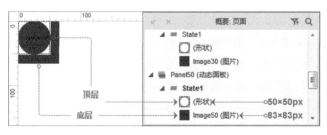

图 11-109

- 动态面板"Panel30"中：见图11-110。

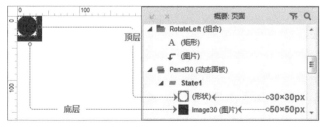

图 11-110

- 制作镂空形状"AreaShape"：见图11-111。

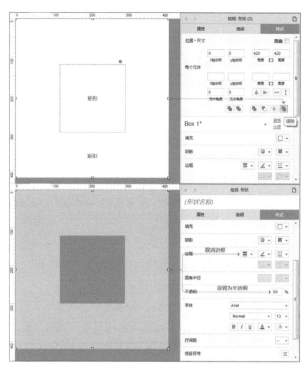

图 11-111

- 制作圆形镂空形状：以180像素尺寸为例（见图11-112）。

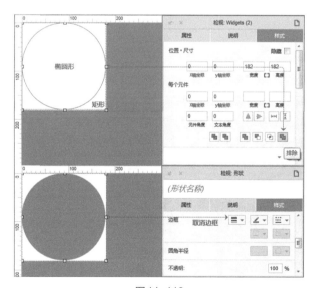

图 11-112

包含命名

- 组合（用于向左旋转的按钮）：RotateLeft
- 组合（用于向右旋转的按钮）：RotateRight
- 动态面板（用于限制选取区域边界）：OriginalPanel
- 动态面板（用于拖动选取区域）：AreaPanel
- 动态面板（用于限制尺寸180的图片移动范围）：

Panel180

- 动态面板（用于限制尺寸50的图片移动范围）：Panel50
- 动态面板（用于限制尺寸30的图片移动范围）：Panel30
- 自定义形状（用于镂空的选取区域）：AreaShape
- 图片（用于原始图片）：OriginalImage
- 图片（用于尺寸180的图片）：Image180
- 图片（用于尺寸50的图片）：Image50
- 图片（用于尺寸30的图片）：Image30

思路分析

①选取区域需要能够拖动，需要通过动态面板"AreaPanel"来实现（见操作步骤01）。

②在拖动动态面板"AreaPanel"时，移动"AreaShape"同步跟随；因为动态面板是个透明的元件，所以，视觉上看到的是"AreaShape"被拖动（见操作步骤02）。

③在动态面板"AreaPanel"被拖动时，其他三个尺寸的图片也要同步反向移动，移动的距离与尺寸的比例一致，并且移动时不能够超出指定的区域（见操作步骤03）。

④单击左转90度的按钮时，能够让原图和其他三个尺寸的图片同时逆时针旋转90角度。

⑤单击右转90度的按钮时，能够让原图和其他三个尺寸的图片同时顺时针旋转90角度。

操作步骤

01 为元件"AreaPanel"的【拖动】事件添加"case1"，设置动作为【移动】"当前元件"（This），{移动}类型选择【拖动】；然后，{界限}设置中单击【添加边界】，设置【左侧】【>】"0"，【右侧】【<】"300"，【顶部】【>】"0"，【底部】【<】"300"。

- 事件交互设置：见图11-113。

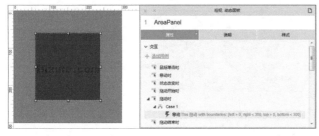

图11-113

02 为元件"AreaPanel"的【移动时】事件添加"case1"，设置动作为【移动】元件"AreaShape"，{移动}类型选择【跟随】。

- 事件交互设置：见图11-114。

03 为元件"AreaPanel"【拖动时】事件"case1"中的【移动】动作添加新的设置：新增设置如下。

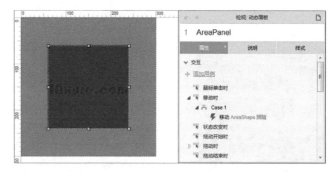

图11-114

- 勾选元件"Image180"，{移动}该元件【经过】{x}"[[-DragX]]"{y}"[[-DragY]]"的距离，然后，{界限}设置中单击【添加边界】，设置【左侧】【>】"-120"，【右侧】【<】"300"，【顶部】【>】"-120"，【底部】【<】"300"。

- 勾选元件"Image50"，{移动}该元件【经过】{x}"[[-DragX*50/180]]"{y}"[[-DragY/180*50]]"的距离，然后，{界限}设置中单击【添加边界】，设置【左侧】【>】"-33"，【右侧】【<】"83"，【顶部】【>】"-33"，【底部】【<】"83"。

- 勾选元件"Image30"，{移动}该元件【经过】{x}"[[-DragX*30/180]]"{y}"[[-DragY*30/180]]"的距离，然后，{界限}设置中单击【添加边界】，设置【左侧】【>】"-20"，【右侧】【<】"50"，【顶部】【>】"-20"，【底部】【<】"50"。

- 事件交互设置：见图11-115。

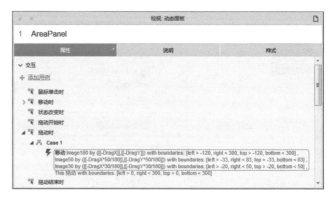

图11-115

04 为组合"RotateLeft"的【鼠标单击时】事件添加"case1"，设置动作为【旋转】；勾选元件"OriginalImage""Image180""Image50"和"Image30"，设置均为{旋转}【经过】{角度}为"90"度，{方向}选择【逆时针】；

05 为组合"RotateRight"的【鼠标单击时】事件添加"case1"，设置动作为【旋转】；勾选元件"OriginalImage""Image180""Image50"和"Image30"，设置均为{旋转}【经过】{角度}为"90"度，{方向}选择【顺时针】。

- 事件交互设置：见图11-116。

图 11-116

补充说明

● 在本书的案例源文件中包含了另外一种做法的原型内容，并且添加了改变选取区域尺寸的相关效果，因实现过程中重复步骤较多，读者可自行参考，在此不做讲述。

案例展示

扫一扫二维码，查看案例展示。

案例73　全选与取消全选效果

案例来源

百度音乐－音乐盒

案例效果

● 初始状态/取消全选时：见图11-117。

图 11-117

● 全选后取消任一选项时：见图11-118。

图 11-118

● 全选/单选全部选中时：见图11-119。

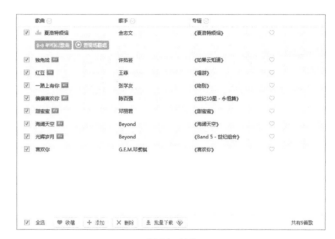

图 11-119

案例描述

列表中相邻的行具有交替的背景颜色；单击列表中复选框时，可以切换复选框的勾选状态，复选框被勾选时整行变为灰色，取消勾选时恢复默认颜色；列表中的复选框被全部勾选时，列表左下方的全选复选框变为被勾选状态；列表中的复选框有任何一个取消勾选时，全选复选框都会变为未勾选状态；全选复选框被主动勾选时，列表中所有的复选框均被勾选，全选复选框被主动取消勾选时，列表中所有的复选框均被取消勾选。

另外，本案例中当列表中某一行被双击时，该行为播放状态，歌曲名之前显示播放图标，并且显示听相似歌曲与看现场翻唱的按钮。

元件准备

● 页面中：见图11-120。
● 中继器"PlayList"中：见图11-121。

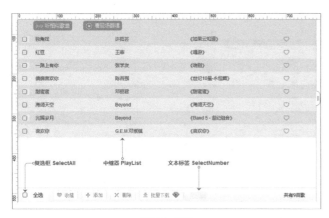

图11-120

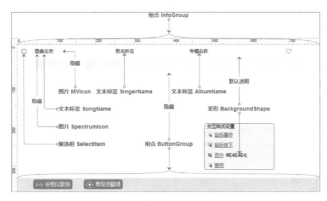

图11-121

- 中继器"PlayList"数据集中：见图11-122。
- 中继器"PlayList"样式设置中：见图11-123。

图11-122

图11-123

包含命名

- 复选框（用于全选的复选框）：SelectAll
- 文本标签（用于记录列表中复选框被勾选的数量）：SelectNumber
  - 中继器（用于歌曲列表）：PlayList
  - 组合（用于歌曲信息部分的同一操作）：InfoGroup
  - 组合（用于其他按钮部分的同一操作）：ButtonGroup
  - 图片（用于播放状态显示的频谱图标）：SpectrumIcon

- 图片（用于显示歌曲MV图标）：MVIcon
- 复选框（用于列表中每行的复选框）：SelectItem
- 文本标签（用于显示歌曲名称）：SongName
- 文本标签（用于显示歌手姓名）：SingerName
- 文本标签（用于显示专辑名称）：AlbumName
- 矩形（用于歌曲信息部分的灰色背景）：BackgroundShape

思路分析

①完成歌曲列表的常规信息部分（见操作步骤01）。

②为播放状态的歌曲显示更多的按钮；显示频谱图标，将歌曲名称置于频谱图标右侧，显示整行灰色的背景（见操作步骤02）。

③为有MV的歌曲显示MV的图标，MV的图标在歌曲名称右侧间距5像素的位置（见操作步骤03）。

④双击歌曲列表中任何一项时，取消其他歌曲的播放状态，并将当前歌曲改变为播放状态（见操作步骤04～05）。

⑤勾选歌曲列表中任何一项的复选框时，整行显示灰色背景，勾选数量记录增加1（见操作步骤06）。

⑥如果勾选数量记录等于列表项的总和，勾选复选框"SelectAll"（见操作步骤07）。

⑦取消勾选歌曲列表中任何一项的复选框时，勾选数量记录减少1；取消勾选复选框"SelectAll"（见操作步骤08）。

⑧如果歌曲列表中取消勾选的项不是播放状态，取消显示整行的灰色背景（见操作步骤09）。

⑨在单击复选框"SelectAll"时判断复选框是否被勾选，如果该复选框被勾选则勾选歌曲列表中所有的复选框；否则，取消勾选歌曲列表中所有的复选框；这里需要注意的是，全选与取消全选只有在主动勾选或取消勾选复选框"SelectAll"时才能够生效，所以触发事件要选择复选框"SelectAll"的【鼠标单击时】而不是【选中时】和【取消选中时】（见操作步骤10～11）。

操作步骤

01 为中继器"PlayList"的【每项加载时】事件添加"case1"，设置动作为【设置文本】；勾选元件"SongName"，设置文本为【值】"[[Item. SongName]]"；勾选元件"SingerName"，设置文本为【值】"[[Item. SingerName]]"；勾选元件"Album-Name"，设置文本为【值】"[[Item.AlbumName]]"。

02 继续为中继器"PlayList"的【每项加载时】事件添加"case2"，设置条件判断【值】"[[Item.IsPlay]]"【==】【值】"True"；设置满足条件时的动作为【显示】组合"But-tonGroup"，【显示】图片"SpectrumIcon"，【移动】元件

"SongName"【经过】{x}"25"{y}"0"的位置，【选中】元件"BackgroundShape"。

03 继续为中继器"PlayList"的【每项加载时】事件添加"case3"，设置条件判断【值】"[[Item.MV]]"【==】【值】"Yes"；设置满足条件时的动作为【显示】图片"MVIcon"，【移动】图片"MVIcon"【到达】{x}"[[s.x+s.text.length*12+5]]"{y}"[[Target.y]]"的位置；公式中"s"为局部变量，其内容为元件"Song-Name"的对象实例；这里要注意的是：因为，歌曲名称长度不一，所以不能移动MV的图标到固定的位置，在这里移动公式"[[s.x+s.text.length*12+5]]"的含义为"歌曲名称元件的x轴坐标值+歌曲名称字符数量*字符的宽度+5像素"。

- 事件交互设置：见图11-124。

图11-124

04 为组合"InfoGroup"的【鼠标双击时】事件添加"case1"，设置动作为【更新行】于中继器"PlayList"，勾选【条件】，设置条件为"True"（表示全部符合条件），【选择列】为"IsPlay"，设置列的【Value】（值）为"False"；这一步完成了取消列表中所有歌曲的播放状态。

05 继续上一步，添加动作【更新行】于中继器"PlayList"，勾选【This】，【选择列】为"IsPlay"，设置列的【Value】（值）为"True"；这一步完成了将当前歌曲设置为播放状态。

- 事件交互设置：见图11-125。

图11-125

06 为复选框"SelectItem"的【选中时】事件添加"case1"，设置动作为【选中】元件"BackgroundShape"；【设置文本】于元件"SelectNumber"为【值】"[[Target.text+1]]"；公式"[[Target.text+1]]"表示目标元件文字加1。

07 为复选框"SelectItem"的【选中时】事件添加"case2"，添加条件判断【元件文字】于"SelectNumber"【==】【值】"[[Item.Repeater.visibleItemCount]]"；设置满足条件时的动作为【选中】元件"SelectAll"；公式"[[Item.Repeater.visi-bleItemCount]]"的返回值为当前项所在的中继器的可见项数量；完成动作设置后，在case名称上单击＜鼠标右键＞，选择菜单中最后一项，将case的条件判断由"Else If"转换为"If"。

08 为复选框"SelectItem"的【取消选中时】事件添加"case1"，设置动作为【设置文本】于元件"SelectNumber"为【值】"[[Target.text-1]]"；【取消选中】元件"SelectAll"；公式"[[Target.text-1]]"表示目标元件文字减1。

09 为复选框"SelectItem"的【取消选中时】事件添加"case2"，添加条件判断【值】"[[Item.IsPlay]]"【==】【值】"False"；设置满足条件时的动作为【取消选中】元件"Back-groundShape"；完成动作设置后，在case名称上单击＜鼠标右键＞，选择菜单中最后一项，将case的条件判断由"Else If"转换为"If"。

- 事件交互设置：见图11-126。

10 为元件"SelectAll"的【鼠标单击时】事件添加"case1"，设置条件判断【选中状态】于"当前元件"（This）【==】【true】，设置满足条件时的动作为【选中】元件"SelectItem"。

11 继续为元件"SelectAll"的【鼠标单击时】事件添加"case2"，设置不满足操作步骤10的条件时，执行动作为【取消选中】元件"SelectItem"。

- 事件交互设置：见图11-127。

图11-126　　　　　　　　图11-127

案例展示

扫一扫二维码，查看案例展示。

案例74   带进度条的分页标签

案例来源

网易－首页

案例效果

- 初始状态／鼠标离开模块区域时：见图11-128。
- 鼠标进入模块区域时：见图11-129。

图11-128　　　　　　　图11-129

案例描述

页面打开后，多张图片在同一区域循环切换；切换时，下方的对应分页标签同步改变颜色；同时，在分页标签上出现深蓝色进度条；当进度条加载完毕，切换到下一张图片；当鼠标进入该模块区域时，停止图片的切换，同时，进度条消失；当鼠标离开该模块区域，进度条重新进行加载，并启动图片切换；鼠标单击分页标签时，切换到与之对应的图片，切换时，如果当前图片的顺序在切换后图片之前，切换动画为向右滑动，否则，向左滑动。

元件准备

- 页面中：见图11-130。

图11-130

- 动态面板"SlidePanel"的状态：见图11-131。

图11-131

- 动态面板"SlidePanel"各个状态中：见图11-132。

图11-132

包含命名

- 组合（用于触发鼠标进入离开的交互）：SlideGroup
- 动态面板（用于循环播放与放置图片内容）：SlidePanel

思路分析

①让动态面板"SlidePanel"在加载时就开始自动循环切换图片内容（见操作步骤01）。

②单击左右切换按钮时，能够前后切换图片内容（见操作步骤02～03）。

③单击分页标签时，切换图片内容；如果进度条的x轴位置小于当前分页标签的x轴位置，说明切换到的图片顺序在当前显示的图片之后，动画效果应该为向左滑动切换；否则，动画效果为向右滑动切换（见操作步骤04～05）。

④在图片内容切换时，根据动态面板"SlidePanel"当前显示状态的名称，将对应的分页标签选中（见操作步骤06～07）。

⑤鼠标指针进入模块区域时，停止循环切换图片内容，并隐藏进度条（见操作步骤08）。

⑥鼠标指针离开模块区域时，重新启动图片内容的自动循环切换，并显示进度条（见操作步骤09）。

⑦动态面板"SlidePanel"在加载时，进度条也需要显示（见操作步骤10）。

⑧分页标签被选中时，需要先隐藏进度条，然后将进度条移动到与分页标签重合的位置，再将其显示出来（见操作

步骤 11）。

⑨进度条隐藏时，将其尺寸设置为最小，即宽度为 1，高度不变（见操作步骤 12）。

⑩进度条显示时，触发尺寸改变时事件（见操作步骤 13）。

⑪进度条尺寸改变时，如果未达到 24 像素的宽度，等待一定时间后，宽度增加 1 像素（见操作步骤 014）。

操作步骤

01 为动态面板"SlidePanel"的【载入时】事件添加"case1"，设置动作为【设置面板状态】于"SlidePanel"；{选择状态}为【Next】，勾选【向后循环】，设置【循环间隔】"5000"毫秒，勾选【首个状态延时 5000 毫秒后切换】；{进入动画}与{退出动画}均为【向左滑动】，{时间}为"500"毫秒。

- 事件交互设置：见图 11-133。

图 11-133

02 为向左切换按钮的【鼠标单击时】事件添加"case1"，设置动作为【设置面板状态】于"SlidePanel"；{选择状态}为【Previous】，勾选【向前循环】；{进入动画}与{退出动画}均为【向右滑动】，{时间}为"500"毫秒；注意这里不要勾选设置【循环间隔】。

- 事件交互设置：见图 11-134。

图 11-134

03 为向右切换按钮的【鼠标单击时】事件添加"case1"，设置动作为【设置面板状态】于"SlidePanel"；{选择状态}为【Next】，勾选【向后循环】；{进入动画}与{退出动画}均为【向左滑动】，{时间}为"500"毫秒；注意这里也不要勾选设置【循环间隔】。

- 事件交互设置：见图 11-135。

图 11-135

04 为每个分页标签的【鼠标单击时】事件添加"case1"，设置条件判断【值】"[[p.x]]"【<】【值】"[[This.x]]"；公式中"p"是局部变量，其内容为元件"ProgressBar"的对象实例；添加满足条件时的动作为【设置面板状态】于"SlidePanel"；{选择状态}为【Value】，{状态名称或序号}填写"[[This.name.slice(-1)]]"；{进入动画}与{退出动画}均为【向左滑动】，{时间}为"500"毫秒；公式"[[This.name.slice(-1)]]"能够获取当前元件名称的最后一个字符，与动态面板状态的序号相对应。

05 为每个分页标签的【鼠标单击时】事件添加"case2"，添加不满足操作步骤 04 的条件时动作为【设置面板状态】于"SlidePanel"；{选择状态}为【Value】，{状态名称或序号}填写"[[This.name.slice(-1)]]"；{进入动画}与{退出动画}均为【向右滑动】，{时间}为"500"毫秒。

- 事件交互设置：见图 11-136。

图 11-136

06 为动态面板"SlidePanel"的【状态改变时】事件添加"case1 ~ case5"，分别判断【面板状态】于"当前元件"（This）【==】【状态】"State1 ~ State6"；设置满足条件时的动作为【选中】元件"IndexShape01 ~ IndexShape05"。

07 继续为动态面板"SlidePanel"的【状态改变时】事件添加"case6"，设置不满足操作步骤 06 所有条件时的动作为【选中】元件"IndexShape06"。

- 事件交互设置：见图 11-137。

图 11-137

08 为组合"SlideGroup"的【鼠标移入时】事件添加"case1"，设置第1个动作为【设置面板状态】于"SlidePanel"；{选择状态}为【停止循环】；设置第2个动作为【隐藏】元件"ProgressBar"。

09 为组合"SlideGroup"的【鼠标移出时】事件添加"case1"，设置第1个动作为【设置面板状态】于"SlidePanel"；{选择状态}为【Next】，勾选【向后循环】，设置【循环间隔】"5000"毫秒，勾选【首个状态延时5000毫秒后切换】；{进入动画}与{退出动画}均为【向左滑动】，{时间}为"500"毫秒；设置第2个动作为【显示】元件"ProgressBar"。

● 事件交互设置：见图11-138。

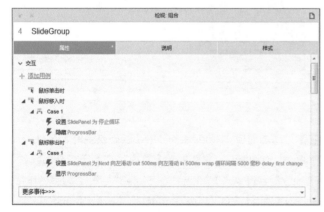

图 11-138

10 为动态面板"SlidePanel"【载入时】事件的"case1"添加第2个动作，【显示】元件"ProgressBar"。

● 事件交互设置：见图11-139。

图 11-139

11 为每个分页标签元件的【选中时】事件添加"case1"，设置第1个动作为【隐藏】元件"ProgressBar"；第2个动作为【移动】元件"ProgressBar"【到达】{x}"[[This.x]]"{y}"[[This.y]]"的位置；第3个动作为【显示】元件"ProgressBar"。

● 事件交互设置：以"IndexShape01"为例（见图11-140）。

图 11-140

12 为元件"ProgressBar"的【隐藏时】事件添加"case1"，设置动作为【设置尺寸】于"ProgressBar"；{宽度}为"1"，{高度}为"4"，{锚点}为默认的【左上角】。

13 为元件"ProgressBar"的【显示时】事件添加"case1"，设置动作为【触发事件】；勾选元件"ProgressBar"，选择该元件的【尺寸改变时】事件。

14 为元件"ProgressBar"的【尺寸改变时】事件添加"case1"，设置条件判断【元件可见】于"当前元件"（This）【==】【值】【True】并且【值】"[[This.width]]"【<】【值】"25"；添加满足条件时的第1个动作为【等待】"150"毫秒；第2个动作为【设置尺寸】于"当前元件"（This），{宽度}为"[[This.width+1]]"，{高度}为"4"，{锚点}为默认的【左上角】。

● 事件交互设置：见图11-141。

图 11-141

补充说明

● 本案例中使用了"FontAwesome 4.4.0"图标字体元件库，需要安装字体文件支持，并进行 Web 字体设置（参考案例 1 的补充说明）。

● 按理论计算的数值，操作步骤 14 中，进度条应该每隔 200 毫秒前进 1 像素，但是，因为交互效果运行时会产生细小的时间误差，所以将该数值调整到 150 毫秒，请读者不要过于深究。

案例展示

扫一扫二维码，查看案例展示。

| 案例75 | 循环选中与尺寸改变 |

案例来源

高德地图 – 开放平台

案例效果

● 初始状态 / 节点全部恢复时：见图 11-142。

图 11-142

● 节点选中时：见图 11-143。

图 11-143

案例描述

案例中节点依次变为绿色放大的状态，同时，与节点相对应的图片亮起；当所有节点改变状态后，统一恢复成初始状态。

元件准备

见图 11-144。

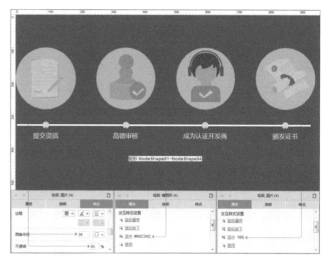

图 11-144

包含命名

● 矩形（用于各个节点标记）：NodeShape01 ～ NodeShape04

思路分析

①页面打开后，间隔一段时间后，让第 1 个节点变为选中状态（见操作步骤 01）。

②每个节点元件被选中时，都要高亮显示相对应的图片，并且自身尺寸变大；同时，显示节点上的序号并有文字变大的效果（见操作步骤 02 ～ 06）。

③前 3 个节点元件，在完成上一步的动作后，都是等待一秒钟，选中下一个节点元件；而最后一个元件，则是等待 3 秒钟后，取消选中所有的元件（见操作步骤 07 ～ 10）。

④每个节点元件被取消选中时，都要将自身尺寸恢复初始状态；同时，节点上的序号被清除（见操作步骤 11）。

⑤第 1 个节点元件被取消选中时，除了要有上一步所描述的动作，还要再等待 2 秒钟后，再次选中第 1 个元件（见操作步骤 12）。

操作步骤

01 为元件"NodeShape01"的【载入时】事件添加"case1"，设置第 1 个动作为【等待】"2000"毫秒；第 2 个动作为【选中】"当前元件"（This）。

- 事件交互设置：以"NodeShape01"为例（见图11-145）。

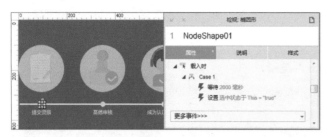

图11-145

02 为每个节点元件的【选中时】事件添加"case1"，设置动作为【选中】元件为对应的图片元件"NodeImage01 ~ NodeImage04"。

03 继续上一步，添加动作【设置尺寸】于"当前元件"（This），{宽度}为"35"{高度}为"35"，{锚点}选择为【中心】，{动画}为【线性】，{时间}为"200"毫秒。

04 继续上一步，添加动作【等待】"100"毫秒。

05 继续上一步，添加动作【设置文本】于"当前元件"（This）为【富文本】；单击【编辑文本】，输入"[[This.name.slice(-1)]]"；然后，将公式内容设置为白色字体，字号为"16"。

06 继续上一步，添加动作【设置文本】于"当前元件"（This）为【富文本】；单击【编辑文本】，输入"[[This.name.slice(-1)]]"；然后，将公式内容设置为白色字体，字号为"24"。

07 继续上一步，为前3个节点元件的"case1"继续添加动作，【等待】"1000"毫秒。

08 继续上一步，为前3个节点元件的"case1"继续添加动作，【选中】"NodeShape02 ~ NodeShape04"。

- 事件交互设置：以"NodeShape01"为例（见图11-146）。

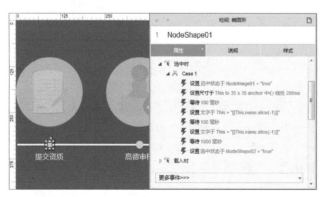

图11-146

09 为第4个节点元件的"case1"继续添加动作，【等待】"3000"毫秒。

10 继续上一步，为第4个节点元件的"case1"继续添加动作，【取消选中】元件"NodeShape01 ~ NodeShape04"和"NodeImage01 ~ NodeImage04"。

- 事件交互设置：见图11-147。

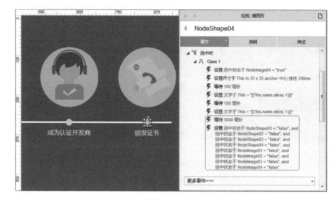

图11-147

11 为每个节点元件的【取消选中时】事件添加"case1"，设置第1个动作为【设置尺寸】于"当前元件"（This），{高度}为"20"{宽度}为"20"，{锚点}选择【中心】，{动画}选择【线性】，{时间}为"200"毫秒；设置第2个动作为【设置文本】于"当前元件"（This）为【值】""（空值）。

- 事件交互设置：以"NodeShape04"为例（见图11-148）。

图11-148

12 为元件"NodeShape01"【取消选中时】事件的"case1"额外添加2个动作，【等待】"2000"毫秒后，【选中】"NodeShape01"。

- 事件交互设置：见图11-149。

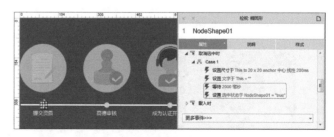

图11-149

案例展示

扫一扫二维码，查看案例展示。

案例76　二级菜单的内容切换

案例来源

360商城-首页

案例效果

- 与主菜单顶部对齐的子菜单：见图11-150。

图11-150

- 下边缘与底部对齐的子菜单：见图11-151。

图11-151

案例描述

　　鼠标进入主菜单项时，主菜单呈现灰色，同时显示子菜单；前两项子菜单与菜单项顶部对齐，后三项的子菜单如果与菜单项对齐，会超出主菜单底部，所以，后三项的子菜单底部与主菜单底部对齐。当子菜单隐藏时，主菜单项恢复白色默认状态。

元件准备

- 页面中：见图11-152。

图11-152

- 动态面板"BackgroundPanel"中：见图11-153。

图11-153

- 动态面板"SubmenuPanel"的状态：见图11-154。

图11-154

- 动态面板"SubmenuPanel"各个状态中：见图11-155。

包含命名

- 组合（用于主菜单项）：MenuGroup01～MenuGroup05
- 动态面板（用于图片背景）：BackgroundPanel
- 动态面板（用于显示子菜单）：SubmenuPanel

图 11-155

思路分析

①鼠标进入每个菜单项时,菜单项变为灰色(见操作步骤01)。

②鼠标进入每个菜单项时,将二级菜单切换为与菜单项相对应的内容。

③由上至下,前两个菜单项的二级菜单,位于菜单项右侧,并且顶部与菜单项对齐。

④第3个到最后一个菜单项的二级菜单,同样位于菜单项右侧,但纵向位置是底部与背景图片底部对齐。

⑤鼠标进入每个菜单项时,显示二级菜单,并且当鼠标离开菜单项和二级菜单时能够自动隐藏二级菜单。

⑥当二级菜单隐藏时,菜单项恢复初始状态时的颜色。

操作步骤

01 为每个菜单项组合的【鼠标移入时】事件添加"case1",设置动作【选中】"当前元件"(This)。

02 继续上一步,添加动作【设置面板状态】于"SubmenuPanel";{选择状态}为【Value】,{状态名称或序号}填写"[[This.name.slice(-1)]]";公式"[[This.name.slice(-1)]]"能够获取当前组合名称的最后一个字符,与动态面板状态的序号相对应。

03 继续上一步,添加动作【移动】动态面板"SubmenuPanel"【到达】指定的位置;这个位置第1、2个菜单项为{x}"[[This.right]]"{y}"[[This.y]]";而第3个到最后一个菜单项为{x}"[[This.right]]"{y}"[[b.bottom-Target.height]]";公式中的"b"为

局部变量,其内容为元件"BackgroundPanel"的对象实例。

- 事件交互设置:见图11-156。

图 11-156

04 继续上一步,添加动作【显示】动态面板"SubmenuPanel",【更多选项】中选择【弹出效果】。

- 事件交互设置:见图11-157。

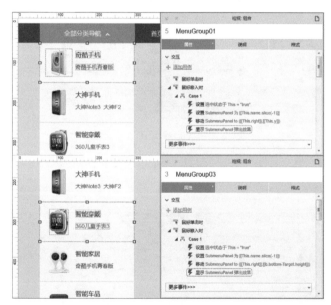

图 11-157

05 为动态面板"SubmenuPanel"的【隐藏时】事件添加"case1",设置动作为【取消选中】元件组合"MenuGroup01 ~ MenuGroup05"。

- 事件交互设置:见图11-158。

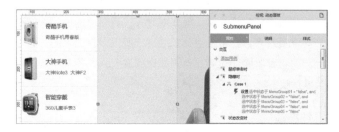

图 11-158

案例展示

扫一扫二维码，查看案例展示。

案例77 循环内容走马灯效果

案例来源

京东－首页－热门晒单

案例效果

- 商品切换前：见图11-159。
- 商品切换后：见图11-160。

图 11-159　　　　图 11-160

案例描述

页面打开后，商品开始由下至上循环滚动显示，滚动时有一定时间间隔。

元件准备

- 页面中：见图11-161。

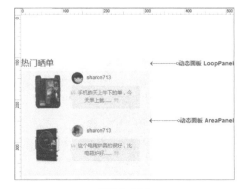

图 11-161

- 动态面板"LoopPanel"中：见图11-162。

图 11-162

- 动态面板"AreaPanel"中：见图11-163。

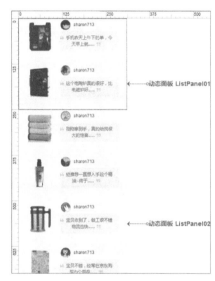

图 11-163

- 动态面板"ListPanel01"中：见图11-164。

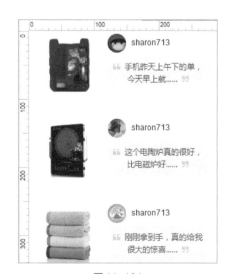

图 11-164

- 动态面板 "ListPanel02" 中：见图11-165。

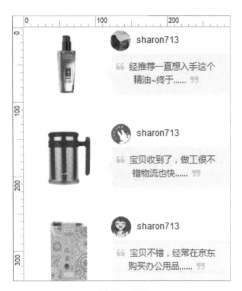

图11-165

包含命名

- 动态面板（用于循环效果）：LoopPanel
- 动态面板（用于列表显示区域）：AreaPanel
- 动态面板（用于放置前3个商品项）：ListPanel01
- 动态面板（用于放置后3个商品项）：ListPanel02

思路分析

①页面打开后就要自动循环展示商品，需要使用动态面板的循环功能，动态面板的循环间隔时间与商品移动的间隔时间一致（见操作步骤01）。

②在动态面板 "LoopPanel" 每次循环切换状态时，向上同时移动放置商品内容的两个动态面板（见操作步骤02）。

③在两个放置商品内容的动态面板移动时，如果面板底部离开了展示区域，就移动面板到显示区域的下方，移动时就能再次进入（见操作步骤03）。

操作步骤

01 为动态面板 "LoopPanel" 的【载入时】事件添加 "case1"，设置动作为【设置面板状态】于"当前元件"（This）；{选择状态}为【Next】，勾选【向后循环】，勾选并设置【循环间隔】"2500"毫秒，同时勾选【首个状态延时2500毫秒后切换】。

02 为动态面板 "LoopPanel" 的【状态改变时】事件添加 "case1"，设置动作为【移动】；移动元件 "ListPanel01" 和

"ListPanel02"【经过】{x}"0"{y}"-125"的距离，{动画}选择为【线性】，{时间}为"500"毫秒。

- 事件交互设置：见图11-166。

图 11-166

03 为动态面板 "ListPanel01" 和 "ListPanel02" 的【移动时】事件添加 "case1"，设置条件判断【值】"[[This.bottom]]"【<=】【值】"0"；设置满足条件时的动作为【移动】"当前元件"（This）【到达】{x}"0"{y}"250"的位置。

- 事件交互设置：以动态面板 "ListPanel01" 为例（见图11-167）。

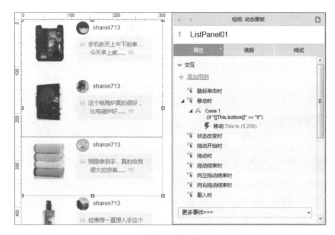

图 11-167

案例展示

扫一扫二维码，查看案例展示。

案例78 页面安全键盘的实现

案例来源

农业银行－企业注册

案例效果

- 光标进入密码框时：见图11-168。

图11-168

- 光标进入验证密码框时：见图11-169。

图11-169

- 单击键盘数字输入内容时：见图11-170。

图11-170

案例描述

光标进入文本框（仅指输入登录密码和密码确认的文本框）时，显示安全键盘，键盘的位置位于光标所在文本框的左下方；单击安全键盘上的数字键时，能够向光标所在的文本框输入相应的数字；单击安全键盘上的退格键时，能够删除光标所在的文本框中文本末尾的字符；单击安全键盘上的

清除键时，能将光标所在的文本框文本内容清空；当光标离开文本框时，安全键盘隐藏。

元件准备

- 页面中：见图11-171。

图11-171

- 动态面板"KeyboardPanel"中：见图11-172。

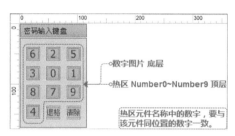

图11-172

包含命名

- 动态面板（用于放置组成键盘的元件）：KeyboardPanel
- 热区（用于单击时向文本框输入数字）：Number0 ～ Number9

思路分析

①光标进入任何一个密码框时，都需要将安全键盘移动到密码框左下方的位置，并显示出来（见操作步骤01）。

②单击安全键盘上的数字键，可以向光标所在的密码框中输入数字（见操作步骤02）。

③单击安全键盘上的退格键，可以清除光标所在密码框中的最后一个字符（见操作步骤03）。

④单击安全键盘上的清除键，可以清除光标所在密码框的所有字符（见操作步骤04）。

⑤编辑密码框中的文字时，光标要始终保持在密码框（见操作步骤05）。

⑥当光标离开密码框时，隐藏安全键盘；不过，这一步在实际操作过程中，单击安全键盘中的按键，会导致光标离

开密码框，从而安全键盘被隐藏；解决方案是，光标离开文本框时，判断鼠标指针的位置；如果鼠标指针不在安全区域内，再隐藏安全键盘（见操作步骤06）。

操作步骤

01 为每个密码框的【获取焦点时】事件添加"case1"，设置第1个动作为【移动】动态面板"KeyboardPanel"【到达】{x}"[[This.x-Target.width-5]]"{y}"[[This.bottom+5]]" 的位置；公式中"This.x-Target.width-5"表示当前元件的x轴坐标向左距离目标元件宽度外加5像素的位置，"This.bot-tom+5"表示当前元件底部y轴坐标向下5个像素的位置；第2个动作为【显示】动态面板"KeyboardPanel"。

- 事件交互设置：见图11-173。

图11-173

02 为每个热区元件的【鼠标单击时】事件添加"case1"，设置动作为【设置文本】，元件列表中勾选"焦点元件"，设置其文本为【值】"[[f]][[This.name.slice(-1)]]"；公式中"f"为局部变量，其内容为【焦点元件文字】；公式中"This.name.slice(-1)"能够获取当前元件名称的最后一个字符。

- 局部变量设置：见图11-174。

图11-174

- 事件交互设置：见图11-175。

图11-175

03 为"退格"键的【鼠标单击时】事件添加"case1"，设置动作为【设置文本】于"焦点元件"为【值】"[[f.substr(0,f.length-1)]]"；公式中"f"为局部变量，其内容为【焦点元件文字】。

- 事件交互设置：见图11-176。

图11-176

04 为"清除"键的【鼠标单击时】事件添加"case1"，设置动作为【设置文本】于"焦点元件"为【值】""（空值）。

- 事件交互设置：见图11-177。

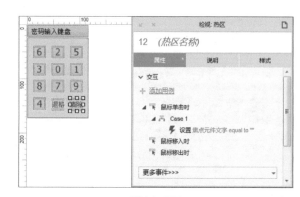

图11-177

05 为每个密码框的【文本改变时】事件添加"case1"，设置动作为【获取焦点】于"当前元件"（This）。

- 事件交互设置：见图11-178。

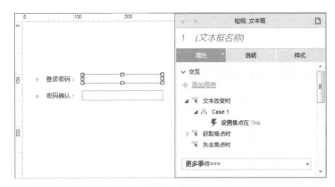

图 11-178

06 为每个密码框的【失去焦点时】事件添加"case1"，设置条件判断【指针】【未接触】【元件范围】"KeyboardPanel"；设置满足条件时的动作为【隐藏】动态面板"Keyboard-Panel"。

- 条件判断设置：见图 11-179。

图 11-179

- 事件交互设置：见图 11-180。

图 11-180

补充说明

- 本案例中额外添加热区元件覆盖在数字键之上，是因为热区元件不能获取焦点，这样能避免单击元件时，元件自身获取焦点导致的错误。
- 本案例中使用了"FontAwesome4.4.0"图标字体元件

库，需要安装字体文件支持，并进行 Web 字体设置（参考案例 1 的补充说明）。

案例展示

扫一扫二维码，查看案例展示。

案例79　省市列表的选择联动

案例来源

360 官网 - 个人中心 - 详细资料

案例效果

- 初始状态/选择"请选择"时：见图 11-181。

图 11-181

- 选择省市列表项时：见图 11-182。

图 11-182

案例描述

省市区县列表的初始选项为"请选择"，改变省市列表的选项时，区县的列表内容跟随改变。

元件准备

- 页面中：见图 11-183。

图 11-183

- 动态面板"DistrictPanel"的状态：见图11-184。

图11-184

- 动态面板"DistrictPanel"各个状态的内容：见图11-185。

图11-185

包含命名

- 动态面板（用于放置各市区县列表）：DistrictPanel
- 动态面板状态（用于放置"请选择"列表）：请选择
- 动态面板状态（用于放置"北京市"列表）：北京市
- 动态面板状态（用于放置"天津市"列表）：天津市
- 动态面板状态（用于放置"上海市"列表）：上海市
- 动态面板状态（用于放置"广东省"列表）：广东省

思路分析

①省市列表的选项改变时，让动态面板显示状态名称与选项名称相同的状态（见操作步骤01）。

②在更换选项时，还要将市区县列表中的选项恢复为第1个（见操作步骤02）。

操作步骤

01 为省市下拉列表的【选项改变时】事件添加"case1"，设置动作为【设置面板状态】；{选择状态}为【Value】，{状态名称或序号}中填写"[[p]]"；公式中"P"为局部变量，其内容为"当前元件"（This）的【被选项】。

- 局部变量设置：见图11-186。

图11-186

02 继续上一步，添加动作【设置列表选中项】，勾选动态面板"DistrictPanel"中所有的下拉列表，{设置被选项}中的【选项】软件会自动设置为第1个选项，无需更改。

- 事件交互设置：见图11-187。

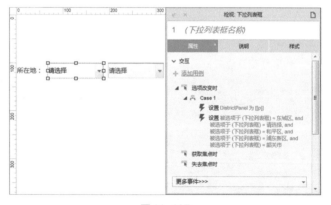

图11-187

案例展示

扫一扫二维码，查看案例展示。

案例80　背景滑块与改变尺寸

案例来源

百度新闻－首页

案例效果

- 首页中初始状态/鼠标离开导航菜单时：见图11-188。

图11-188

- 首页中鼠标进入其他菜单项时：见图11-189。

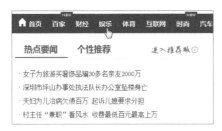

图11-189

- 体育栏目页初始状态/鼠标离开导航菜单时：见图11-190。

图11-190

- 体育栏目页鼠标进入其他菜单项时：见图11-191。

图11-191

案例描述

单击导航菜单中的菜单项能够打开相应的页面；在页面打开时，与页面相对应的菜单项呈现红色背景；当鼠标进入导航菜单中的任何一个菜单项时，都会有红色的滑块移动到菜单项上，尺寸与菜单项相同；当鼠标离开导航菜单，红色滑块滑动回初始位置。

页面准备：见图11-192。　母版准备：见图11-193。

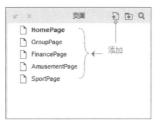

图11-192

图11-193

元件准备

- 母版"NewsMenu"中：见图11-194。

图11-194

- 动态面板"BackgroundPanel"中：见图11-195。

图11-195

包含命名

- 页面（用于菜单项"首页"打开的页面）：HomePage
- 页面（用于菜单项"百家"打开的页面）：GroupPage
- 页面（用于菜单项"财经"打开的页面）：FinancePage

- 页面（用于菜单项"娱乐"打开的页面）：AmusementPage
- 页面（用于菜单项"体育"打开的页面）：SportPage
- 矩形（用于菜单项"首页"）：HomePage
- 矩形（用于菜单项"百家"）：GroupPage
- 矩形（用于菜单项"财经"）：FinancePage
- 矩形（用于菜单项"娱乐"）：AmusementPage
- 矩形（用于菜单项"体育"）：SportPage
- 矩形（用于红色背景）：BackgroundShape
- 矩形（用于红色滑块）：MoveShape
- 动态面板（用于导航菜单蓝色背景）：BackgroundPanel

思路分析

①导航菜单在每个页面中都存在，可以在母版中创建，然后加载到每个页面中（见操作步骤01）。

②每个菜单项，在被鼠标单击时，都能打开对应的页面（见操作步骤02）。

③每个页面打开时，与页面相对应（命名一致）的菜单项要显示红色的背景；在本案例中，我们将菜单项的颜色设置为透明，红色背景要使用矩形元件实现；在页面打开时红色背景移动到与菜单项重合的位置，并且尺寸与菜单项保持一致；之所以这么实现，是因为后面的步骤中需要红色背景矩形作为红色滑块的定位（见操作步骤03）。

④每个页面打开时，红色滑块也要移动到与相应菜单项重合的位置，并且尺寸与菜单项保持一致（见操作步骤03）。

⑤鼠标进入任何一个菜单项时，都需要将红色滑块移动到与菜单项重合的位置，并且尺寸与菜单项保持一致（见操作步骤04）。

⑥鼠标离开所有菜单项时，红色滑块要移动回红色背景所在的位置，并且尺寸与红色背景一致（见操作步骤05）。

操作步骤

01 在母版上单击<鼠标右键>，菜单中选择【添加到页面中】，在设置界面的页面列表中勾选要添加母版的页面，单击"确定"按钮完成添加。

- 母版应用设置：见图11-196。

02 为每个菜单项的【鼠标单击时】事件添加"case1"，设置动作为【打开链接-当前窗口】，选中【链接到当前项目的某个页面】，在页面列表中点选对应的页面。

- 事件交互设置：见图11-197，以"首页"菜单项为例。

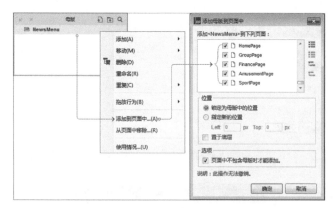

图11-196

图11-197

03 为每个菜单项的【载入时】事件添加"case1"，设置条件判断【值】"[[This.name]]"【==】【值】"[[PageName]]"；添加满足条件时的第1个动作为【移动】元件"BackgroundShape"和"MoveShape"【到达】{x}"[[This.x]]"{y}"[[This.y]]"的位置上；然后，添加第2个动作为【设置尺寸】于元件"BackgroundShape"和"MoveShape"，{宽度}为"[[This.width]]"，{高度}为"40"，{锚点}为默认的【左上角】。见图11-198。

图11-198

04 为每个菜单项的【鼠标移入时】事件添加"case1"，设置第1个动作为【移动】元件"MoveShape"【到达】{x}"[[This.x]]"{y}"[[This.y]]"的位置上，{动画}为【线性】"200"毫秒；然后，添加第2个动作为【设置尺寸】于元件"MoveShape"，{宽度}为"[[This.width]]"，{高度}为"40"，{锚点}为默认的【左上角】。见图11-199。

图 11-199

05 为组合的【鼠标移出时】事件添加"case1"，设置第1个动作为【移动】元件"MoveShape"【到达】{x}"[[b.x]]"{y}"[[b.y]]"的位置上，{动画}为【线性】"200"毫秒；然后，添加第2个动作为【设置尺寸】于元件"MoveShape"，{宽度}为"[[b.width]]"，{高度}为"40"，{锚点}为默认的【左上角】；公式中"b"为局部变量，其内容为元件"BackgroundShape"的对象实例。

- 事件交互设置：见图11-200。

图 11-200

补充说明

- 本案例中使用了"FontAwesome 4.4.0"图标字体元件库，需要安装字体文件支持，并进行Web字体设置（参考案例1的补充说明）。

案例展示

扫一扫二维码，查看案例展示。

案例81　可调节时间的倒计时

案例来源

聚划算–团购

案例效果

见图11-201。

图 11-201

案例描述

页面中显示动态的倒计时，时间精确到0.1秒（100毫秒）。

元件准备

- 页面中：见图11-202。

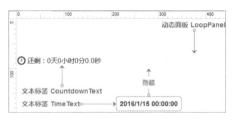

图 11-202

- 动态面板状态：见图11-203。

图 11-203

包含命名

- 文本标签（用于显示倒计时）：CountdownText
- 文本标签（用于记录结束时间）：TimeText
- 动态面板（用于循环输出剩余时间）：LoopPanel

思路分析

①倒计时每100毫秒改变一次，需要通过动态面板的循

环来辅助实现（见操作步骤01）。

②在动态面板每次切换状态的时候，输出倒计时；倒计时是结束时间与当前时间的时间差，这个时间差可以通过日期时间函数分别获取结束时间与当前时间的毫秒数，然后进行相减获取；获取到的时间差毫秒数，再通过以下公式计算出"天""小时""分钟"和"秒钟"。

● 天：向下取整（时间差毫秒数/1天毫秒数），1天毫秒数为86400000毫秒。

● 小时：向下取整（时间差毫秒数%1天毫秒数/1小时毫秒数），1小时毫秒数为3600000毫秒。

● 分钟：向下取整（时间差毫秒数%1小时毫秒数/1分钟毫秒数），1分钟毫秒数为600000毫秒。

● 秒钟：（时间差毫秒数%1分钟毫秒数/1秒钟毫秒数）的结果四舍五入保留1位小数，1秒钟毫秒数为1000毫秒。

上述公式中，"%"表示进行余数运算，例如：公式中"时间差毫秒数%1天毫秒数"，表示获取时间差毫秒数中，扣除多个1天毫秒数后，不满1天的部分。

操作步骤

01 为动态面板"LoopPanel"的【载入时】事件添加"case1"，设置动作为【设置面板状态】于"当前元件"（This），{选择状态}为【Next】，勾选【向后循环】，勾选【循环间隔】并设置间隔时间为"100"毫秒，取消勾选【首个状态延时100毫秒后切换】的选项。

● 事件交互设置：见图11-204。

图11-204

02 为动态面板"LoopPanel"的【状态改变时】事件添加"case1"，设置动作为【设置文本】于元件"CountdownText"为【富文本】；单击【编辑文本】在打开的界面中输入"⏱ 还剩: [[Math.floor((t.valueOf()-Now.valueOf()) / 86400000)]]天 [[Math.floor((t.valueOf()-Now.valueOf()) %86400000/3600000)]]小 时 [[Math.floor((t.valueOf()-Now.valueOf())%3600000/60000)]]分 [[((t.valueOf()-Now.valueOf())%60000/1000).toFixed(1)]]秒"；公式中"t"为局部变量，其内容为元件"TimeText"的文字。

● 事件交互设置：见图11-205。

图11-205

● 编辑文本设置：见图11-206、图11-207。

图11-206

图11-207

补充说明

● 本案例中使用了"FontAwesome 4.4.0"图标字体元件库，需要安装字体文件支持，并进行Web字体设置（参考案例1的补充说明）。

函数说明：

• valueOf()：获取日期时间对象距离1970年1月1日00:00:00的毫秒数。

案例展示

扫一扫二维码，查看案例展示。

<table><tr><td>案例82</td><td>文本框中焦点的控制</td></tr></table>

案例来源

百度－登录界面

案例效果

• 初始状态：见图11-208。

• 光标进入文本框时：见图11-209。

图 11-208　　　　　　图 11-209

• 账号输入框无内容并按下回车键时：见图11-210。

• 密码输入框无内容并按下回车键时：见图11-211。

图 11-210　　　　　　图 11-211

• 输入账号未输入密码单击登录按钮时：见图11-212。

• 输入密码未输入账号单击登录按钮时：见图11-213。

图 11-212　　　　　　图 11-213

案例描述

单击登录按钮时，如果未输入账号和密码或者仅未输入账号，光标都要进入输入账号的文本框；如果仅未输入密码，光标进入输入密码的文本框；光标进入光标进入任何一个文本框时，该文本框边框变为蓝色，其他文本框恢复原色；任何一个文本框在没有输入任何内容，并按下回车键时，文本框边框变为红色；如果文本框已输入内容，并按下回车键，则执行单击登录按钮的交互。

元件准备

• 页面中：见图11-214。

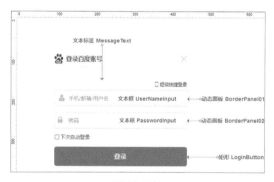

图 11-214

• 动态面板"BorderPanel01"与"BorderPanel02"的状态：见图11-215。

图 11-215

• 动态面板"BorderPanel01"的"State1"中：见图11-216。

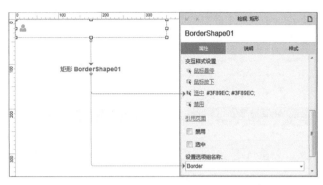

图 11-216

- 动态面板"BorderPanel01"的"State2"中：见图 11-217。

图 11-217

- 动态面板"BorderPanel02"的"State1"中：见图 11-218。

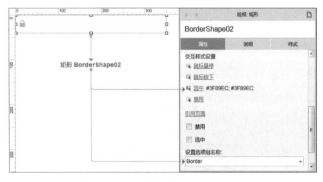

图 11-218

- 动态面板"BorderPanel02"的"State2"中：见图 11-219。

图 11-219

包含命名

- 文本标签（用于显示验证提示）：MessageText
- 文本框（用于输入账号）：UserNameInput
- 文本框（用于输入密码）：PasswordInput
- 矩形（用于登录按钮）：LoginButton
- 动态面板（用于切换账号输入框的边框）：Border-Panel01
- 动态面板（用于切换密码输入框的边框）：Border-Panel02
- 矩形（用于账号输入框的边框）：BorderShape01
- 矩形（用于密码输入框的边框）：BorderShape02

思路分析

①单击登录按钮时，要对输入账号和密码的文本框内容进行判断，按照从上至下的优先级，先判断输入账号的文本框是否无内容，条件成立的话，显示文字提示，光标进入输入账号的文本框（见操作步骤 01）。

②如果不满足上述条件，则继续判断输入密码的文本框是否无内容，条件成立的话，显示文字提示，光标进入输入密码的文本框（见操作步骤 02）。

③光标进入任何一个文本框时，都要显示蓝色的边框（见操作步骤 03）。

④输入账号的文本框上按下回车键时，如果该文本框无内容，显示红色边框；否则，取消红色边框，执行单击登录按钮时的验证（见操作步骤 04 ～ 05）。

⑤输入密码的文本框上按下回车键时，如果该文本框无内容，并且账号输入的文本框有内容，显示红色边框；否则，取消红色边框，执行单击登录按钮时的验证（见操作步骤 06 ～ 07）。

操作步骤

01 为登录按钮"LoginButton"的【鼠标单击时】事件添加"case1"，设置条件判断【元件文字】"UserNameInput"【==】【值】""（空值）；添加满足条件时的第 1 个动作为【设置文本】于元件"MessageText"为【值】"请您填写手机/邮箱/用户名"；然后，添加第 2 个动作为【获取焦点】于元件"Us-erNameInput"。

02 为登录按钮"LoginButton"的【鼠标单击时】事件添加"case2"，设置条件判断【元件文字】"PasswordInput"【==】【值】""（空值）；添加满足条件时的第 1 个动作为【设置文本】于元件"MessageText"为【值】"请您填写密码"；然后，添加第 2 个动作为【获取焦点】于元件"PasswordInput"。

- 事件交互设置：见图 11-220。

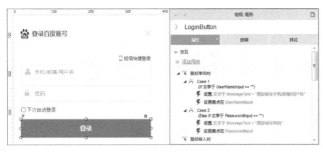

图 11-220

03 为文本框"UserNameInput"和"PasswordInput"的【获取焦点时】事件添加"case1"，设置动作为【设置面板状态】于动态面板"BorderPanel01"与"BorderPanel02"；{选择状态}为"State1"。

● 事件交互设置：见图11-221，以文本框"UserNam-eInput"为例。

图 11-221

04 为文本框"UserNameInput"的【按键按下时】事件添加"case1"，设置条件判断【按下的键】【==】【键值】"Return"并且【元件文字】于"当前元件"【==】【值】""（空值）；添加满足条件时的动作为【设置面板状态】于动态面板"Border-Panel01"，{选择状态}为"State2"。

● 条件判断设置：见图11-222。

图 11-222

05 为文本框"UserNameInput"的【按键按下时】事件添加"case2"，设置条件判断【按下的键】【==】【键值】"Return"；添加满足条件时的第1个动作为【设置面板状态】于动态面板"BorderPanel01"，{选择状态}为"State1"；然后，添加第2

个动作为【触发事件】于元件"LoginButton"，勾选【鼠标单击时】事件选项。

● 事件交互设置：见图11-223。

图 11-223

06 为文本框"PasswordInput"的【按键按下时】事件添加"case1"，设置条件判断【按下的键】【==】【键值】"Return"并且【元件文字】于"当前元件"【==】【值】""（空值）并且【元件文字】于"UserNameInput"【!=】【值】""（空值）；添加满足条件时的动作为【设置面板状态】于动态面板"Border-Panel02"，{选择状态}为"State2"。

07 为文本框"PasswordInput"的【按键按下时】事件添加"case2"，设置条件判断【按下的键】【==】【键值】"Return"；添加满足条件时的第1个动作为【设置面板状态】于动态面板"BorderPanel02"，{选择状态}为"State1"；然后，添加第2个动作为【触发事件】于元件"LoginButton"，勾选【鼠标单击时】事件选项。

● 事件交互设置：见图11-224。

图 11-224

补充说明

● 本案例中使用了"FontAwesome 4.4.0"图标字体元件库，需要安装字体文件支持，并进行Web字体设置（参考案例1的补充说明）。

案例展示

扫一扫二维码，查看案例展示。

案例83　随机数数字自增效果

案例来源

百度百科 - 首页

案例效果

见图11-225。

图11-225

案例描述

词条、编辑、编写数量每隔一段时间自动增加。本案例中以编辑次数为例，每隔6秒钟增加11～30的随机数量。

元件准备

- 页面中：见图11-226。

图11-226

- 动态面板"LoopPanel"的状态：见图11-227。

图11-227

- 动态面板"LoopPanel"中：见图11-228。

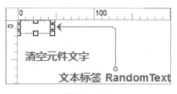

图11-228

包含命名

- 文本标签（用于记录随机数）：RandomText
- 文本标签（用于显示编辑次数）：EditNumber
- 动态面板（用于循环增加编辑次数）：LoopPanel

思路分析

①打开页面后，等待6秒钟获取11～30随机数，并记录（见操作步骤01）。

②根据获取的随机数，开启循环增加，每0.1秒循环一次（见操作步骤02）。

③循环增加过程中，每次循环编辑数量增加1，随机数数量减少1，一直到随机数的记录为0时停止（见操作步骤03）。

④随机数记录为0时，再次进行随机数的获取，以及编辑数量的循环增加（见操作步骤04）。

操作步骤

01 为动态面板"LoopPanel"的【载入时】事件添加"case1"，设置第1个动作为【等待】"6000"毫秒；设置第2个动作为【设置文本】于元件"RandomText"为【值】"[[Math.floor(Math.random()*20)+11]]"；设置第3个动作为【设置面板状态】于"当前元件"（this），{选择状态}为【Next】，勾选【向后循环】，勾选并设置【循环间隔】为"100"毫秒；取消勾选【首个状态延时100毫秒后切换】。

- 事件交互设置：见图11-229。

图11-229

02 为动态面板"LoopPanel"的【状态改变时】事件添加"case1"，设置条件判断【元件文字】于"RandomText"【>】

【值】"0"；添加满足条件时的动作为【设置文本】；为元件"RandomText"设置文本为【值】"[[Target.text-1]]"；为元件"EditNumber"设置文本为【值】"[[(n.replace(',',' ')+1).slice(0,3)]],[[(n.replace(',',' ')+1).slice (3,6)]],[[(n.replace(',',' ')+1).slice(6)]]"；公式中"n"为局部变量，其内容为元件"EditNumber"的文字。

03 为动态面板"LoopPanel"的【状态改变时】事件添加"case2"，设置不满足操作步骤02的条件时第1个动作为【设置面板状态】于"当前元件"（This），{选择状态}为【停止循环】；设置第2个动作为【触发事件】于"当前元件"（This），勾选【载入时】事件选项。

- 事件交互设置：见图11-230。

图 11-230

补充说明

- 获取随机数的公式为：向上取整（随机数*获取个数）+起始数
- 操作步骤02中的部分公式含义如下。
- "[[Target.text-1]]"表示目标元件文字减去1。
- "[[(n.replace(',',' ')+1).slice(0,3)]]"表示用空值替换掉n所存储内容中的逗号，并将获取到的数字增加1，然后，获取前3个字符。
- "[[(n.replace(',',' ')+1).slice(3,6)]]"表示用空值替换掉n所存储内容中的逗号，并将获取到的数字增加1，然后，获取第4～6个字符。
- "[[(n.replace(',',' ')+1).slice(6)]]"表示用空值替换掉n所存储内容中的逗号，并将获取到的数字增加1，然后，获取第7个至末尾的所有字符。
- "[[(n.replace(',',' ')+1).slice(0,3)]],[[(n.re-place(',',' ')+1).slice(3,6)]],[[(n.replace(',',' ')+1).slice(6)]]"；表示将获取到的字符再次用逗号分隔连接到一起。

案例展示

扫一扫二维码，查看案例展示。

案例84 文字输入的条件限制

案例来源

天猫－购物车

案例效果

见图11-231。

图 11-231

案例描述

数量可以通过加减按钮进行调整，最小数量为1，最大数量为9999；当数量为1时，减号按钮为禁用状态；数量调整时小计金额同步计算；数量可以输入，当输入的内容不是数字或者为0时，恢复之前的数量。

元件准备

见图11-232。

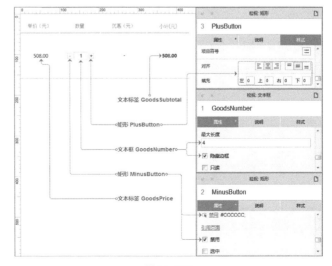

图 11-232

包含命名

- 矩形（用于加号按钮）：PlusButton
- 矩形（用于减号按钮）：MinusButton
- 文本标签（用于显示商品价格）：GoodsPrice
- 文本标签（用于显示小计金额）：GoodsSubtotal
- 文本框（用于输入商品数量）：GoodsNumber

思路分析

①鼠标单击加号按钮时，商品数量增加1（见操作步骤01）。

②鼠标单击减号按钮时，商品数量减少1（见操作步骤02）。

③当商品数量为1时，禁用减号按钮；否则，启用减号按钮（见操作步骤03～04）。

④当输入商品数量时，如果是数字并且不为0，设置小计为数量乘以金额，并保留两位小数；否则，设置数量为小计除以价格（见操作步骤05～06）。

操作步骤

01 为元件"PlusButton"的【鼠标单击时】事件添加"case1"，设置动作为【设置文本】于元件"GoodsNumber"为【值】"[[Target.text+1]]"；公式"[[Target.text+1]]"表示目标元件文字加1。

- 事件交互设置：见图11-233。

图11-233

02 为元件"MinusButton"的【鼠标单击时】事件添加"case1"，设置动作为【设置文本】于元件"GoodsNumber"为【值】"[[Target.text-1]]"；公式"[[Target.text-1]]"表示目标元件文字减1。

- 事件交互设置：见图11-234。

图11-234

03 为元件"GoodsNumber"的【文本改变时】事件添加"case1"，设置条件判断【元件文字】于"当前元件"（This）【==】【值】"1"；设置满足条件时的动作为【禁用】元件"MinusButton"。

04 为元件"GoodsNumber"的【文本改变时】事件添加"case2"，设置不满足操作步骤03的条件时，执行的动作为【启用】元件"MinusButton"。

05 为元件"GoodsNumber"的【文本改变时】事件添加"case3"，设置条件判断【元件文字】于"当前元件"（This）【是】【数字】并且【元件文字】于"当前元件"（This）【!=】【值】"0"；设置满足条件时的动作为【设置文本】于元件"GoodsSubtotal"为【值】"[[(p*This.text).toFixed(2)]]"；公式中"p"为局部变量，其内容为元件"GoodsPrice"的文字；"This.text"表示当前元件的文字；".toFixed(2)"表示对前面括号中的运算结果保留两位小数；最后，在"case3"名称上点<鼠标右键>，选择菜单中最后一项，将case的条件判断由"Else If"转换为"If"。

06 为元件"GoodsNumber"的【文本改变时】事件添加"case4"，设置不满足操作步骤04的条件时，执行的动作为【设置文本】于"当前元件"（this）为【值】"[[s/p]]"；公式中"s"和"p"都是局部变量，分别为元件"GoodsSubtotal"与"GoodsPrice"的文字。

- 事件交互设置：见图11-235。

图11-235

案例展示

扫一扫二维码，查看案例展示。

案例85　鼠标移入的缩放效果

案例来源

虎嗅-文章详情

案例效果

- 初始状态：见图 11-236。

图 11-236

- 鼠标进入图标时：见图 11-237。

图 11-237

- 鼠标进入图标后：见图 11-238。

图 11-238

- 鼠标进入朋友圈图标时：见图 11-239。

图 11-239

案例描述

鼠标指针进入任何一个菜单项时，都会显示一个从小变大的彩色矩形背景；矩形背景变大时会略超出菜单项的尺寸，最终变为与菜单项相同大小；当鼠标指针离开菜单项时，彩色矩形背景由大变小并消失；但是，在本案例中，第 2 个菜单项有别于其他项；该菜单项在鼠标指针进入时，还会显示一个二维码面板，并向左缓慢移动；当鼠标指针离开菜单项并且不在二维码面板区域内时，向右缓慢移动并隐藏二维码面板，同时菜单项的彩色背景由大变小并消失。

元件准备

- 图标悬停效果设置：见图 11-240。

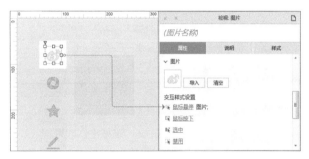

图 11-240

- 组合悬停效果设置：见图 11-241。

图 11-241

- 页面中：见图 11-242。

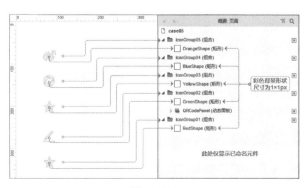

图 11-242

- 动态面板"QRCodePanel"中：见图11-243。

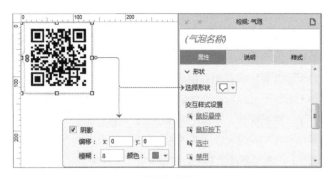

图11-243

包含命名

- 组合（用于图标菜单项）：IconGroup01～IconGroup05
- 动态面板（用于二维码面板）：QRCodePanel
- 矩形（用于红色形状背景）：RedShape
- 矩形（用于绿色形状背景）：GreenShape
- 矩形（用于黄色形状背景）：YellowShape
- 矩形（用于蓝色形状背景）：BlueShape
- 矩形（用于橙色形状背景）：OrangeShape

思路分析

①因为，菜单项彩色矩形背景出现时，会变大并超出菜单项的尺寸，所以，需要在鼠标指针进入菜单项时要将菜单项置于顶层，以免彩色矩形背景边缘被其他菜单项遮盖（见操作步骤01）。

②鼠标指针进入菜单项时，逐渐显示彩色矩形背景（见操作步骤02）。

③同时，彩色矩形背景逐渐变为最大尺寸（见操作步骤03）。

④稍稍间隔一段时间（见操作步骤04）。

⑤将彩色矩形背景变为与菜单项相同的尺寸（见操作步骤05）。

⑥当鼠标指针离开菜单项时，设置彩色矩形背景逐渐变为最小尺寸，并逐渐隐藏（见操作步骤06）。

⑦为第2个菜单项添加额外的动作，鼠标进入该菜单项时，逐渐显示二维码面板，并缓慢向左移动（见操作步骤07）。

⑧鼠标离开第2个菜单项时，二维码面板缓慢向右移动，并逐渐隐藏（见操作步骤08）。

操作步骤

01 为各个菜单项组合的【鼠标移入时】事件添加"case1"，设置动作为【置于顶层】"当前元件"（This）。

02 继续上一步，添加动作【显示】菜单项对应的彩色矩形背景元件，{动画}选择【逐渐】，{时间}为"200"毫秒。

03 继续上一步，添加动作【设置尺寸】于菜单项对应的彩色矩形背景元件，{宽度}为"62"，{高度}为"62"，{锚点}选择【中心】，{动画}选择【线性】，{时间}为"200"毫秒。

04 继续上一步，添加动作【等待】"350"毫秒。

05 继续上一步，添加动作【设置尺寸】于菜单项对应的彩色矩形背景元件，{宽度}为"60"，{高度}为"60"，{锚点}选择【中心】。

- 事件交互设置：见图11-244。

图11-244

06 为各个菜单项组合的【鼠标移出时】事件添加"case1"，设置动作为【设置尺寸】于菜单项对应的彩色矩形背景元件，{宽度}为"1"，{高度}为"1"，{锚点}选择【中心】，{动画}选择【线性】，{时间}为"200"毫秒。

07 继续上一步，添加动作【隐藏】菜单项对应的彩色矩形背景元件，{动画}选择【逐渐】，{时间}为"200"毫秒。

- 事件交互设置：见图11-245。

图11-245

08 为第2个菜单项【鼠标移入时】事件的"case1"继续添加动作，动作要添加在【等待】动作之前；添加的动作为【显示】动态面板"QRCodePanel"，{动画}选择【逐渐】，{时间}为"500"毫秒。

09 继续上一步，继续添加动作【移动】动态面板"QRCode-Panel"，{经过}{x}"-10"{y}"0"的距离，{动画}选择【线性】，{时间}为"500"毫秒。

10 为第2个菜单项【鼠标移出时】事件的"case1"继续添加动作，添加的动作为【隐藏】动态面板"QRCodePanel"，{动画}选择【逐渐】，{时间}为"500"毫秒。

11 继续上一步，继续添加动作【移动】动态面板"QRCode-Panel"，{经过}{x}"10"{y}"0"的距离，{动画}选择【线性】，{时间}为"500"毫秒。

- 事件交互设置：见图11-246。

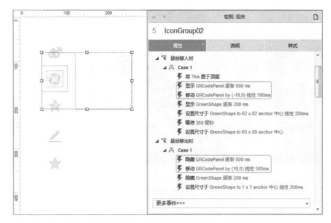

图11-246

案例展示

扫一扫二维码，查看案例展示。

12

综合案例（APP）

本章主要讲解一些移动端典型效果的案例，案例中尺寸标准为360像素×640像素，适应大多数分辨率为1080像素×1920像素，屏幕尺寸5～5.5英寸的移动设备浏览。需要注意的是，如果需要原型尺寸适配移动设备，需要在HTML的生成配置中进行设置，勾选【移动设备】设置中的【包含视口标签】选项（见图12-1）。

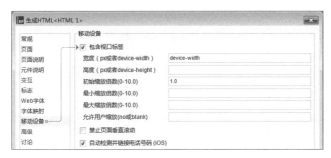

图 12-1

案例86 **启动画面的翻页效果**

案例来源

QQ安全中心-启动画面

案例效果

- 初始状态：见图12-2。
- 向右拖动时：见图12-3。

图 12-2 　　　　　　　　 图 12-3

- 切换结束时：见图12-4。
- 单击尾页中按钮时：见图12-5。

图 12-4 　　　　　　　　 图 12-5

案例描述

手指向左右拖动界面时，能够切换显示内容；切换内容时，屏幕下方的圆点标记同步切换；当切换到最后一个页面，单击进入主页的按钮时，启动画面和圆点分页标签隐藏；同时，屏幕顶部状态栏改变样式。

元件准备

- 页面中：见图12-6。

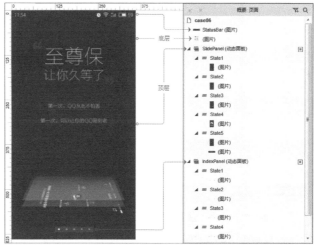

图 12-6

- 动态面板"SlidePanel"的各个状态中：见图12-7。

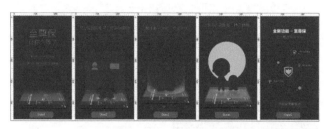

图12-7

- 动态面板"IndexPanel"的各个状态中：见图12-8。

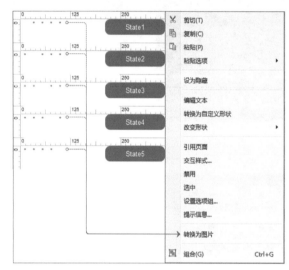

图12-8

- 全局变量设置：见图12-9。

图12-9

包含命名

- 动态面板（用于放置启动画面的图片内容）：SlidePanel
- 动态面板（用于放置与圆点分页标签）：IndexPanel
- 图片（用于顶部状态栏）：StatusBar
- 全局变量（用于记录动态面板当前状态）：PanelState

思路分析

①手指向左拖动时，显示下一个画面内容，带有向左滑动的动画效果（见操作步骤01）。

②手指向右拖动时，显示上一个画面内容，带有向右滑动的动画效果（见操作步骤02）。

③启动画面切换时，记录切换后的面板状态名称（见操作步骤03）。

④将底部的分页标签面板同步切换到同名称的状态（见操作步骤04）。

⑤单击打开主页的按钮时，设置屏幕顶部状态栏为白底黑字的样式，同时，逐渐隐藏启动画面和分页标签（见操作步骤05）。

操作步骤

01 为动态面板"SlidePanel"的【向左拖动结束时】事件添加"case1"，设置动作为【设置面板状态】于"当前元件"（This），{选择状态}为【Next】，{进入动画}与{退出动画}均选择【向左滑动】，{时间}为"500"毫秒；注意，不要勾选循环相关选项。

02 为动态面板"SlidePanel"的【向右拖动结束时】事件添加"case1"，设置动作为【设置面板状态】于"当前元件"（This），{选择状态}为【Previous】，{进入动画}与{退出动画}均选择【向右滑动】，{时间}为"500"毫秒；注意，也不要勾选循环相关选项。

- 事件交互设置：见图12-10。

图12-10

03 为动态面板"SlidePanel"的【状态改变时】事件添加"case1"，设置动作为【设置变量值】于"PanelState"为【面板状态】"当前元件"（This）。

04 继续上一步，添加动作【设置面板状态】于动态面板"IndexPanel"；{选择状态}为【Value】（值），{状态名称或序号}中输入"[[PanelState]]"。

- 事件交互设置：见图12-11。

图12-11

05 为打开主页按钮的【鼠标单击时】事件添加"case1"，设置第1个动作为【隐藏】元件"SlidePanel"与"IndexPanel"，{动画}选择【逐渐】，{时间}为"200"毫秒；第2个动作为【设置图片】于元件"StatusBar"，单击{默认}设置中的【导入】按钮，从图片素材中选择另外一张白底黑字的状态栏图片。

- 事件交互设置：见图12-12。

图12-12

案例展示

扫一扫二维码，查看案例展示。

案例87 双方向拖动橱窗效果

案例来源

豆果美食 - 食谱

案例效果

- 初始状态：见图12-13。

- 首张图片向左拖动时：见图12-14。

图12-13　　　　　　　图12-14

- 首张图片向右拖动时：见图12-15。
- 拖动图片时：见图12-16。

图12-15　　　　　　　图12-16

案例描述

手指拖动食物图片时，能够左右拖动；拖动后，如果拖动距离超过图片宽度（含间距）的一半，根据拖动方向，将左右相邻的图片移动到中心；快速左右拖动图片时，无论拖动距离是否超过图片宽度的一半，都要根据拖动方向，将左右相邻的图片移动到中心；图片移动后，下方的相应的圆点分页标签改变样式为粉红色。

元件准备

- 页面中：见图12-17。

图12-17

- 动态面板"IndexPanel"各个状态中：见图12-18。

图12-18

- 动态面板"AreaPanel"中：见图12-19。

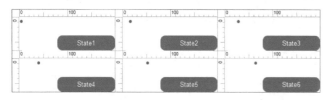

图12-19

- 动态面板"ImagePanel01"和"ImagePanel02"中：
见图12-20。

图12-20

包含命名

- 动态面板（用于内容显示区域）：AreaPanel
- 动态面板（用于放置食物图片）：ImagePanel01 ~
ImagePanel02
- 动态面板（用于分页标签）：IndexPanel

思路分析

本案例中，我们通过两个动态面板的交替移动位置，实现可以一直循环拖动的效果。

①拖动任何一个面板时，两个面板都要同步移动（见操作步骤01）。

②任何一个面板向左拖动超过自身宽度的一半时，都移动另外一块面板到该面板的右侧并排且紧贴一起的位置；否则，移动另外一块面板到该面板的左侧并排且紧贴一起的位置（见操作步骤02 ~ 03）。

③拖动结束时，如果是慢速拖动（拖动时间超过150毫秒），则根据拖动距离，将两个面板移动一个图片宽度（包含间距）的距离或者移动回原位（见操作步骤04）。

④拖动结束时，如果是快速拖动，根据拖动的方向，将两个面板移动一个图片宽度（包含间距）的距离（见操作步骤05 ~ 06）。

⑤面板移动结束后，根据面板的位置，显示对应的分页标签（见操作步骤07）。

操作步骤

01 为两个食物图片面板的【拖动时】事件添加"case1"，设置动作为【移动】动态面板"ImagePanel01"和"ImagePanel02"为【水平拖动】。

02 为两个食物图片面板的【拖动时】事件添加"case2"，设置条件判断【值】"[[This.x]]"【<】【值】"-780"；添加满足条件时的动作为【移动】另外一个面板【到达】{x}"[[This.right]]"{y}"10"的位置；公式"[[This.x]]"为当前元件的x轴坐标值，"[[This.right]]"为当前元件的右边界坐标值；公式"[[This.y]]"可获取当前元件的y轴坐标值；最后，在"case2"名称上点<鼠标右键>，选择菜单中最后一项，将case的条件判断由"Else If"转换为"If"。

03 为两个食物图片面板的【拖动时】事件添加"case3"，设置不满足操作步骤02的条件时，执行的动作为【移动】另外一个面板【到达】{x}"[[This.left-Target.width]]"{y}"10"的位置；公式"[[This.left-Target.width]]"表示当前元件左边界减去目标元件宽度的位置。

- 事件交互设置：见图12-21。

图 12-21

04 为两个食物图片面板的【拖动结束时】事件添加"case1"，设置条件判断【值】"[[DragTime]]"【>】【值】"150"；添加满足条件时的动作为【移动】动态面板"ImagePanel01"和"ImagePanel02"【到达】{x}"[[(Target.x/260).toFixed(0)*260+45]]"{y}"10"的位置上，{动画}选择【线性】，{时间}为"500"毫秒；公式"[[DragTime]]"为拖动时间，"[[(Target.x/260).toFixed(0)*260+45]]"为移动到达的位置；通过元件当前的 x 轴坐标除以每个图片的宽度的结果四舍五入，计算出当前元件最接近的准确位置。

05 为两个食物图片面板的【向左拖动结束时】事件添加"case1"，设置条件判断【值】"[[DragTime]]"【<】【值】"150"；添加满足条件时的动作为【移动】动态面板"ImagePanel01"和"ImagePanel02"【经过】{x}"[[-260-TotalDragX]]"{y}"10"的位置上，{动画}选择【线性】，{时间}为"500"毫秒；公式"[[DragTime]]"为拖动时间，"[[-260-TotalDragX]]"为移动的距离，该距离为向左移动一张图片的距离（包含间距）减去已拖动的距离。

06 为两个食物图片面板的【向右拖动结束时】事件添加"case1"，设置条件判断【值】"[[DragTime]]"【<】【值】"150"；添加满足条件时的动作为【移动】动态面板"ImagePanel01"和"ImagePanel02"【经过】{x}"[[260-TotalDragX]]"{y}"10"的位置上，{动画}选择【线性】，{时间}为"500"毫秒；公式"[[DragTime]]"为拖动时间，"[[260-TotalDragX]]"为移动的距离，该距离为向右移动一张图片的距离（包含间距）减去已拖动的距离。

- 事件交互设置：见图12-22。

图 12-22

07 为任何一个食物图片面板的【移动时】事件添加"case1"，本案例中添加在动态面板"ImagePanel01"的事件中；设置第1个动作为【等待】"500"毫秒；第2个动作为【设置面板状态】于元件"IndexPanel"，{选择状态}为【Value】，{状态名称或序号}中填入"[[((1605-This.x)/260).toFixed(0) %6+1]]"。公式"[[((1605-This.x)/260).toFixed(0)%6+1]]"中，通过元件当前 x 轴坐标与元件位于右侧初始位置时的距离，除以一张图片的宽度（包含间距），并进行四舍五入取整数后，可计算出当前元件 x 轴坐标与右侧初始位置共间隔多少张图片的距离；然后，对该数量取余6后，即可算出界面中间显示的是第几张食物图片。

- 事件交互设置：见图12-23。

图 12-23

补充说明

- 本案例中使用了"FontAwesome 4.4.0"图标字体元件库，需要安装字体文件支持，并进行 Web 字体设置（参考案例1的补充说明）。

案例展示

扫一扫二维码,查看案例展示。

案例88 输入文字与退格效果

案例来源

微信支付–设置金额

案例效果

见图12-24。

图12-24

案例描述

单击键盘上的数字按键时,按键颜色变深;同时,按键上的文字被输入到上方的输入框中。单击退格按键时,文本框中的数字最后一位被删除;另外,输入框中只能输入一个小数点,并且第1位不能是小数点;而且,当输入小数点后,只允许再输入两位数字。

元件准备

见图12-25。

图12-25

包含命名

- 文本框(用于显示输入的数字):NumberInput
- 组合(用于退格按键):BackspaceGroup

思路分析

①单击任何一个数字按键时,如果已输入内容的倒数第3个字符不是".",则在当前的内容后面加上新的数字(见操作步骤01)。

②单击小数点按键时,如果有输入内容或者已数内容不包含小数点时,则在当前的内容后面加上小数点(见操作步骤02)。

③单击退格按键时,删除已输入内容的最后一个字符(见操作步骤03)。

操作步骤

01 为每个数字按键的【鼠标单击时】事件添加"case1",添加条件判断【值】"[[n.charAt(n.length-3)]]"【!=】【值】".";设置满足条件时的动作为【设置文本】于元件"NumberInput"为【值】"[[Target.text]][[This.text]]";公式中"n"为局部变量,其内容为元件"NumberInput"的元件文字;公式"[[n.charAt(n.length-3)]]"可以获取局部变量"n"中倒数第3个字符;公式"[[Target.text]][[This.text]]"表示在目标元件文字后面加上当前元件文字;本步骤可以在1个数字按键元件上设置完毕后,复制到其他数字按键上。

- 事件交互设置:见图12-26。

图 12-26

02 为小数点按键的【鼠标单击时】事件添加"case1"，添加条件判断【元件文字】于"NumberInput"【不包含】【值】"."，并且【元件文字长度】于"NumberInput"【>】【值】"0"；设置满足条件时的动作与操作步骤 01 一致。

- 事件交互设置：见图 12-27。

图 12-27

03 为组合"BackspaceGroup"的【鼠标单击时】事件添加"case1"，设置动作为【设置文本】于元件"NumberInput"为【值】"[[Target.text.substr(0,Target.text.length-1)]]"；公式"[[Target.text.substr(0,Target.text.length-1)]]"表示对目标元件的文本进行截取，截取内容从第 1 个字符到倒数第 1 个字符之前。

- 事件交互设置：见图 12-28。

图 12-28

案例展示

扫一扫二维码，查看案例展示。

案例89　中心点逐渐放大效果

案例来源

百度云 – 闪电互传

案例效果

见图 12-29。

图 12-29

案例描述

页面打开后，呈现循环不停的涟漪效果，即多个圆形重复逐渐放大并消失的过程。

元件准备

- 页面中：（见图 12-30）。

图 12-30

- 动态面板"AreaPanel"中：见图12-31。

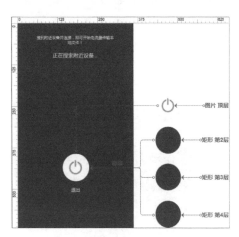

图12-31

包含命名

- 动态面板（用于内容显示区域）：AreaPanel

思路分析

①每个圆形显示时，都是放大然后隐藏（见操作步骤01）。

②每个圆形隐藏时，都恢复尺寸并再次显示；形成不断交替隐藏显示的效果（见操作步骤02）。

③页面打开时，依次间隔一段时间显示圆形。

操作步骤

01 为每个圆形的【显示时】事件添加"case1"，设置第1个动作为【设置尺寸】于"当前元件"（This），{宽度}和{高度}均为"400"，{锚点}选择【中心】，{动画}选择【线性】，{时间}为"4000"毫秒；设置第2个动作为【隐藏】"当前元件"（This），{动画}选择【逐渐】，{时间}为"4500"毫秒。

02 为每个圆形的【隐藏时】事件添加"case1"，设置第1个动作为【设置尺寸】于"当前元件"（This），{宽度}和{高度}均为"80"，{锚点}选择【中心】；设置第2个动作为【显示】"当前元件"（This）。

- 事件交互设置：见图12-32。

图12-32

03 为每个圆形的【载入时】事件添加"case1"，设置第1个动作为【等待】一定的时间；因为三个圆形是依次放大，所以{等待时间}分别设置为"500""2000"和"3500"毫秒；设置第2个动作为【显示】"当前元件"（This）。

- 事件交互设置：见图12-33。

图12-33

案例效果

扫一扫二维码，查看案例展示。

案例90　　菜单的拖动排序效果

案例来源

网易云音乐-个性推荐

案例效果

- 初始状态：见图12-34。
- 拖动栏目名称时：见图12-35，以"推荐歌单"栏目为例。

图12-34　　　　　　图12-35

- 拖动结束时：见图12-36。

图12-36

案例描述

拖动栏目名称时，栏目名称和拖动图标颜色变浅，结束拖动时，恢复原状；拖动栏目名称时，拖动方向上相邻的栏目，向反方向同步移动；拖动结束，拖动的距离未超过自身高度一半的距离时，将栏目回到原位。

元件准备

- 页面中：见图12-37。
- 动态面板"AreaPanel"中：见图12-38。

图12-37

图12-38

- 动态面板"ItemPanel01 ～ ItemPanel05"中：见图12-39。

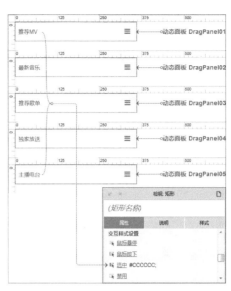

图12-39

- 动态面板"DragPanel01 ～ DragPanel05"中：见图12-40。

图12-40

包含命名

- 动态面板（用于显示内容的区域）：AreaPanel
- 动态面板（用于栏目整体移动）：ItemPanel01 ～ ItemPanel05
- 动态面板（用于拖动栏目）：DragPanel01 ～ DragPanel05
- 热区（用于定位栏目拖动到的位置）：LocationShape

思路分析

①每个栏目右侧的图标被拖动时，都要保持在最上层（见操作步骤01）。

②同时，被拖动的栏目名称与图标的颜色变为浅灰色（见操作步骤02）。

③同时，整个栏目都要垂直方向跟随拖动而移动（见操作步骤03）。

④同时，要让透明的热区元件移动到与被拖动栏目重合的位置上（见操作步骤04 ～ 05）。

⑤同时，其他栏目如果接触到被拖动的栏目，则向拖动方向相反的方向移动；当不再接触时，移动到准确的位置上（见操作步骤06 ～ 08）。

⑥当结束拖动时，被拖动栏目的名称与图标颜色恢复原状（见操作步骤09）。

⑦同时，将所有的栏目移动到准确的位置上（见操作步骤10）。

⑧单击"恢复默认排序"时，将所有的栏目移动到初始的位置（见操作步骤11）。

操作步骤

01 为元件"DragPane01～DragPanel05"的【拖动时】事件添加"case1"，设置动作为【置于顶层】对应的面板"Item-Panel01～ItemPanel05"。

02 继续上一步，添加动作【选中】对应的面板"ItemPanel01～ItemPanel05"。

03 继续上一步，添加动作【移动】对应的面板"ItemPanel01～ItemPanel05"为【垂直拖动】，并单击【添加边界】添加{界限}，【顶部】【>=】"0"，【底部】【<=】"270"。

04 继续上一步，添加动作【触发事件】，选择对应的面板"ItemPanel01～ItemPanel05"，勾选【隐藏时】事件名称。

- 事件交互设置：见图12-41，以动态面板"DragPane01"为例。

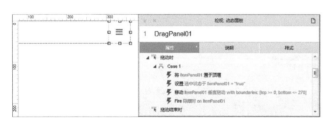

图12-41

05 为动态面板"ItemPanel01～ItemPanel05"的【隐藏时】事件添加"case1"，设置动作为【移动】元件"Location-Shape"【到达】{x}"0"{y}"[[This.y]]"的位置。

- 事件交互设置：见图12-42，以动态面板"ItemPane01"为例。

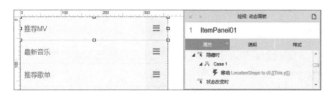

图12-42

06 在操作步骤04的动作上继续进行设置，勾选除对应面板外的其他面板，全部选择【显示时】事件。

- 事件交互设置：见图12-43，以动态面板"Drag-

Pane01"为例。

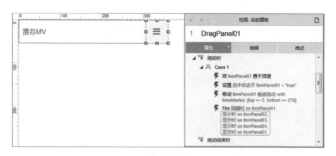

图12-43

07 为动态面板"ItemPanel01～ItemPanel05"的【显示时】事件添加"case1"，设置条件判断【元件范围】"当前元件"【接触】【元件范围】"LocationShape"；设置满足条件时的动作为【移动】"当前元件"（This）【经过】{x}"0"{y}"[[-DragY]]"的距离；公式"[[-DragY]]"可获取元件y轴的反方向移动距离。

- 条件判断设置：见图12-44。

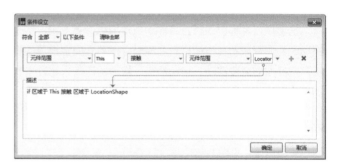

图12-44

08 为动态面板"ItemPanel01～ItemPanel05"的【显示时】事件添加"case2"，设置不满足操作步骤07的条件时执行动作【移动】"当前元件"（This）【到达】{x}"0"{y}"[[(This.y/54).to-Fixed(0)*54]]"的位置；公式"[[(This.y/54).toFixed(0)*54]]"可通过计算元件的位置顺序，从而计算出准确位置。

- 事件交互设置：见图12-45，以动态面板"Item-Pane01"为例。

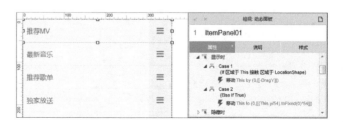

图12-45

09 为元件"DragPane01～DragPanel05"的【拖动结束时】事件添加"case1"，设置动作为【取消选中】对应的面板

"ItemPanel01 ～ ItemPanel05"。

10 继续上一步，添加动作【移动】元件"ItemPanel01 ～ I-temPanel05"，【到达】{x}"0"{y}"[[(Target.y/54).to-Fixed(0)*54]]"的位置，{动画}选择【线性】，{时间}为"200"毫秒；公式"[[(Target.y/54).toFixed(0)*54]]"可通过计算目标元件的位置顺序，从而计算出准确位置。

• 事件交互设置：见图12-46，以动态面板"Drag-Pane01"为例。

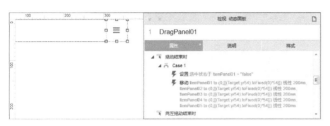

图12-46

11 为"恢复默认排序"元件的【鼠标单击时】事件添加"case1"，设置动作为【移动】元件"ItemPanel01 ～ Item-Panel05"，【到达】{x}"0"{y}"0、54、108、162以及216"的位置。

• 事件交互设置：见图12-47。

图12-47

补充说明

• 本案例中使用了"FontAwesome 4.4.0"图标字体元件库，需要安装字体文件支持，并进行Web字体设置（参考案例1的补充说明）。

案例展示

扫一扫二维码，查看案例展示。

| 案例91 | 半透明按钮悬浮效果 |

案例来源

美拍－首页

案例效果

见图12-48。

图12-48

案例描述

屏幕下方的半透明气泡在固定区域内不停上下浮动。

元件准备

见图12-49。

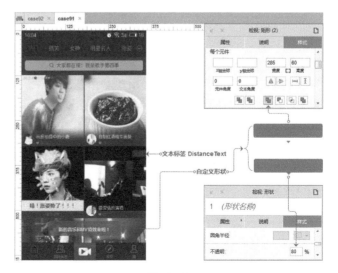

图12-49

包含命名

- 文本标签（用于记录y轴的移动距离）：DistanceText

思路分析

①界面打开时，气泡开始移动（见操作步骤01）。

②气泡移动时，间隔一段时间继续让气泡进行移动指定的距离；这个距离不是固定的值，而是来自文本标签的文字；文字为正值时，为向下移动；文字为负值时，为向上移动（见操作步骤02）。

③当气泡向上移动到指定区域的上边界时，需要将文本标签记录的数值改为正值；当气泡向下移动到指定区域的下边界时，需要将文本标签记录的数值改为负值（见操作步骤03～04）。

操作步骤

01 为气泡元件的【载入时】事件添加"case1"，设置动作为【移动】"当前元件"（This）【经过】{x}"0"{y}"3"的距离；{动画}选择【线性】，{时间}为"200"毫秒。

02 为气泡元件的【移动时】事件添加"case1"，设置第1个动作为【等待】"200"毫秒；设置第2个动作为【移动】"当前元件"（This）【经过】{x}"0"{y}"[[d]]"的距离；{动画}选择【线性】，{时间}为"200"毫秒；公式中"d"为局部变量，其内容为元件"DistanceText"的文字。

03 为气泡元件的【移动时】事件添加"case2"，设置条件判断【值】"[[This.y]]"【<=】【值】"532"；设置满足条件时的动作为【设置文本】于元件"DistanceText"为【值】"3"；公式"[[This.y]]"可获取当前元件的y轴坐标值；最后，在"case2"名称上点<鼠标右键>，选择菜单中最后一项，将case的条件判断由"Else If"转换为"If"。

04 为气泡元件的【移动时】事件添加"case2"，设置条件判断【值】"[[This.y]]"【>=】【值】"535"；设置满足条件时的动作为【设置文本】于元件"DistanceText"为【值】"-3"；公式"[[This.y]]"可获取当前元件的y轴坐标值；最后，在"case3"名称上点<鼠标右键>，选择菜单中最后一项，将case的条件判断由"Else If"转换为"If"。

- 事件交互设置：见图12-50。

图 12-50

案例展示

扫一扫二维码，查看案例展示。

案例92 | **导航菜单单击时移动**

案例来源

网易云音乐–搜索结果

案例效果

- 初始状态：见图12-51。
- 单击菜单项可移动时：见图12-52。

图 12-51　　　　　　　　图 12-52

- 单击菜单项右侧边界受到限致时：见图12-53。

图12-53

案例描述

　　界面中的导航菜单可横向拖动，拖动到导航菜单两侧边缘时，不可再继续拖动；单击菜单项时，菜单项字体变为红色；同时，红色的线形滑块移动到菜单项的底部，并且大小一致；另外，在菜单项被单击时，导航菜单整体移动，移动到被单击菜单项中心点 x 轴坐标值为90的位置；同样，在导航菜单移动时，也会受到两侧边界的限制，当移动到导航菜单两侧边缘时，不可再继续移动。

元件准备

- 页面中：见图12-54。

图12-54

- 动态面板"MenuPanel"中：见图12-55。

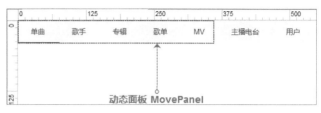

图12-55

- 动态面板"MovePanel"中：见图12-56。

图12-56

- 动态面板"ContentPanel"中：见图12-57。

图12-57

包含命名

- 动态面板（用于放置导航菜单）：MenuPanel
- 动态面板（用于放置与菜单项对应的内容）：MenuPanel
- 动态面板（用于移动导航菜单）：MovePanel
- 矩形（用于移动的滑块）：LineShape
- 矩形（用于菜单项）：MenuItem01 ～ MenuItem07

思路分析

　　①拖动导航菜单时能够水平拖动；注意的是，在菜单项

整体移动时，菜单项左侧和右侧边界均不能进入到屏幕范围内（见操作步骤01）。

②单击任何菜单项时，菜单项文字变为红色（见操作步骤02）。

③同时，移动红色滑块到达被单击菜单项的底部；并且，将菜单项整体移动一定的距离，这个距离为被单击菜单项中心位置与x轴90位置间的距离；但要注意的是，在菜单项整体移动时，菜单项左侧和右侧边界均不能进入到屏幕范围内（见操作步骤03~04）。

④同时，让红色滑块与被单击菜单项的宽度一致（见操作步骤05）。

⑤如果菜单项被单击前，滑块在被单击菜单项左侧，则切换下方内容时，为向左滑动的效果；否则，呈现向右滑动的效果（见操作步骤06~07）。

操作步骤

01 为动态面板"MovePanel"的【拖动时】事件添加"case1"，设置动作为【移动】"当前元件"（This），{移动}类型为【水平拖动】；{界限}设置中，单击【添加边界】，【左侧】【<=】"0"，【右侧】【>=】"360"。

● 事件交互设置：见图12-58。

图12-58

02 为所有菜单项的【鼠标单击时】事件添加"case1"，设置动作为【选中】"当前元件"（This）。

03 继续上一步，添加动作【移动】元件"LineShape"【到达】{x}"[[This.x]]"{y}"[[This.bottom-1]]"的位置，{动画}选择【线性】，{时间}为"200"毫秒；公式"[[This.x]]"可获取当前元件的x轴坐标；公式[[This.bottom-1]]为当前元件底部边界y轴坐标减1的位置。

04 继续上一步，在右侧元件列表中再将动态面板"MovePanel"勾选，{移动}该元件【到达】{x}"[[90-This.x-This.width/2]]"{y}"0"的位置，{动画}选择【线性】，{时间}为"200"毫秒；{界限}设置中，单击【添加边界】，【左侧】【<=】"0"，【右侧】【>=】"360"；公式"[[90-This.x-This.width/2]]"可获取当前元件中心的x轴坐标与页面x轴90的距离值，这个值也是动态面板"MovePanel"要移动到的x轴位置。

05 继续上一步，添加动作【设置尺寸】于元件"LineShape"，{宽度}为"[[This.width]]"，{高度}为"1"，{锚点}为默认的【左上角】；公式"[[This.width]]"可获取当前元件的宽度。

● 事件交互设置：见图12-59。

图12-59

06 为所有菜单项的【鼠标单击时】事件添加"case2"，设置条件判断【值】"[[l.x]]"【>】【值】"[[This.x]]"；设置满足条件时的动作为【设置面板状态】于动态面板"ContentPanel"，{选择状态}为【Value】，{状态名称或序号}中填写"[[This.name.slice(-1)]]"；{进入动画}选择【向右滑动】，{退出动画}选择【逐渐】，动画{时间}均为"200毫秒"；公式中"l"为局部变量，其内容为元件"LineShape"的对象实例；所以，公式"[[l.x]]"可获取到元件"LineShape"的x轴坐标值；公式"[[This.x]]"可获取当前元件x轴坐标值；公式"[[This.name.slice(-1)]]"可获取当前元件的名称最后一位字符，该字符与动态面板"ContentPanel"的状态序号相对应；最后，在"case2"名称上点<鼠标右键>，选择菜单中最后一项，将case的条件判断由"Else If"转换为"If"。

07 为所有菜单项的【鼠标单击时】事件添加"case3"，设置不满足操作步骤06条件时执行的动作；添加的动作与操作步骤06的动作一样，动作设置中除{进入动画}选择【向左滑动】外，其他也与操作步骤06一致。

● 事件交互设置：见图12-60。

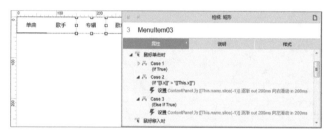

图12-60

案例展示

扫一扫二维码，查看案例展示。

图 12-63

案例93　展开与收起二级选项

案例来源

网易云音乐 – 设置

案例效果

- 初始状态／关闭桌面歌词选项时：见图12-61。
- 打开桌面歌词选项时：见图12-62。

图 12-61　　　　　　　　图 12-62

案例描述

单击桌面歌词的开关按钮时，能够切换开关按钮的状态；状态为开启时（红色），显示子选项"锁定桌面歌词"，同时，其他选项下移；状态为关闭时（白色），子选项"锁定桌面歌词"消失，其他选项恢复原位。

元件准备

见图12-63。

包含命名

- 矩形（用于每个开关按钮的边框）：BorderShape
- 组合（用于各个开关按钮的元件组合）：Switch-Group01 ～ SwitchGroup03
- 组合（用于子选项"锁定桌面歌词"的元件组合）：Suboption

思路分析

①先完成一个开关按钮的设置，然后复制为多个；开关按钮在被单击时，切换开关的状态；开启时，圆形滑块位于边框右侧；关闭时圆形滑块位于边框左侧（见操作步骤01 ～ 03）。

②桌面歌词的开关按钮开启时，显示"锁定桌面歌词"的子选项，同时，其他选项下移；当关闭桌面歌词的开关按钮时，隐藏"锁定桌面歌词"的子选项，同时，其他选项回到原位（见操作步骤04 ～ 05）。

操作步骤

01 为组合"SwitchGroup"的【鼠标单击时】事件添加"case1"，设置动作为【切换选中状态】于"当前元件"（This）。

- 事件交互设置：见图12-64。

图 12-64

02 为圆形滑块的【选中时】事件添加"case1"，设置动作为【移动】"当前元件"（This）【到达】{x}"[[b.right-This.

width]]"{y}"[[This.top]]"的位置；{动画}选择【线性】，{时间为}"200"毫秒；公式中"b"为局部变量，其内容为该组合中元件"BorderShape"的对象实例；公式"[[b.right-This.width]]"可获取到圆形滑块位于边框右侧时的x轴坐标值，即边框的右边界减去圆形滑块自身的宽度；公式"[[This.top]]"可获取当前元件顶部的y轴坐标值。

03 为圆形滑块的【取消选中时】事件添加"case1"，设置动作为【移动】"当前元件"（This）【到达】{x}"[[b.left]]"{y}"[[This.top]]"的位置；{动画}选择【线性】{时间为}"200"毫秒；公式中"b"为局部变量，其内容为该组合中元件"BorderShape"的对象实例；公式"[[b.left]]"可获取到边框左侧边界的x轴坐标值；公式"[[This.top]]"可获取当前元件顶部的y轴坐标值。

- 事件交互设置：见图12-65。

图 12-65

04 为组合"SwitchGroup01"中圆形滑块【选中时】事件的"case1"继续添加动作，【显示】元件"Suboption"，{更多选项}中选择【推动元件】，{方向}为默认的【下方】。

05 为组合"SwitchGroup01"中圆形滑块【取消选中时】事件的"case1"继续添加动作，【隐藏】元件"Suboption"，勾选【拉动元件】，{方向}为默认的【下方】。

- 事件交互设置：见图12-66。

图 12-66

案例展示

扫一扫二维码，查看案例展示。

案例94　拖动切换与移动效果

案例来源

百度云－传输列表

案例效果

- 初始状态：见图12-67。
- 单击导航菜单时：见图12-68。

图 12-67　　　　　　图 12-68

- 拖动内容区域时：见图12-69。

图 12-69

案例描述

单击导航菜单时，可以切换下方区域的内容，同时线形滑块移动到相应的菜单下方；向两侧快速拖动内容区域时，可切换内容；同时，导航菜单与线形滑块有相应的联动效果；慢速拖动下方区域时，线形滑块有反向的移动效果；当结束慢速拖动时，如果拖动距离超过半个屏幕的宽度，则切换到下一内容，否则，返回原位；导航菜单与线形滑块也有相应的联动效果。

元件准备

* 页面中：见图 12-70。

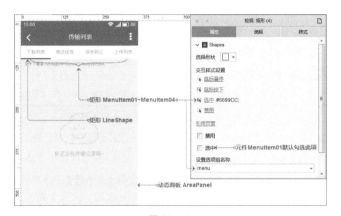

图 12-70

* 动态面板 "AreaPanel" 中：见图 12-71。

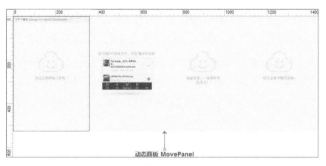

图 12-71

* 动态面板 "MovePanel" 中：见图 12-72。

图 12-72

包含命名

* 矩形（用于线形滑块）：LineShape
* 矩形（用于导航菜单项）：MenuItem01 ～ MenuItem04
* 动态面板（用于内容显示区域）：AreaPanel
* 动态面板（用于放置拖动的内容）：MovePanel

思路分析

①单击导航菜单的菜单项时，菜单项文字改变颜色（见操作步骤 01）。

②同时，移动线形滑块到被单击菜单项的下方（见操作步骤 02）。

③同时，屏幕下方显示对应的内容（见操作步骤 03）。

④拖动下方内容区域时，可以水平方向拖动，但是两侧边界不能进入到屏幕区域内（见操作步骤 04）。

⑤同时，线形滑块向反方向移动，移动的距离与拖动距离的比例为 1：4，即菜单项与内容区域宽度的比例（见操作步骤 05）。

⑥拖动结束时，如果拖动时间较长，则根据拖动的距离是否超过屏幕宽度的一半，让内容区域向两侧移动一定的距离或返回原位；同时，线形滑块也要向两侧移动一定的距离或返回原位（见操作步骤 06 ～ 07）。

⑦向左拖动结束时，如果是快速的拖动，将所有内容向左移动一个屏幕宽度的距离（需要减去已拖动的距离）；同时，将线形滑块向右移动一个菜单的距离（需要减去已拖动距离的 1/4）；注意向左拖动结束时，内容区域右侧边缘不能进入屏幕区域内；线形滑块的右侧边缘也不能超出屏幕区域右侧边界（见操作步骤 08 ～ 09）。

⑧向右拖动结束时，如果是快速的拖动，将所有内容向右移动一个屏幕宽度的距离（需要减去已拖动的距离）；同时，将线形滑块向左移动一个菜单的距离（需要减去已拖动距离的 1/4）；注意向右拖动结束时，内容区域左侧边缘不能进入屏幕区域内；线形滑块的左侧边缘也不能超出屏幕区域左侧边界（见操作步骤 10 ～ 11）。

⑨当区域内容和线形滑块移动结束后，判断当前内容区域的坐标位置，根据所在的不同位置，选中相应的菜单项（见操作步骤 12 ～ 14）。

操作步骤

01 为每个菜单项的【鼠标单击时】事件添加 "case1"，设置动作【选中】"当前元件"（This）。

02 继续上一步，添加动作【移动】元件 "LineShape"【到达】{x}"[[This.x]]" {y}"[[Target.y]]" 的位置；{动画}选择【线性】{时

间}为"200"毫秒；公式"[[This.x]]"可获取当前元件的 x 轴坐标值；公式"[[Target.top]]"可获取目标元件的 y 轴坐标值。

03 继续上一步，在右侧元件列表中勾选动态面板"MovePanel"，将其{移动}【到达】{x}"[[-This.name.slice(-1)*360+360]]"{y}"0"的位置；{动画}选择【线性】{时间}为"200"毫秒；公式"[[This.x]]"可获取当前元件的 x 轴坐标值；公式中"This.name.slice(-1)"可获取当前元件名称的最后一位字符。

- 事件交互设置：见图12-73。

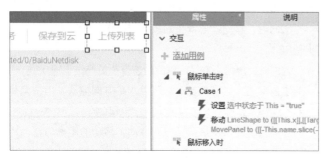

图 12-73

04 为动态面板"MovePanel"的【拖动时】事件添加"case1"，设置动作为【移动】"当前元件"（This）为【水平拖动】；{界限}设置中单击【添加边界】，设置【左侧】【<=】"0"，【右侧】【>=】"360"。

05 继续上一步，在右侧元件列表中勾选元件"LineShape"，{移动}该元件【经过】{x}"[[-DragX/4]]"{y}"0"；{界限}设置中单击【添加边界】，设置【左侧】【>=】"0"，【右侧】【<=】"360"；公式中"DragX"可实时获取到鼠标指针的瞬间拖动距离；另外，注意界限设置与操作步骤04不同。

06 为动态面板"MovePanel"的【拖动结束时】事件添加"case1"，设置条件判断【值】"[[DragTime]]"【>】【值】"150"；添加满足条件时的动作为【移动】"当前元件"（This）【到达】{x}"[[(This.x/360).toFixed(0)*360]]"{y}"0"的位置；{动画}选择【线性】，{时间}为"200"毫秒；公式"[[(This.x/360).toFixed(0)*360]]"表示当前元件的 x 轴坐标值除以360后进行四舍五入取整，用获取到的整数结果乘以360来获取移动后的准确位置。

07 继续上一步，在右侧元件列表中勾选元件"LineShape"，{移动}该元件【到达】{x}"[[(Target.x/90).toFixed(0)*90]]"{y}"[[(Target.y]]"的位置；{动画}选择【线性】，{时间}为"200"毫秒；公式"[[(Target.x/90).toFixed(0)*90]]"表示目标元件的 x 轴坐标值除以90后进行四舍五入取整，用获取到的整数结果乘以90来获取移动后的准确位置；公式"[[(Target.y]]"可获取目标元件的 y 轴坐标值。

08 为动态面板"MovePanel"的【向左拖动结束时】事件添加"case1"，设置条件判断【值】"[[DragTime]]"【<】【值】"150"；添加满足条件时的动作为【移动】"当前元件"（This）【经过】{x}"[[-360-TotalDragX]]"{y}"0"的距离；{动画}选择【线性】，{时间}为"200"毫秒；{界限}设置中单击【添加边界】，因为是向左拖动，所以只需设置【右侧】【>=】"360"；公式"[[-360-TotalDragX]]"表示当前元件向左移动，移动距离为360个像素减去已拖动部分的距离。

09 继续上一步，在右侧元件列表中勾选元件"LineShape"，{移动}该元件【经过】{x}"[[90+TotalDragX/4]]"{y}"0"的距离；{动画}选择【线性】，{时间}为"200"毫秒；{界限}设置中单击【添加边界】，因为是向右移动，所以只需设置【右侧】【<=】"360"；公式"[[90+TotalDragX/4]]"表示当前元件向右移动，移动距离为90个像素减去已拖动部分的距离的1/4。

10 为动态面板"MovePanel"的【向右拖动结束时】事件添加"case1"，设置条件判断【值】"[[DragTime]]"【<】【值】"150"；添加满足条件时的动作为【移动】"当前元件"（This）【经过】{x}"[[360-TotalDragX]]"{y}"0"的距离；{动画}选择【线性】，{时间}为"200"毫秒；{界限}设置中单击【添加边界】，因为是向右拖动，所以只需设置【左侧】【<=】"0"；公式"[[360-TotalDragX]]"表示当前元件向右移动，移动距离为360个像素减去已拖动部分的距离。

11 继续上一步，在右侧元件列表中勾选元件"LineShape"，{移动}该元件【经过】{x}"[[-90+TotalDragX/4]]"{y}"0"的距离；{动画}选择【线性】，{时间}为"200"毫秒；{界限}设置中单击【添加边界】，因为是向左移动，所以只需设置【左侧】【>=】"0"；公式"[[-90+TotalDragX/4]]"表示当前元件向左移动，移动距离为90个像素减去已拖动部分的距离的1/4。

- 事件交互设置：见图12-74。

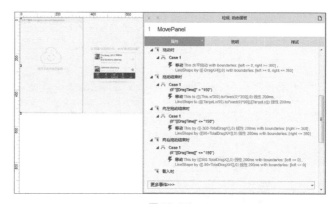

图 12-74

12 为元件"LineShape"的【移动时】事件添加"case1"，设置动作为【等待】"300"毫秒；这一步是为了等待所有的移动动作结束，以便获取准确坐标。

13 继续上一步，添加动作【触发事件】于元件"MovePanel"，勾选【显示时】事件。

- 事件交互设置：见图12-75。

图 12-75

14 为动态面板"MovePanel"的【显示时】事件添加"case1～3"，分别判断【值】"[[This.x]]"【<】【值】"-900""-540"和"-180"，设置满足条件时的动作为【选中】元件"MenuItem04""MenuItem03"和"MenuItem02"；公式"[[This.x]]"可获取当前元件的*x*轴坐标值；最后，再继续添加"case4"，设置不满足"case1～3"的条件时，执行的动作为【选中】元件"MenuItem01"。

- 事件交互设置：见图12-76。

图 12-76

补充说明

- 本案例中使用了"FontAwesome 4.4.0"图标字体元件库，需要安装字体文件支持，并进行Web字体设置（参考案例1的补充说明）。

案例展示

扫一扫二维码，查看案例展示。

案例来源

美拍-拍摄-60秒

案例效果

- 初始状态：见图12-77。
- 拍摄按钮按下时：见图12-78。

图 12-77　　　　图 12-78

- 拍摄时间超过3秒时：见图12-79。

图 12-79

案例描述

按下拍摄按钮时，拍摄按钮颜色变暗；同时，拍摄时间开始以0.1秒的频率开始增加，进度条也以每0.1秒0.6像素的速度向右递增；当拍摄时间大于3秒钟时，确定按钮中的"✔"变为绿色，进度条上的时间标记变为黑色。

元件准备

* 页面中：见图12-80。

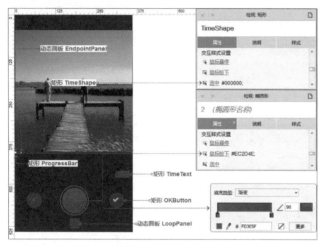

图12-80

* 动态面板"LoopPanel"的状态：见图12-81。

图12-81

* 动态面板"EndpointPanel"的状态：见图12-82。

图12-82

* 动态面板"EndpointPanel"的状态"State1"中：见图12-83。

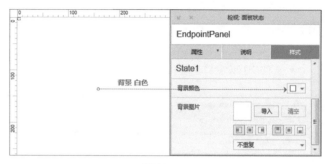

图12-83

包含命名

* 矩形（用于粉红色进度条）：ProgressBar
* 矩形（用于进度条上的时间标记）：TimeShape
* 矩形（用于显示拍摄时长）：TimeText
* 矩形（用于确定按钮）：OKButton
* 动态面板（用于循环的动态效果）：LoopPanel
* 动态面板（用于进度条右侧端点）：EndpointPanel

思路分析

①页面打开后，进度条右侧端点闪烁（见操作步骤01）。

②按下拍摄按钮时，拍摄时间与进度条宽度开始每0.1秒一次递增的循环效果（见操作步骤02）。

③同时，进度条右侧端点停止闪烁，呈现固定的白色端点（见操作步骤03）。

④同时，显示拍摄时间和进度条（见操作步骤04）。

⑤循环过程中，每一次循环，向右移动进度条端点0.6个像素（见操作步骤05）。

⑥同时，设置进度条宽度为进度条x轴坐标到进度条端点左边界的长度（见操作步骤06）。

⑦同时，设置拍摄时间递增0.1秒（见操作步骤07）。

⑧同时，如果拍摄时间达到3秒，确定按钮中的图标变为绿色；并且，进度条上的标记变为黑色（见操作步骤08）。

⑨松开拍摄按钮时，进度条右侧端点恢复闪烁（见操作步骤09）。

⑩停止拍摄时间与进度条宽度的循环递增效果（见操作步骤10）。

操作步骤

01 为进度条端点"EndpointPanel"的【载入时】事件添加"case1"，设置动作为【设置面板状态】于"当前元件"（This），{选择状态}为【Next】，勾选【向后循环】，设置【循环间隔】为"300"毫秒，勾选【首个状态延时300毫秒后切换】。

- 事件交互设置：见图12-84。

图12-84

02 为拍摄按钮的【鼠标按下时】事件添加"case1"，设置动作为【设置面板状态】于"LoopPanel"，{选择状态}为【Next】，勾选【向后循环】，设置【循环间隔】为"100"毫秒，勾选【首个状态延时100毫秒后切换】。

03 继续上一步，添加动作【设置面板状态】于"EndpointPanel"，{选择状态}为"State1"。

04 继续上一步，添加动作【显示】元件"TimeText"和"ProgressBar"。

- 事件交互设置：见图12-85。

图12-85

05 为动态面板"LoopPanel"的【状态改变时】事件添加"case1"，设置动作为【移动】元件"EndpointPanel"【经过】{x}"0.6"{y}"0"的距离。

06 继续上一步，添加动作【设置尺寸】于元件"Progress-Bar"，{宽度}为"[[e.x-Target.x]]"，{高度}为"5"，【锚点】为默认的【左上角】；公式中"e"为局部变量，其内容为元件"EndpointPanel"的对象实例；公式"[[e.x-Target.x]]"能够获取元件"EndpointPanel"的x轴坐标与目标元件的x轴坐标之间的距离长度。

07 继续上一步，添加动作【设置文本】于元件"TimeText"为【值】"[[(Target.text.substr(0,Target.text.length-1)+0.1).toFixed(1)]]秒"；公式"[[(Target.text.substr(0,Target.text.length-1)+0.1).toFixed(1)]]秒"表示截取目标元件文字中最后一位字符之前的所有内容，进行加0.1的运算后，将运算结果再与"秒"字连接在一起。

08 为动态面板"LoopPanel"的【状态改变时】事件添加"case2"，设置条件判断【值】"[[t.substr(0,t.length-1)]]"【>=】【值】"3"，设置满足条件时的动作为【选中】元件"OK-Button"和"TimeShape"；公式中"t"为局部变量，其内容为元件"TimeText"的文字；公式"[[t.substr(0,t.length-1)]]"可获取到元件"TimeText"文字中数字的部分；最后，在"case2"名称上单击<鼠标右键>，选择菜单中最后一项，将case的条件判断由"Else If"转换为"If"。

- 事件交互设置：见图12-86。

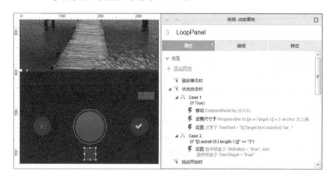

图12-86

09 为拍摄按钮的【鼠标松开时】事件添加"case1"，设置动作为【设置面板状态】于"LoopPanel"，{选择状态}为【停止循环】。

10 继续上一步，在右侧元件列表中勾选动态面板"Endpoint-Panel"，{选择状态}为【Next】，勾选【向后循环】，设置【循环间隔】为"300"毫秒，勾选【首个状态延时300毫秒后切换】。

- 事件交互设置：见图12-87。

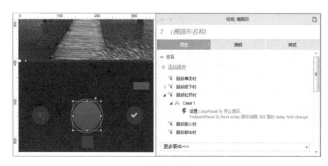

图12-87

补充说明

• 本案例中使用了"FontAwesome 4.4.0"图标字体元件库，需要安装字体文件支持，并进行Web字体设置（参考案例1的补充说明）。

案例展示

扫一扫二维码，查看案例展示。

案例96 滑块的水平拖动效果

案例来源

UC浏览器–设置

案例效果

• 初始状态：见图12-88。

图12-88

• 开启功能时：见图12-89。

图12-89

案例描述

使用系统亮度时，滑块位置与状态条长度不可调节；取消系统亮度的勾选时，滑块与状态条变为蓝色，可以拖动滑块位置改变状态条长度。

元件准备

• 页面中：见图12-90。

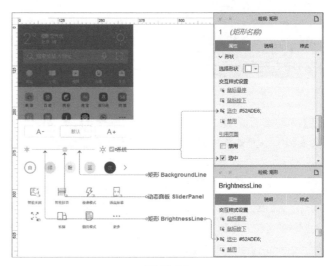

图12-90

• 动态面板"SliderPanel"中：见图12-91。

图 12-91

包含命名

- 动态面板（用于拖动调节亮度的滑块）：SliderPanel
- 矩形（用于调节线的背景）：BackgroundLine
- 矩形（用于亮度调节线）：BrightnessLine

思路分析

①单击使用系统亮度的复选框，复选框切换颜色（见操作步骤01）。

②复选框被选中时，显示勾选的图标文字（见操作步骤02）。

③同时，滑块和调节线变为灰色（见操作步骤03）。

④复选框取消选中时，勾选图标文字消失（见操作步骤04）。

⑤同时，滑块和调节线变为蓝色（见操作步骤05）。

⑥拖动滑块时，如果滑块是蓝色的状态，则可以水平拖动，但不可超出背景线条的两端（见操作步骤06）。

⑦同时，调节线跟随滑块的位置改变尺寸（见操作步骤07）。

操作步骤

01 为自制复选框元件的【鼠标单击时】事件添加 "case1"，设置动作为【切换选中状态】于 "当前元件"（This）。

02 为自制复选框元件的【选中时】事件添加 "case1"，设置动作为【设置文本】于 "当前元件"（This）为【值】 "✔"；"✔" 为FontAwesome 4.40图标字体元件库中的对号。

03 继续上一步，添加动作【取消选中】元件 "SliderPanel" 和 "BrightnessLine"。

04 为自制复选框元件的【取消选中时】事件添加 "case1"，设置动作为【设置文本】于 "当前元件"（This）为【值】 ""（空值）。

05 继续上一步，添加动作【选中】元件 "SliderPanel" 和 "BrightnessLine"。

- 事件交互设置：见图12-92。

06 为动态面板 "SliderPanel" 的【拖动时】事件添加 "case1"，设置条件判断【选中状态】于 "当前元件"（This）【==】【值】【true】；设置满足条件时的动作为【移动】"当前元件"（This）为【水平拖动】；{界限}设置中，单击【添加边界】，设置【左侧】【>=】"[[b.left]]"，【右侧】【<=】"[[b.right]]"；公式中 "b" 为局部变量，其内容为元件 "BackgroundLine" 的对象实例。

图 12-92

07 继续上一步，添加动作【设置尺寸】于元件 "BrightnessLine"，{宽度}为 "[[This.x-Target.x]]"，{高度}为 "1"，【锚点】为默认的【左上角】；公式 "[[This.x-Target.x]]" 可获取当前元件 x 轴坐标与目标元件 x 轴坐标之间距离的长度。

- 事件交互设置：见图12-93。

图 12-93

补充说明

- 本案例中使用了 "FontAwesome 4.4.0" 图标字体元件库，需要安装字体文件支持，并进行Web字体设置（参考案例1的补充说明）。

案例展示

扫一扫二维码，查看案例展示。

案例97 长按复选框切换样式

案例来源

百度云-网盘

案例效果

- 初始状态/单击取消按钮时：见图12-94。
- 长按列表项时：见图12-95。

图12-94

图12-95

案例描述

长按列表项时，所有列表项变为可选择状态，当前列表项变为已选中的状态；同时，屏幕上方和下方滑出菜单。

元件准备

- 页面中：见图12-96。

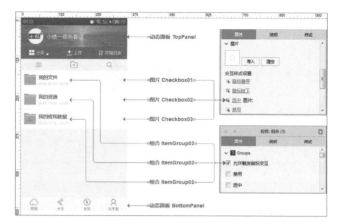

图12-96

- 动态面板"TopPanel"中：见图12-97。

图12-97

- 动态面板"BottomPanel"中：见图12-98。

图12-98

包含命名

- 图片（用于复选框）：CheckBox01 ~ CheckBox03
- 组合（用于列表项）：ItemGroup01 ~ ItemGroup03
- 动态面板（用于顶部滑出菜单）：TopPanel
- 动态面板（用于底部滑出菜单）：BottomPanel

思路分析

①长按任何一个列表项时，如果未显示隐藏的菜单，则滑出顶部与底部的菜单（见操作步骤01）。

②同时，改变复选框的图片，为灰色圆形样式（见操作步骤02）。

③最后，将当前列表项的复选框，改变为选中的蓝色样式（见操作步骤03）。

④单击顶部菜单的取消按钮时，隐藏顶部菜单和底部菜单（见操作步骤04）。

⑤同时，取消所有复选框的选中状态（见操作步骤05）。

⑥最后，将所有复选框改变为初始样式（见操作步骤06）。

操作步骤

01 为每个列表项组合的【鼠标长按时】事件添加"case1"，设置条件判断【元件可见】于动态面板"TopPanel"【==】【值】【false】，设置满足条件时的动作为【显示】元件"Top-Panel"和"BottomPanel"，{动画}分别设置为【向下滑动】与【向上滑动】，{时间}为"500"毫秒。

02 继续上一步，添加动作【设置图片】于元件"Check-Box01 ～ CheckBox03"，{默认}为【image】，单击【导入】按钮，添加灰色圆形样式的图片。

03 继续上一步，添加动作【选中】"当前元件"（This）。

- 事件交互设置：以组合"ItemGroup01"为例：见图 12-99。

图 12-99

04 为"取消"按钮的【鼠标单击时】事件添加"case1"，设置动作为【隐藏】元件"TopPanel"与"BottomPanel"，设置"TopPanel"隐藏时的{动画}为【向上滑动】，{时间}为"500"毫秒。

05 继续上一步，添加动作【取消选中】组合"ItemGroup01 ～ ItemGroup03"。

06 继续上一步，添加动作【设置图片】于元件"CheckBox-01 ～ CheckBox03"，{默认}为【image】，单击【导入】按钮，添加初始状态的图片。

- 事件交互设置：见图 12-100。

图 12-100

案例展示

扫一扫二维码，查看案例展示。

案例98　选中复选框计数效果

案例来源

百度云 - 网盘

案例效果

- 未勾选任何一项时：见图 12-101。
- 勾选一项或多项时：见图 12-102。

图 12-101　　　　　　　图 12-102

案例描述

初始状态下，单击复选框时，勾选该复选框，同时显示顶部与底部菜单；非初始状态时，单击复选框，切换复选框的勾选状态；复选框的勾选状态改变时，顶部菜单中的数量统计文本跟随改变。

元件准备

在案例 97 的基础上进行编辑。

- 动态面板"TopPanel"中：见图 12-103。

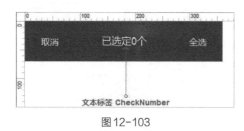

图 12-103

包含命名

- 文本标签（用于显示选中数量）：CheckNumber

思路分析

①单击任何一个复选框，如果未显示隐藏的菜单，则滑出顶部与底部的菜单（见操作步骤01）。

②同时，改变复选框的图片，为灰色圆形样式（见操作步骤02）。

③最后，将被单击的复选框改变为选中的蓝色样式（见操作步骤03）。

④如果已显示隐藏的菜单，则切换被单击复选框的勾选状态（见操作步骤04）。

⑤复选框被勾选时，统计数量增加1。

⑥复选框被取消勾选时，统计数量减少1。

操作步骤

01 为每个复选框的【鼠标单击时】事件添加"case1"，设置条件判断【元件可见】于动态面板"TopPanel"【==】【值】【false】，设置满足条件时的动作为【显示】元件"TopPanel"和"BottomPanel"，{动画}分别设置为【向下滑动】与【向上滑动】，{时间}为"500"毫秒。

02 继续上一步，添加动作【设置图片】于元件"Check-Box01 ~ CheckBox03"，{默认}为【image】，单击【导入】按钮，添加灰色圆形样式的图片。

03 继续上一步，添加动作【选中】"当前元件"（This）。

04 为每个复选框的【鼠标单击时】事件添加"case2"，设置不满足操作步骤01的条件时，执行的动作为【切换选中状态】于"当前元件"（This）。

- 事件交互设置：以元件"CheckBox01"为例：见图12-104。

图 12-104

05 为每个复选框的【选中时】事件添加"case1"，设置动作为【设置文本】于元件"CheckNumber"为【值】"已选定[[Target.text.replace('已选定','').replace('个','')+1]]个"；公式中"[[Target.text.replacc('已选定','').replace('个','')+1]]"，能够获取到目标元件文本，并替换掉文本中的文字"已选定"和"个"，然后，将剩余的数字加1。

06 为每个复选框的【取消选中时】事件添加"case1"，设置动作为【设置文本】于元件"CheckNumber"为【值】"已选定[[Target.text.replace('已选定','').replace('个','')-1]]个"；公式中"[[Target.text.replace('已选定','').replace('个','')-1]]"，能够获取到目标元件文本，并替换掉文本中的文字"已选定"和"个"，然后，将剩余的数字减1。

- 事件交互设置：以元件"CheckBox01"为例：见图12-105。

图 12-105

案例展示

扫一扫二维码，查看案例展示。

案例99　全选与取消全选效果

案例来源

百度云－网盘

案例效果

- 单击全选按钮或复选框全部勾选时：见图12-106。
- 全选后取消任何一个复选框勾选时：见图12-107。

図12-106　　　　　　　図12-107

案例描述

勾选复选框时，如果全部被勾选，全选按钮文字变为"全不选"；取消任何一个复选框的勾选时，全选按钮的文字都应为"全选"；单击全选按钮时，如果按钮上的文字为"全选"，则将所有复选框变为被勾选的状态；否则，将所有复选框变为未被勾选的状态。

元件准备

在案例98的基础上进行编辑。

- 动态面板"TopPanel"中：见图12-108。

图12-108

包含命名

- 矩形（用于全选按钮）：CheckAll

思路分析

①每一个复选框被勾选后，统计数量都会发生变化，如果统计数量为最大值，设置全选按钮的文字为"全不选"（见操作步骤01）。

②每一个复选框被取消勾选时，设置全选按钮的文字为"全选"（见操作步骤02）。

③全选按钮被单击时，如果按钮文字为"全选"，则选中所有的复选框（见操作步骤03）。

④否则，取消所有复选框的勾选（见操作步骤04）。

操作步骤

01 为每个复选框的【选中时】事件添加"case2"，设置条件判断【元件文字】于"CheckNumber"【==】【值】"已选定3个"；添加满足条件时的动作为【设置文字】于元件"CheckAll"为【值】"全不选"；最后，在"case2"名称上单击<鼠标右键>，选择菜单中最后一项，将case的条件判断由"Else If"转换为"If"。

02 编辑每个复选框【取消选中时】事件的"case1"，在【设置文本】的动作中，勾选右侧元件列表中的元件"CheckAll"，设置其文字为【值】"全选"。

- 事件交互设置：以元件"CheckBox01"为例：见图12-109。

图12-109

03 为按钮"CheckAll"的【鼠标单击时】事件添加"case1"，设置条件判断【元件文字】于"当前元件"（This）【==】【值】"全选"；添加满足条件时的动作为【选中】元件"CheckBox01 ～ CheckBox03"。

04 为按钮"CheckAll"的【鼠标单击时】事件添加"case2"，设置不满足操作步骤03的条件时，执行的动作为【取消选中】元件"CheckBox01 ～ CheckBox03"。

- 事件交互设置：见图12-110。

图12-110

案例展示

扫一扫二维码，查看案例展示。

| 案例100 | 侧边菜单的视差效果 |

案例来源

QQ-首页

案例效果

- 初始状态：见图12-111。
- 面板向右拖动时：见图12-112。

图12-111

图12-112

- 面板拖动结束时：见图12-113。

图12-113

案例描述

元件准备

- 页面中：见图12-114。

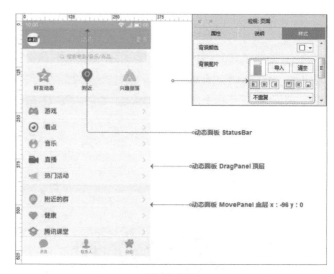

图12-114

- 动态面板"StatusBar"中：见图12-115。

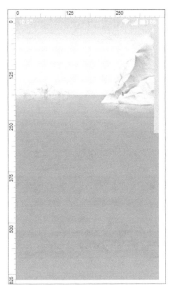

图 12-115

- 动态面板 "DragPanel" 中：见图 12-116。

图 12-116

- 动态面板 "MovePanel" 中：见图 12-117。

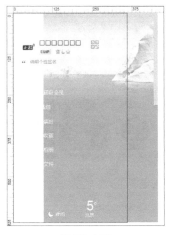

图 12-117

包含命名

- 动态面板（用于顶部状态栏）：StatusBar
- 动态面板（用于可拖动的面板）：DragPanel
- 动态面板（用于跟随移动的功能菜单面板）：MovePanel

思路分析

①拖动面板的时候能够在一定范围内水平拖动，案例中可拖动面板的 x 轴坐标值限制在 0 ~ 288 之间（见操作步骤 01）。

②拖动面板的同时，功能菜单的面板要跟随移动，移动距离为拖动距离的三分之一，从而实现视差效果（见操作步骤 02）。

③拖动面板的同时，面板中头像图片要随着拖动距离动态改变透明度（见操作步骤 03）。

④结束拖动时，如果拖动总距离超过 144，则移动被拖动的面板到达 x 轴 288 的位置；同时，移动功能菜单面板到达 x 轴 0 的位置；并且，设置头像图片的不透明为 0%（见操作步骤 04 ~ 05）。

⑤否则，移动被拖动的面板以及功能菜单面板回到初始位置；并且，设置头像图片的不透明为 100%（见操作步骤 06 ~ 07）。

操作步骤

01 为 动 态 面 板 "DragPanel" 的【拖 动 时】事 件 添 加 "case1"，设置动作为【移动】"当前元件"（This）为水平拖动；{界限}设置中，单击【添加边界】，设置【左侧】【>=】"0"，【左侧】【<=】"288"。

02 继续上一步，在右侧元件列表中勾选动态面板 "MovePanel"，设置移动该元件【经过】{x} "[[DragX/3]]"{y} "0" 的距离；公{界限}设置中，单击【添加边界】，设置【左侧】【>=】"-96"，【左侧】【<=】"0"；公式中 "DragX/3" 能够获取时的拖动距离。

03 继续上一步，添加动作【设置不透明】于元件 "HeadImage"，{不 透 明}的 值 为 "[[(1-This.x/288)*100]]"；公 式 "[[(1-This.x/288)*100]]" 能够获取剩余可拖动距离与可拖动总距离的比例值。

04 为动态面板 "DragPanel" 的【拖动结束时】事件添加 "case1"，设置条件判断【值】"[[TotalDragX]]"【>】【值】"144"，添加满足条件时的动作为【移动】"当前元件"（This）【到达】{x} "288"{y} "0" 的位置,{动画}选择【线性】,{时间} 为 "500" 毫秒；然后，继续勾选元件列表中的动态面板

"MovePanel"，将其移动【到达】{x}"0"{y}"0"的位置，{动画}选择【线性】，{时间}为"500"毫秒；公式"[[TotalDragX]]"可获取一次拖动过程的总距离。

05 继续上一步，添加动作【设置不透明】于元件"HeadImage"，{不透明}的值为"0"，{动画}选择【线性】，{时间}为"500"毫秒。

06 为动态面板"DragPanel"的【拖动结束时】事件添加"case2"，设置不满足操作步骤04的条件时，执行的动作为【移动】"当前元件"（This）【到达】{x}"0"{y}"0"的位置，{动画}选择【线性】，{时间}为"500"毫秒；然后，继续勾选元件列表中的动态面板"MovePanel"，将其移动【到达】{x}"-96"{y}"0"的位置，{动画}选择【线性】，{时间}为"500"毫秒。

07 继续上一步，添加动作【设置不透明】于元件"HeadImage"，{不透明}的值为"100"，{动画}选择【线性】，{时间}为"500"毫秒。

- 事件交互设置：见图12-118。

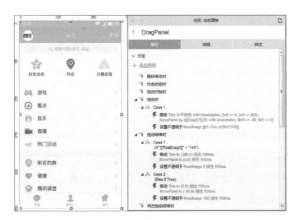

图12-118

补充说明

- 本案例中使用了"FontAwesome 4.4.0"图标字体元件库，需要安装字体文件支持，并进行Web字体设置（参考案例1的补充说明）。

案例展示

扫一扫二维码，查看案例展示。

案例101 | **动态面板嵌套与切换**

案例来源

QQ音乐-首页

案例效果

- 初始状态：见图12-119。

图12-119

- 首页向左拖动后／音乐馆首页：见图12-120。

图12-120

- 音乐馆首页向左拖动后：见图12-121。

图12-121

- 尾页/音乐馆尾页向左拖动后：见图12-122。

图12-122

案例描述

左右拖动内容区域时能够切换一级内容；切换到音乐馆后，左右拖动内容区域时，可切换音乐馆包含的二级内容；音乐馆的首个二级内容向右拖动时，切换回一级内容"我的"；音乐馆的最后一个二级内容向左拖动时，切换到一级内

容"发现"。

元件准备

- 页面中：见图12-123。

图12-123

- 动态面板"PrimaryPanel"的状态：见图12-124。

图12-124

- 动态面板"PrimaryPanel"的"State1"状态中：见图12-125。

图12-125

● 动态面板"PrimaryPanel"的"State2"状态中：见图12-126。

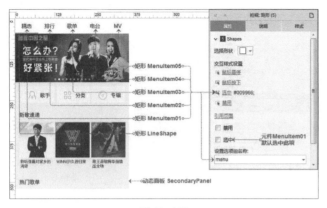

图 12-126

● 动态面板"SecondaryPanel"的状态：见图12-127。

图 12-127

● 动态面板"SecondaryPanel"的各个状态中：见图12-128。

图 12-128

● 动态面板"PrimaryPanel"的"State3"状态中：见图12-129。

图 12-129

包含命名

● 文本标签（用于"我的"标签）：MyTab
● 文本标签（用于"音乐馆"标签）：MusicTab
● 文本标签（用于"发现"标签）：FindTab
● 动态面板（用于放置一级内容）：PrimaryPanel
● 动态面板（用于放置二级内容）：SecondaryPanel
● 矩形（用于"音乐馆"的菜单项）：MenuItem01 ～ MenuItem05

思路分析

①向左拖动一级内容时，向后切换一级内容（见操作步骤01）。

②向右拖动一级内容时，向前切换一级内容（见操作步骤02）。

③根据切换后的一级内容，相应的标签的文字加粗显示（见操作步骤03 ～ 05）。

④向左拖动二级内容时，如果是最后一部分内容，向后切换一级内容；否则向后切换二级内容（见操作步骤06 ～ 07）。

⑤向右拖动一级内容时，如果是第一部分内容，向前切换一级内容；否则向前切换二级内容（见操作步骤08 ～ 09）。

⑥根据切换后的二级内容，相应的菜单项的文字改变颜色（见操作步骤10 ～ 11）。

⑦菜单项改变颜色的同时，移动线形滑块到该菜单项的底部（见操作步骤12）。

操作步骤

01 为动态面板"PrimaryPanel"的【向左拖动结束时】事件添加"case1"，设置动作为【设置面板状态】于"当前元件"（This），{选择状态}为【Next】，{进入动画}与{退出动画}均为【向左滑动】，{时间}为"500"毫秒；注意，不要勾选循环的相关选项。

02 为动态面板"PrimaryPanel"的【向右拖动结束时】事件添加"case1"，设置动作为【设置面板状态】于"当前元件"（This），{选择状态}为【Previous】，{进入动画}与{退出动画}均为【向右滑动】，{时间}为"500"毫秒；注意，不要勾选循环的相关选项。

03 为动态面板"PrimaryPanel"的【状态改变时】事件添加"case1"，设置条件判断【面板状态】于"当前元件"（This）【==】【状态】"State1"；添加满足条件时的动作为【选中】元件"MyTab"。

04 为动态面板"PrimaryPanel"的【状态改变时】事件添加"case2"，设置条件判断【面板状态】于"当前元件"（This）【==】【状态】"State2"；添加满足条件时的动作为【选中】元件"MusicTab"。

05 为动态面板"PrimaryPanel"的【状态改变时】事件添加"case3"，设置不满足操作步骤03与操作步骤04的条件时，执行的动作为【选中】元件"FindTab"。

- 事件交互设置：见图12-130。

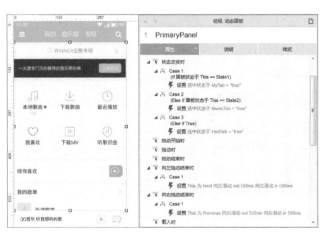

图12-130

06 为动态面板"SecondaryPanel"的【向左拖动结束时】事件添加"case1"，设置条件判断【面板状态】于"当前元件"（This）【==】【状态】"State5"；添加满足条件时的动作为【设置面板状态】于"PrimaryPanel"，{选择状态}为【Next】，{进入动画}与{退出动画}均为【向左滑动】，{时间}为"500"毫秒；注意，不要勾选循环的相关选项。

07 为动态面板"SecondaryPanel"的【向左拖动结束时】事件添加"case2"，设置不满足操作步骤06的条件时，执行的动作为【设置面板状态】于"当前元件"（This），{选择状态}为【Next】，{进入动画}与{退出动画}均为【向左滑动】，{时间}为"500"毫秒；注意，不要勾选循环的相关选项。

08 为动态面板"SecondaryPanel"的【向右拖动结束时】事件添加"case1"，设置条件判断【面板状态】于"当前元件"（This）【==】【状态】"State1"；添加满足条件时的动作为【设置面板状态】于"PrimaryPanel"，{选择状态}为【Previous】，{进入动画}与{退出动画}均为【向右滑动】，{时间}为"500"毫秒；注意，不要勾选循环的相关选项。

09 为动态面板"SecondaryPanel"的【向右拖动结束时】事件添加"case2"，设置不满足操作步骤08的条件时，执行的动作为【设置面板状态】于"当前元件"（This），{选择状态}为【Previous】，{进入动画}与{退出动画}均为【向右滑动】，{时间}为"500"毫秒；注意，不要勾选循环的相关选项。

- 事件交互设置：见图12-131。

图12-131

10 为动态面板"SecondaryPanel"的【状态改变时】事件添加"case1"～"case4"，设置条件判断【面板状态】于"当前元件"（This）【==】【状态】"State1"～"State4"时；执行的动作为【选中】元件"MenuItem01"～"MenuItem04"。

11 为动态面板"SecondaryPanel"的【状态改变时】事件添加"case5"，设置不满足操作步骤10的条件时，执行的动作为【选中】元件"MenuItem05"。

- 事件交互设置：见图12-132。

图12-132

12 为元件"MenuItem01"～"MenuItem05"的【选中时】事件添加"case1",设置动作为【移动】元件"LineShape"【到达】{x}"[[This.x]]"{y}"[[Target.y]]"的位置,{动画}选择【线性】,{时间}为"200"毫秒;公式"[[This.x]]"可获取当前元件的x轴坐标,公式"[[Target.y]]"可获取目标元件"LineShape"的y轴坐标。

- 事件交互设置:见图12-133。

图12-133

补充说明

- 本案例中使用了"FontAwesome 4.4.0"图标字体元件库,需要安装字体文件支持,并进行Web字体设置(参考案例1的补充说明)。

案例展示

扫一扫二维码,查看案例展示。

案例102　标签移动与内容切换

案例来源

美拍-拍摄

案例效果

- 初始状态:见图12-134。

图12-134

- 单击其他标签时:见图12-135。

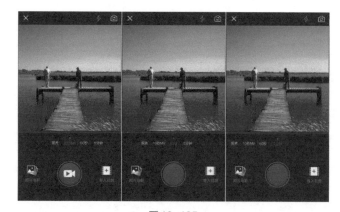

图12-135

案例描述

单击功能标签时,被单击的标签移动到界面水平中心的位置,其他功能标签跟随移动到相应的位置;同时,标签下方的内容也有相应的变化。

元件准备

- 页面中：见图12-136。

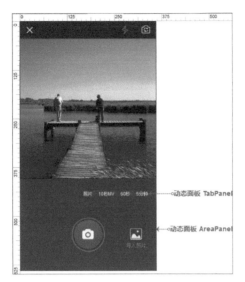

图12-136

- 动态面板"TabPanel"中：见图12-137。

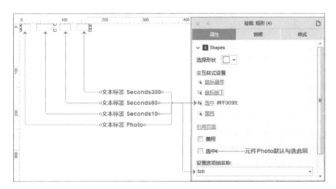

图12-137

- 动态面板"AreaPanel"的状态：见图12-138。

图12-138

- 动态面板"AreaPanel"状态"Photo"中：见图12-139。

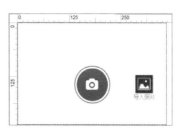

图12-139

- 动态面板"AreaPanel"状态"Seconds10"中：见图12-140。

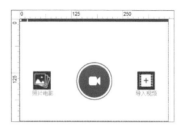

图12-140

- 动态面板"AreaPanel"状态"Seconds60"与"Seconds300"中：见图12-141。

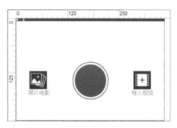

图12-141

包含命名

- 动态面板（用于放置功能标签）：TabPanel
- 动态面板（用于放置功能标签对应的内容）：AreaPanel
- 文本标签（用于功能标签"照片"）：Photo
- 文本标签（用于功能标签"10秒MV"）：Seconds10
- 文本标签（用于功能标签"60秒"）：Seconds60
- 文本标签（用于功能标签"5分钟"）：Seconds300

思路分析

①单击任何一个功能标签时，移动放置标签的动态面板到相应的位置；该位置的x轴坐标为界面的中心点x轴坐标减去被单击标签在动态面板中的x轴坐标，然后，再减去被单击标签的一半宽度；该位置的y轴坐标不变，为放置标签动态面板的y轴坐标（见操作步骤01）。

②单击任何一个功能标签时，该标签改变颜色，呈现被选中的样式（见操作步骤02）。

③单击任何一个功能标签时，切换下方区域内容为与被单击标签相对应的内容（见操作步骤03）。

操作步骤

01 为每个功能标签的【鼠标单击时】事件添加"case1"，设置动作为【移动】动态面板"TabPanel"【到达】{x}"[[180-This.x-This.width/2]]"{y}"[[Target.y]]"的位置；{动画}选择【线性】，{时间}为"200"毫秒；公式"[[180-This.x-This.width/2]]"即为界面的中心点x轴坐标减去被单击标签在动态面板中的x轴坐标，再减去被单击标签的一半宽度；公式"[[Target.y]]"可获取被移动的目标元件y轴的坐标。

02 继续上一步，添加动作【选中】"当前元件"（This）。

03 继续上一步，添加动作【设置面板状态】于"AreaPanel"，{选择状态}为【Value】，{状态名称或序号}中填写"[[This.name]]"；公式"[[This.name]]"可获取当前元件的名称；这一动作可将动态面板"AreaPanel"切换到与被单击标签同名的状态。

• 事件交互设置：以元件"Photo"为例：见图12-142。

图 12-142

补充说明

• 本案例主要讲解功能标签被单击时的移动与相应内容的切换，其他交互不在讲解范围内，予以省略。

• 本案例中使用了"FontAwesome 4.4.0"图标字体元件库，需要安装字体文件支持，并进行Web字体设置（参考案例1的补充说明）。

案例展示

扫一扫二维码，查看案例展示。

案例103　单击曲目时切换歌曲

案例来源

网易云音乐 - 歌曲列表

案例效果

见图12-143。

图 12-143

案例描述

单击列表中的曲目时，播放栏显示被单击曲目的歌曲图片、名称与歌手姓名。同时，播放列表中曲目的序号变为播放图标。

元件准备

• 页面中：见图12-144。

图 12-144

- 动态面板 "AreaPanel" 中：见图12-145。

图12-145

- 中继器 "SongList" 中：见图12-146。

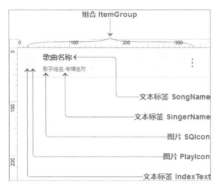

图12-146

- 中继器 "SongList" 的数据集：见图12-147。

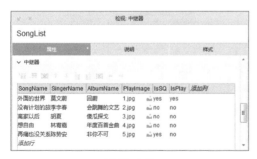

图12-147

包含命名

- 动态面板（用于放置曲目列表）：AreaPanel
- 文本标签（用于播放栏中的歌曲名称）：PlaySong
- 文本标签（用于播放栏中的歌手姓名）：PlaySinger
- 图片（用于播放栏中的歌曲图片）：PlayImage
- 图片（用于曲目列表中的播放图标）：PlayIcon
- 图片（用于曲目列表中的品质图标）：SQIcon
- 文本标签（用于曲目列表中的歌曲名称）：SongName

- 文本标签（用于曲目列表中的歌手姓名与专辑名称）：SingerName
- 文本标签（用于曲目列表中的歌曲序号）：IndexText
- 组合（用于为曲目列表中的列表项）：ItemGroup

思路分析

①在加载曲目列表时，将数据集中保存的歌曲名称、歌手姓名与专辑名称加载到列表项中（见操作步骤01）。

②在加载曲目列表时，如果某一项为播放状态，要显示播放图标；否则，显示歌曲的序号（见操作步骤02～03）。

③在加载曲目列表时，如果某一项为高品质歌曲，要显示品质图标；并且，将歌手姓名与歌曲名称向右移动20像素的距离（见操作步骤04）。

④在单击任何一个列表项时，将当前曲目的图片、歌曲名称、歌手姓名加载到播放栏中（见操作步骤05～06）。

⑤在单击任何一个列表项时，取消所有列表项的播放状态，然后设置被单击的列表项为播放状态（见操作步骤07～08）。

操作步骤

01 为中继器【每项加载时】事件添加 "case1"，设置动作为【设置文本】于元件 "SongName" 为【值】"[[Item.SongName]]"；在右上方元件列表中继续勾选元件 "SingerName"，为其设置文本为【值】"[[Item.SingerName]]-[[Item.AlbumName]]"；公式 "[[Item.SingerName]]-[[Item.AlbumName]]" 表示获取数据行中的歌手姓名与专辑名称，并用符号 "-" 连接在一起。

02 为中继器【每项加载时】事件添加 "case2"，设置条件判断为【值】"[[Item.IsPlay]]"【==】【值】"yes"；添加满足条件时的动作为【显示】元件 "PlayIcon"；最后，在 "case2" 名称上单击＜鼠标右键＞，选择菜单中最后一项，将case的条件判断由 "Else If" 转换为 "If"。

03 为中继器【每项加载时】事件添加 "case3"，设置不满足操作步骤02的条件时，执行的动作为【设置文本】于元件 "IndexText" 为【值】"[[Item.index]]"；公式 "[[Item.index]]" 能够获取数据行的序号。

04 为中继器【每项加载时】事件添加 "case4"，设置条件判断为【值】"[[Item.IsSQ]]"【==】【值】"yes"；添加满足条件时的第1个动作为【显示】元件 "SQIcon"；第2个动作为【移动】元件 "SingerName"【经过】{x}"20"{y}"0" 的距离；最后，在 "case4" 名称上单击＜鼠标右键＞，选择菜单中最后一项，将case的条件判断由 "Else If" 转换为 "If"。

- 事件交互设置：见图12-148。

图12-148

05 为组合"ItemGroup"的【鼠标单击时】事件添加"case1";设置动作为【设置文本】于元件"PlaySong"与"PlaySinger"为【值】"[[Item.SongName]]"和[[Item.SingerName]]。

06 继续上一步,添加动作【设置图片】于元件"PlayImage",{默认}为【值】"[[Item.PlayImage]]"。

07 继续上一步,添加动作【更新行】于中继器"SongList";勾选更新方式为按【条件】更新;{条件}中填写"true",表示更新所有数据行;【选择列】的列表中选择"IsPlay",{Value}下方的单元格中填写"no"。

08 继续上一步,添加动作【更新行】于中继器"SongList";勾选更新方式为【This】;【选择列】的列表中选择"IsPlay",{Value}下方的单元格中填写"yes"。

• 事件交互设置:见图12-149。

图12-149

案例展示

扫一扫二维码,查看案例展示。

案例104 　遮罩与放大弹出内容

案例来源

QQ-QQ钱包

案例效果

• 初始状态:见图12-150。

图12-150

• 单击分类按钮时:见图12-151。

图12-151

案例描述

单击页面中部的4个分类按钮时，分别弹出不同的内容面板，并带有放大效果；内容面板显示时带有灰色半透明的遮罩效果，单击灰色半透明区域隐藏内容面板，恢复初始状态。

元件准备

- 页面中：见图12-152。

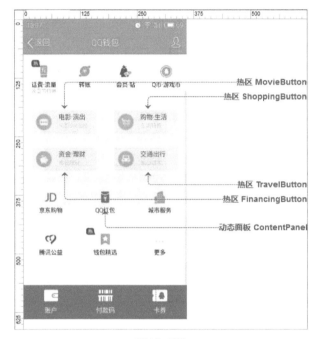

图 12-152

- 动态面板 "ContentPanel" 的状态：见图12-153。

图 12-153

- 动态面板 "ContentPanel" 的状态 "MovieState" 中：见图12-154。

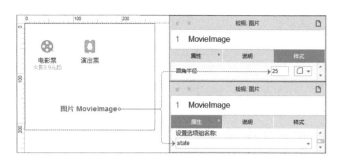

图 12-154

- 动态面板 "ContentPanel" 的状态 "ShoppingState" 中：见图12-155。

图 12-155

- 动态面板 "ContentPanel" 的状态 "FinancingState" 中：见图12-156。

图 12-156

- 动态面板 "ContentPanel" 的状态 "TravelState" 中：见图12-157。

图12-157

包含命名

- 热区（用于"电影"分类按钮）：MovieButton
- 热区（用于"购物"分类按钮）：ShoppingButton
- 热区（用于"理财"分类按钮）：FinancingButton
- 热区（用于"交通"分类按钮）：TravelButton
- 动态面板（用于放置弹出的内容面板）：ContentPanel
- 动态面板状态（用于放置"电影"的内容面板）：MovieState
- 动态面板状态（用于放置"购物"的内容面板）：ShoppingState
- 动态面板状态（用于放置"理财"的内容面板）：FinancingState
- 动态面板状态（用于放置"交通"的内容面板）：TravelState
  - 图片（用于代替"电影"的内容面板）：MovieImage
  - 图片（用于代替"购物"的内容面板）：ShoppingImage
  - 图片（用于代替"理财"的内容面板）：FinancingImage
  - 图片（用于代替"交通"的内容面板）：TravelImage

思路分析

①因为内容面板都放置在同一个动态面板中，所以单击任何一个分类按钮时，都要将动态面板切换到相应的状态；然后，将动态面板显示出来（见操作步骤01～02）。

②接下来需要有一个内容面板放大的效果，可以通过单击分类按钮时选中相应的内容图片，在内容图片被选中时添加缩小并放大图片的效果。

操作步骤

01 为每个分类按钮的【鼠标单击时】事件添加"case1"，设置动作为【设置面板状态】于动态面板"ContentPanel"，{选择状态}为【Value】，{状态名称或序号}中填写"[[This.name.replace('Button','State')]]"；公式"[[This.name.replace('Button','State')]]"能够获取当前被单击按钮的元件名称，并将名称中的字符"Button"替换为"State"，以切换到相应的面板状态。

02 继续上一步，添加动作【显示】动态面板"ContentPanel"，{更多选项}选择【灯箱效果】。

03 继续上一步，添加动作【选中】与被单击按钮相对应的内容面板图片；例如单击按钮"MovieButton"时，选中图片"MovieImage"。

- 事件交互设置：以元件"MovieButton"为例：见图12-158。

图12-158

04 为每个内容面板图片的【选中时】事件添加"case1"，设置动作为【设置尺寸】于"当前元件"（This），{宽}为"54"，{高}为"43"；但是要注意，各个内容面板的图片在缩小时锚点并不一样，按照按钮排列的顺序，"电影""购物""理财"与"交通"的{锚点}分别为【左上角】、【右上角】、【左侧】和【右侧】。

05 继续上一步，添加动作设置动作为【设置尺寸】于"当前元件"（This），{宽}为"270"，{高}为"213"，{动画}选择【线性】，{时间}为"200"毫秒；各个内容面板的图片放大时锚点的设置与操作步骤04中一致。

- 事件交互设置：以元件"MovieImage"为例：见图12-159。

图12-159

补充说明

- 本案例在截图上添加热区并设置交互，还原真实的交互效果；主要是让大家体验热区这个元件最早的基本用途；实际原型制作中，大家可以通过其他元件来组建页面中的内容，实现类似本案例的效果。

- 动态面板"ContentPanel"状态中的内容，本案例中使用了图片代替；在实际原型制作中也可以使用这种方式，图片上可单击的图标，可以通过预先在相应位置上放置热区并添加单击时的交互来实现。另外，要注意的是代替内容面板的图片，初始状态时要为放大后的尺寸；如果是缩小时的尺寸，原型生成时会导致图片被压缩，导致放大后模糊不清。

案例展示

扫一扫二维码，查看案例展示。

案例105　动态面板状态的联动

案例来源

支付宝 – 首页

案例效果

- 初始状态：见图12-160。
- 广告图片切换后：见图12-161。

图12-160　　　　　图12-161

案例描述

这仍然是一个图片轮播的案例。案例效果图中的广告位区域多张图片轮流切换显示，并且在切换图片时，相应的圆点分页标签变为蓝色。不过，在这个案例中我们通过另外一种方式来实现。

元件准备

- 页面中：见图12-162。

图12-162

- 动态面板"ContentPanel"的状态：见图12-163。

图12-163

- 动态面板"ContentPanel"的各个状态中：见图12-164。

图12-164

- 动态面板"IndexPanel"的状态：见图12-165。
- 动态面板"IndexPanel"的各个状态中：见图12-166。

图12-165

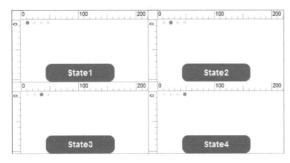

图12-166

包含命名

- 动态面板（用于放置切换显示的内容图片）：ContentPanel
- 动态面板（用于放置圆点页码标签）：IndexPanel
- 文本标签（用于记录动态面板"ContentPanel"的状态名称）：StateText

思路分析

①在页面加载时，启动内容的循环切换显示（见操作步骤01）。

②在内容切换时，记录当前所显示状态的名称（见操作步骤02）。

③设置圆点页码标签的面板，切换到名称与记录相同的状态（见操作步骤03）。

操作步骤

01 为动态面板"ContentPanel"的【载入时】事件添加"case1"，设置动作为【设置面板状态】于"当前元件"（This），{选择状态}为【Next】，勾选【向后循环】，设置【循环间隔】为"2000"毫秒，勾选【首个状态延时2000毫秒后切换】；{进入动画}与{退出动画}均选择【向左滑动】，{时间}为"200"毫秒。

02 为动态面板"ContentPanel"的【状态改变时】事件添加"case1"，设置动作为【设置文本】于元件"StateText"，{设置文本为}【面板状态】"This"。

03 继续上一步，设置动作为【设置面板状态】于"IndexPanel"，{选择状态}为【Value】，{状态名称或序号}中填写"[[s]]"；公式中"s"为局部变量，其内容为元件"StateText"的元件文字。

- 事件交互设置：见图12-167。

图12-167

补充说明

- 本案例区别于之前的图片轮播，优点在于不用在状态改变时进行多个判断，而是直接通过获取内容面板状态名称，来设置页码标签面板为同名状态。

案例展示

扫一扫二维码，查看案例展示。

案例106　循环移动的波浪效果

案例来源

QQ-动态-健康

案例效果

见图12-168。

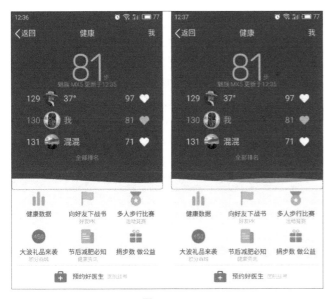

图 12-168

案例描述

本案例中页面中部的波浪效果由右向左不停呈现。

元件准备

- 页面中：见图12-169。

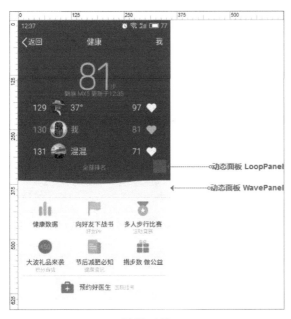

图 12-169

- 动态面板 "LoopPanel" 的状态：见图12-170。
- 动态面板 "WavePanel" 的状态中：见图12-171。

图 12-170

图 12-171

- 自定义形状的制作：以白波浪形状为例（见图12-172）。

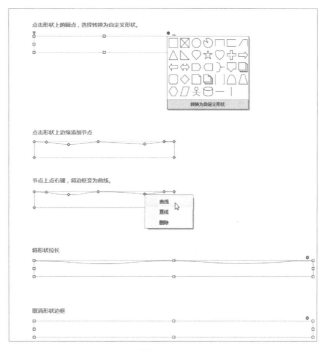

图 12-172

包含命名

- 动态面板（用于实现循环效果）：LoopPanel
- 动态面板（用于放置波浪形状）：WavePanel
- 自定义形状（用于白色波浪形状）：WhiteShape01 ～ WhiteShape02
- 自定义形状（用于白色波浪形状）：GrayShape01 ～ GrayShape02

思路分析

①页面加载时，设置动态面板"LoopPanel"的循环切换状态（见操作步骤01）。

②在动态面板"LoopPanel"循环切换状态时，不停地向左移动所有波浪形状，并且，不同颜色的波浪形状每次移动的距离不同；本案例中白色形状每次移动30像素，而灰色形状每次移动50像素；这样就形成了视觉上不同颜色波浪的差别（见操作步骤02）。

③任何一个波浪形状在移动时，如果形状整体移出了左侧边界，则将该形状移动到同颜色形状的右侧，从而形成不间断的波浪效果（见操作步骤03）。

操作步骤

01 为动态面板"LoopPanel"的【载入时】事件添加"case1"，设置动作为【设置面板状态】于"当前元件"（This），{选择状态}为【Next】，勾选【向后循环】，设置【循环间隔】为"1000"毫秒；注意不要勾选【首个状态延时1000毫秒后切换】。

02 为动态面板"LoopPanel"的【状态改变时】事件添加"case1"，设置动作为【移动】元件"WhiteShape01""WhiteShape02""GrayShape01"和"GrayShape02"，移动【经过】的{x}分别为"-30""-30""-50"和"-50"，{y}全部为"0"，并且{动画}全部选择【线性】，时间为"1000"毫秒；

● 事件交互设置：见图12-173。

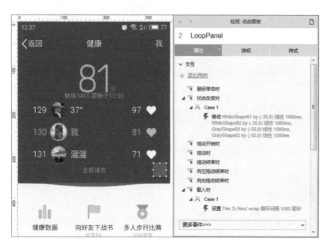

图12-173

03 为每个波浪形状的【移动时】事件添加"case1"，设置条件判断【值】"[[This.x]]"【<】【值】"-720"，添加满足条件时的动作为【移动】"当前元件"（This）【到达】指定的位置，{x}

的位置各个元件均不相同，按"WhiteShape01""WhiteShape02""GrayShape01"和"GrayShape02"的顺序分别为"[[w2.right]]""[[w1.right]]""[[g2.right]]"和[[g1.right]]，{y}的位置全部为"0"；公式"[[This.x]]"可获取当前元件的x轴坐标；公式中的"w1""w2""g1"和"g2"为局部变量，内容分别为元件"WhiteShape01""WhiteShape02""GrayShape01"和"GrayShape02"的对象实例；公式中的"right"可分别获取各个元件对象的右侧边界的x轴坐标值。

● 事件交互设置：见图12-174。

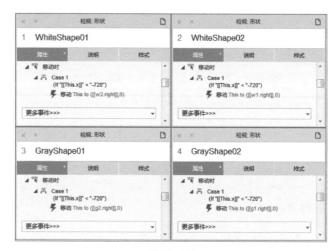

图12-174

案例展示

扫一扫二维码，查看案例展示。

案例107   **二级菜单下滑与遮罩**

案例来源

百度云－网盘

案例效果

● 初始状态：见图12-175。

● 单击分类按钮时：见图12-176。

图12-175

图12-176

案例描述

单击分类按钮时，向下滑出分类列表，同时，出现灰色遮罩层，遮罩屏幕下区域；再次单击分类按钮时，分类列表向上滑出消失，灰色遮罩层在分类列表消失后消失。

元件准备

- 页面中：见图12-177。

图12-177

- 动态面板"ListPanel"中：见图12-178。

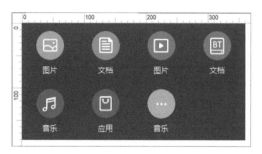

图12-178

包含命名

- 组合（用于分类按钮相关元件的统一交互）：Type-Group
- 动态面板（用于放置分类列表内容）：ListPanel
- 矩形（用于半透明遮罩层）：MaskShape

思路分析

单击分类按钮时，切换显示分类列表；为了省略复杂的判断，我们可以切换选中按钮本身；然后，在按钮选中和取消选中时分别执行显示与隐藏分类列表以及半透明矩形的动作。注意，这个案例在隐藏列表时需要有向上滑出的动画，所以不能够使用"灯箱效果"的动画。

操作步骤

01 为组合"TypeGroup"的【鼠标单击时】事件添加"case1"，设置动作为【切换选中状态】于"当前元件"（This）。

- 事件交互设置：见图12-179。

图12-179

02 单击组合"TypeGroup",然后单击所包含的矩形,为矩形的【选中时】事件添加"case1",设置第1个动作为【显示】元件"MaskShape";设置第2个动作为【显示】动态面板"ListPanel",{动画}选择【向下滑动】,{时间}为500毫秒。

03 为矩形的【取消选中时】事件添加"case1",设置第1个动作为【隐藏】动态面板"ListPanel",{动画}选择【向上滑动】,{时间}为500毫秒;设置第2个动作为【等待】"500"毫秒;设置第3个动作为【隐藏】元件"MaskShape"。

- 事件交互设置:见图12-180。

图12-180

案例展示

扫一扫二维码,查看案例展示。

案例108　下拉刷新的多个状态

案例来源

QQ-动态-附近

案例效果

- 初始状态:见图12-181。
- 开始向下拖动时:见图12-182。

图12-181

图12-182

- 拖动超过一定距离时:见图12-183。
- 正在刷新时:见图12-184。

图 12-183 　　　　　图 12-184

图 12-186

- 刷新成功时：见图12-185。

图 12-185

- 动态面板 "AreaPanel" 中：见图12-187。

图 12-187

- 动态面板 "ContentPanel" 中：见图12-188。

案例描述

向下拖动页面时，标签栏以下部分能够被随之拖动，并显示下拉刷新的提示；当拖动超过一定距离时，显示释放立即刷新的提示；当释放拖动时，被拖动部分先移动回一个指定位置，显示正在刷新的提示；稍后，显示刷新成功的提示；最后，被拖动部分完全回到原位。

元件准备

- 页面中：见图12-186。

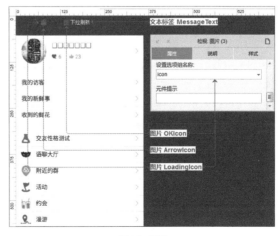

图 12-188

- 全局变量设置：见图12-189。

图12-189

包含命名

- 动态面板（用于放置拖动区域）：AreaPanel
- 动态面板（用于放置可拖动的内容）：ContentPanel
- 图片（用于箭头图标）：ArrowIcon
- 图片（用于刷新成功的图标）：OKIcon
- 文本标签（用于显示拖动时的提示）：MessageText
- 全局变量（用于记录上一次刷新成功时间）：RefreshTime

思路分析

①拖动过程中，只需要显示一个图标，所以我们可以通过设置选项组名称，让图标（箭头图标/正在刷新图标/刷新成功图标）只有一个能够被选中，并且，选中时显示图标，取消选中时隐藏图标（见操作步骤01～02）。

②因为拖动过程中图片、提示等都会发生变化，所以在拖动开始时，要先将这些内容恢复原状，包括显示箭头图标，恢复箭头图标的角度，设置提示信息为初始状态的文字（见操作步骤03～05）。

③拖动页面时，可拖动区域要随鼠标在垂直方向的一定范围内移动（见操作步骤06）。

④拖动页面时，当拖动超过一定的距离要将箭头旋转至180度，并且改变文字提示；否则，保持图片角度为0度，文字为初始状态的文字（见操作步骤07～10）。

⑤拖动结束的时候，如果拖动距离超过了一定距离需要执行以下动作，否则，移动回初始位置（见操作步骤11～20）。

- 将被拖动的面板移动到指定位置（见操作步骤11）。
- 显示正在刷新图标（见操作步骤12）。
- 显示正在刷新的文字提示（见操作步骤13）。
- 等待一定时间（见操作步骤14）。

- 显示刷新成功图标（见操作步骤15）。
- 记录刷新成功时间（见操作步骤16）。
- 显示刷新成功的文字提示（见操作步骤17）。
- 等待一段时间（见操作步骤18）。
- 移动被拖动的面板回到初始位置（见操作步骤19）。

操作步骤

01 为三个图标的【选中时】事件添加"case1"，设置动作为【显示】"当前元件"（This）。

02 为三个图标的【取消选中时】事件添加"case1"，设置动作为【隐藏】"当前元件"（This）。

- 事件交互设置：以元件"OKIcon"为例：见图12-190。

图12-190

03 为动态面板"ContentPanel"的【拖动开始时】事件添加"case1"，设置动作为【选中】元件"ArrowIcon"。

04 继续上一步，添加动作【旋转】元件"ArrowIcon"【到达】"0"度；其他设置保持默认。

05 继续上一步，添加动作【设置文本】于元件"MessageText"为【值】"下拉刷新"。

- 事件交互设置：见图12-191。

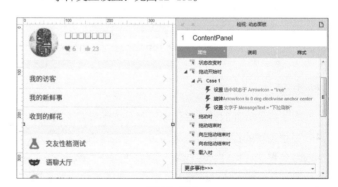

图12-191

06 为动态面板"ContentPanel"的【拖动时】事件添加"case1"，设置动作为【移动】"当前元件"（This）为【垂直拖动】；{界限}设置中单击【添加边界】，设置【顶部】【>=】"-53"，【顶部】【<=】"97"。

07 为动态面板"ContentPanel"的【拖动时】事件添加"case2"，设置条件判断【值】"[[This.top]]"【>】【值】"7"，添加满足条件时的动作为【旋转】元件"ArrowIcon"【到达】"180"度；{方向}选择【顺时针】，{锚点}选择【中心】，{动画}选择【线性】，{时间}为"100"毫秒；公式"[[This.top]]"可获取当前元件顶部边界的y轴坐标值。

08 继续上一步，添加动作【设置文本】于元件"Message-Text"为【富文本】，单击【编辑文本】，在打开的界面中输入"释放立即刷新"，键入回车后继续输入"最近更新：[[Refresh-Time]]"，划选输入的所有文字，将文字颜色设置为白色；公式"[[RefreshTime]]"可获取全局变量"RefreshTime"中保存的数据；最后，在"case2"名称上单击<鼠标右键>，选择菜单中最后一项，将case的条件判断由"Else If"转换为"If"。

09 为动态面板"ContentPanel"的【拖动时】事件添加"case3"设置不满足操作步骤07的条件时，执行的动作为【旋转】元件"ArrowIcon"【到达】"0"度；{方向}选择【逆时针】{锚点}选择【中心】{动画}选择【线性】{时间}为"100"毫秒。

10 继续上一步，添加动作【设置文本】于元件"Message-Text"为【值】"下拉刷新"。

● 事件交互设置：见图12-192。

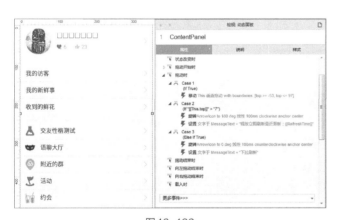

图12-192

11 为动态面板"ContentPanel"的【拖动结束时】事件添加"case1"，设置条件判断【值】"[[This.top]]"【>】【值】"7"，添加满足条件时的动作为【移动】"当前元件"（This）【到达】{x}"0"{y}"7"的位置，{动画}选择【线性】{时间}为"200"毫秒。

12 继续上一步，添加动作【选中】元件"LoadingIcon"。

13 继续上一步，添加动作【设置变量值】于全局变量"RefreshTime"为【值】"[['0'.concat(Hours).slice(-2)]]:[['0'.concat(Minutes).slice(-2)]]"；公式"[['0'.concat(Hours).slice(-2)]]"表示在获取到的小时数值前面补"0"，然后保留后两位数字；公式"[['0'.concat(Minutes).slice(-2)]]"表示在

获取到的分钟数值前面补"0"，然后保留后两位数字。

14 继续上一步，添加动作【设置文本】于元件"MessageText"为【富文本】，单击【编辑文本】，在打开的界面中输入"正在刷新…"，键入回车后继续输入"最近更新：[[RefreshTime]]"，划选输入的所有文字，将文字颜色设置为白色；公式"[[Refresh-Time]]"可获取全局变量"RefreshTime"中保存的数据。

15 继续上一步，添加动作【等待】"500"毫秒。

16 继续上一步，添加动作【选中】元件"OKIcon"。

17 继续上一步，添加动作【设置文本】于元件"Message-Text"为"刷新成功"。

18 继续上一步，添加动作【等待】"500"毫秒。

19 继续上一步，添加动作【移动】"当前元件"（This）【到达】{x}"0"{y}"-53"的位置，{动画}选择【线性】，{时间}为"500"毫秒。

20 为动态面板"ContentPanel"的【拖动结束时】事件添加"case2"，设置不满足操作步骤11的条件时，执行的动作为【移动】"当前元件"（This）【到达】{x}"0"{y}"-53"的位置，{动画}选择【线性】，{时间}为"500"毫秒。

● 事件交互设置：见图12-193。

图12-193

案例展示

扫一扫二维码，查看案例展示。

案例109 字符串输入控制效果

案例来源

京东 - 手机充值

案例效果

- 初始状态：见图12-194。

图 12-194

- 输入号码时：见图12-195。

图 12-195

- 号码到达11位时：见图12-196。

图 12-196

- 号码到达11位后退格删除字符时：见图12-197。

图 12-197

案例描述

输入手机号码时，添加联系人图标变为清空按钮，单击能够清空输入的内容；输入的过程中如果发现特殊字符则删除该字符以及字符后方的内容；输入的号码达到11位时，自动按照"××× ×××× ××××"的格式用空格分隔开；如果号码到达11位后按退格键删除部分号码时，号码中间的分隔空格消失，号码呈连续状态。

元件准备

- 页面中：见图12-198。

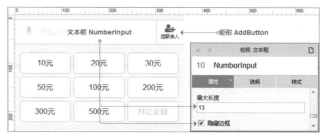

图 12-198

包含命名

- 文本框（用于输入手机号码）：NumberInput
- 矩形（用于选择联系人图标和清空按钮）：AddButton

思路分析

①单击添加联系人的按钮时，如果按钮上的文字是"🗑"，则清空输入的手机号码（见操作步骤01）。

②输入手机号码时，如果输入框里面有已输入的内容，则将添加联系人按钮的文字内容更改为"🗑"，否则，恢复初始状态时的图标与文字（见操作步骤02～03）。

③输入手机号码时，如果号码位数达到11位，则以空格将号码分隔为"××× ×××× ××××"的格式（见操作步骤04）。

④输入手机号码时，如果号码位数未达到13位（包含2个空格），则替换掉号码中的空格（见操作步骤05）。

⑤输入手机号码时，如果号码中包含非数字字符，删除该字符以及字符后方的内容；对号码中是否包含非数字字符的判断，通过判断去除空格后的内容是否为数字并且不为空值来实现（见操作步骤06）。

操作步骤

01 为元件"AddButton"的【鼠标单击时】事件添加"case1"，设置条件判断为【元件文字】于"当前元件"（This）

【==】【值】"☻"（此图标从图标字体元件中复制）；添加满足条件时的动作为【设置文本】于元件"NumberInput"为【值】""（空值）。

- 事件交互设置：见图12-199。

图12-199

02 为文本框"NumberInput"的【文本改变时】事件添加"case1"，设置条件判断为【元件文字】于"当前元件"（This）【!=】【值】""（空值）；添加满足条件时的动作为【设置文本】于元件"AddButton"为【值】"☻"。

03 为文本框"NumberInput"的【文本改变时】事件添加"case2"，设置不满足操作步骤02的条件时，执行的动作为【设置文本】于元件"AddButton"为【富文本】，单击【编辑文本】按钮，在打开的界面中输入"👤"，按回车键换行后，继续输入"选联系人"；注意此步骤中的图标字体与文字的颜色与字号要分开设置。

04 为文本框"NumberInput"的【文本改变时】事件添加"case3"，设置条件判断为【值】"[[This.text.length]]"【==】【值】"11"；添加满足条件时的动作为【设置文本】于元件"当前元件"（This）为【值】"[[This.text.substr(0,3)]] [[This.text.substr(3,4)]] [[This.text.substr(7,4)]]"；公式"[[This.text.length]]"可获取到当前元件上文字的长度；公式"[[This.text.substr(a,b)]]"可获取当前元件上文字的第a个位置到第b个位置之前的字符，字符串字符的起始位置从"0"开始；注意三个截取字符串的公式之间有空格分隔；最后，在"case3"名称上单击<鼠标右键>，选择菜单中最后一项，将case的条件判断由"Else If"转换为"If"。

05 为文本框"NumberInput"的【文本改变时】事件添加"case4"，设置条件判断为【值】"[[This.text.length]]"【<】【值】"13"；添加满足条件时的动作为【设置文本】于元件"当前元件"（This）为【值】"[[This.text.replace(' ','')]]"；公式"[[This.text.length]]"可获取到当前元件上文字的长度；公式"[[This.text.replace(' ','')]]"能够获取当前元件上的文字，并将其中的空格替换为空值；最后，在"case4"名称上单击<鼠标右键>，选择菜单中最后一项，将case的条件判断由"Else If"

转换为"If"。

06 为文本框"NumberInput"的【文本改变时】事件添加"case5"，设置条件判断为【值】"[[This.text.replace(' ','')]]"【不是】【数字】；并且，【元件文字】于"当前元件"（This）【!=】【值】""（空值）；添加满足条件时的动作为【设置文本】于元件"当前元件"（This）为【值】"[[This.text.substr(0,This.text.length-1)]]"；公式"[[This.text.replace(' ','')]]"能够获取当前元件上的文字，并将其中的空格替换为空值；公式"[[This.text.substr(0,This.text.length-1)]]"能够获取到当前元件上的文字从第1位到倒数第1位之前的所有字符；最后，在"case5"名称上单击<鼠标右键>，选择菜单中最后一项，将case的条件判断由"Else If"转换为"If"。

- 事件交互设置：见图12-200。

图12-200

补充说明

- 操作步骤06的动作会在输入非数字字符时，删除最后一位字符；因为删除字符时，还会触发文本改变时的事件，形成新一轮判断与动作，所以会一直到删除所有的非数字字符为止。

- 本案例中使用了"FontAwesome 4.4.0"图标字体元件库，需要安装字体文件支持，并进行Web字体设置（参考案例1的补充说明）。

案例展示

扫一扫二维码，查看案例展示。

案例110　图标旋转与放大缩小

案例来源

滴滴出行 – 快车

案例效果

- 初始状态/单击收起按钮时：见图12-201。

图12-201

- 单击加号按钮时：见图12-202。

图12-202

案例描述

单击展开按钮时，按钮自转一周半，然后变为收起按钮，上移到上方指定位置；同时，面板向上伸展放大，显示出发时间等内容；单击收起按钮时，收起按钮旋转一周半变为展开按钮并回到原位，同时，隐藏出发时间等内容，面板恢复原有尺寸。

元件准备

见图12-203。

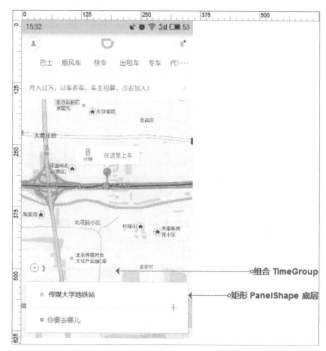

图12-203

包含命名

- 矩形（用于展开收起的底部面板）：PanelShape
- 组合（用于显示出发时间）：TimeGroup

思路分析

①单击展开收起按钮时，是在两种状态中切换，为了省略复杂的判断，我们可以切换选中按钮本身；然后，在按钮选中和取消选中时分别执行不同的动作组合（见操作步骤01）。

②展开收起按钮被选中时执行以下动作（见操作步骤02～07）。

- 旋转按钮360度（见操作步骤02）。
- 等待一定时间（见操作步骤03）。
- 将按钮换成收起的图标（见操作步骤04）。
- 设置底部面板向上放大（见操作步骤05）。

- 移动展开收起按钮到上方的指定位置（见操作步骤06）。
- 向上滑动显示出发时间（见操作步骤07）。

③展开收起按钮被选中时执行以下动作（见操作步骤08～13）。

- 旋转按钮360度（见操作步骤08）。
- 等待一定时间（见操作步骤09）。
- 将按钮换成展开的图标（见操作步骤10）。
- 向下滑动隐藏出发时间（见操作步骤11）。
- 设置底部面板向下缩小（见操作步骤12）。
- 移动展开收起按钮到初始位置（见操作步骤13）。

操作步骤

01 为展开收起按钮的【鼠标单击时】事件添加"case1"，设置动作为【切换选中状态】于"当前元件"（This）。

- 事件交互设置：见图12-204。

图 12-204

02 为展开收起按钮的【选中时】事件添加"case1"，设置动作为【旋转】"当前元件"（This）【经过】"360"度，{方向}选择【顺时针】，{锚点}选择【中心】，{动画}选择【线性】，{时间}为"500"毫秒。

03 继续上一步，添加动作【等待】"200"毫秒。

04 继续上一步，添加动作【设置图片】于"当前元件"（This），{默认}为【image】，单击【导入】按钮，添加收起样式的图片。

05 继续上一步，添加动作【设置尺寸】于元件"PanelShape"，{宽}为"340"，{高}为"150"，{锚点}选择【底部】，{动画}选择【线性】，{时间}为"300"毫秒。

06 继续上一步，添加动作【移动】"当前元件"（This）【到达】{x}"300"{y}"458"的位置，{动画}选择【线性】，{时间}为"300"毫秒。

07 继续上一步，添加动作【显示】组合"TimeGroup"，{动画}选择【向上滑动】，{时间}为300毫秒。

- 事件交互设置：见图12-205。

08 为展开收起按钮的【取消选中时】事件添加"case1"，设置动作为【旋转】"当前元件"（This）【经过】"360"度，{方向}选择【逆时针】，{锚点}选择【中心】，{动画}选择【线性】，{时间}为"500"毫秒。

09 继续上一步，添加动作【等待】"200"毫秒。

10 继续上一步，添加动作【设置图片】于"当前元件"（This），{默认}为【image】，单击【导入】按钮，添加展开样式的图片。

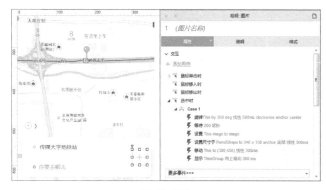

图 12-205

11 继续上一步，添加动作【隐藏】组合"TimeGroup"，{动画}选择【向下滑动】，{时间}为300毫秒。

12 继续上一步，添加动作【设置尺寸】于元件"PanelShape"，{宽}为"340"，{高}为"100"，{锚点}选择【底部】，{动画}选择【线性】，{时间}为"300"毫秒。

13 继续上一步，添加动作【移动】"当前元件"（This）【到达】{x}"300"{y}"558"的位置，{动画}选择【线性】，{时间}为"300"毫秒。

- 事件交互设置：见图12-206。

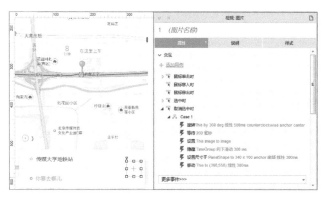

图 12-206

补充说明

- 元件准备中，出发时间的文字字号较小，在一些浏览器中容易出现文字尺寸不一致，导致错位的情况；这个问题，我们可以通过输入内容并调整完毕字号后，单击<鼠标右键>，在菜单中选择【转换为图片】来解决。

本书相关资源获取：http://www.iaxure.com/axurebook/download/

案例展示

扫一扫二维码，查看案例展示。

PM

和优秀的产品经理一起成长

人人都是产品经理
WWW.WOSHIPM.COM

乔布斯、马云、雷军、周鸿祎、张小龙、马化腾
都是优秀的产品经理

"下一个也许就是你

扫一扫 一秒变好友

和50万产品经理一起成长！
让自己变得更优秀

人人都是产品经理
www.woshipm.com
优秀的产品经理学习、交流、分享社区

看书,泡QQ群、微信群
是常见的学习方式

每天坚持看人人都是产品经理
也是一种学习方式

还有更好的**学习方式**吗?

扫一扫 让成长加速

免费咨询电话:400-657-9987

起点学院

www.qidianla.com

专业的产品经理、运营、交互培训平台

产品经理找工作
哪里靠谱？

秒聘网 | 产品经理招聘平台
zhaopin⑤.com